THE NEXT SPECIES

The Future of Evolution in the Aftermath of Man

下一個物種

一場橫跨46億年的生態探險，
從微生物、恐龍到現代智人，看生物如何輪番上陣，
未來又會是誰統治地球？

麥可·湯納森
Michael Tennesen

科普漫遊 FQ1055

下一個物種

一場橫跨46億年的生態探險，從微生物、恐龍到現代智人，看生物如何輪番上陣，未來又會是誰統治地球？

The Next Species: The Future of Evolution in the Aftermath of Man

作　　者　麥可・湯納森（Michael Tennesen）
譯　　者　陸維濃
主　　編　謝至平
責任編輯　鄭家暐
行銷企畫　陳彩玉、陳紫晴、林子晴

編輯總監　劉麗真
總 經 理　陳逸瑛
發 行 人　凃玉雲
出　　版　臉譜出版
城邦文化事業股份有限公司
臺北市中山區民生東路二段141號5樓
電話：886-2-25007696　傳真：886-2-25001952
發　　行　英屬蓋曼群島商家庭傳媒股份有限公司城邦分公司
臺北市中山區民生東路二段141號11樓
客服專線：02-25007718；25007719
24小時傳真專線：02-25001990；25001991
服務時間：週一至週五上午09:30-12:00；下午13:30-17:00
劃撥帳號：19863813　戶名：書虫股份有限公司
讀者服務信箱：service@readingclub.com.tw
城邦網址：http://www.cite.com.tw
香港發行所　城邦（香港）出版集團有限公司
香港灣仔駱克道193號東超商業中心1樓
電話：852-2508623　傳真：852-25789337
電子信箱：hkcite@biznetvigator.com
新馬發行所　城邦（馬新）出版集團
Cite（M）Sdn. Bhd.（458372U）
41, Jalan Radin Anum, Bandar Baru Sri Petaling,
57000 Kuala Lumpur, Malaysia.
電話：603-90578822　傳真：603-90576622
電子信箱：cite@cite.com.my
一版一刷　2019年4月

城邦讀書花園
www.cite.com.tw

ISBN 978-986-235-741-5
售價　NT$ 420

國家圖書館出版品預行編目資料

下一個物種：一場橫跨46億年的生態探險，從微生物、恐龍到現代智人，看生物如何輪番上陣，未來又會是誰統治地球?／湯姆・湯納森(Michael Tennesen)著；陸維濃譯. 一版. 臺北市：臉譜，城邦文化出版；家庭傳媒城邦分公司發行, 2019.04
面；　公分. --（科普漫遊；FQ1055）
譯自：The Next Species: The Future of Evolution in the Aftermath of Man
ISBN 978-986-235-741-5（平裝）

1.演化論

362　　108003612

THE GEOLOGIC TIME SCALE 地質年代表			
EON 元	ERA 代	PERIOD 紀	EPOCH 世
顯生元（Phanerozoic） （541.0 百萬年前）	新生代（Cenozoic） （66.0 百萬年前）	第四紀（Quaternary） （2.58 百萬年前）	全新世（Holocene） （11,700 年前） 更新世（Pleistocene） （2.58 百萬年～11,700 年前）
		新第三紀（Neogene） （23.03～2.58 百萬年前） 古第三紀（Paleogene） （66.0～23.03 百萬年前）	
	中生代（Mesozoic） （252.0～66.0 百萬年前）	白堊紀（Cretaceous） （145.0～66.0 百萬年前） 侏儸紀（Jurassic） （201.3～145.0 百萬年前） 三疊紀（Triassic） （252.0～201.3 百萬年前）	
	古生代（Paleozoic） （541.0～252.17 百萬年前）	二疊紀（Permian） （298.9～252.17 百萬年前） 石炭紀（Carboniferous） （358.9～298.9 百萬年前） （濱夕法尼紀和密西西比紀） 泥盆紀（Devonian） （419.2～358.9 百萬年前） 志留紀（Silurian） （443.4～419.2 百萬年前） 奧陶紀（Ordovician） （485.4～443.4 百萬年前） 寒武紀（Cambrian） （541.0～485.4 百萬年前）	
SUPEREON 超元	EON 元	PERIOD 紀	
前寒武超元（Precambrian） （4600～541.0 百萬年前）	元古元（Proterozoic） （2500～541.0 百萬年前） 太古元（Archean） （4000～2500 百萬年前） 冥古元（Hadean） （4600～4000 百萬年前）	埃迪卡拉紀（Ediacaran） （635.0～541.0 百萬年前）	

序言　不知身在何處

六月的某一天，熱帶地區正值乾季，未及晌午，秘魯軍方的Mi-17直升機載著我們從位於安地斯山脈（Andes Mountains）西側，阿雅庫喬鎮（Ayacucho）附近一處軍事基地起飛，緩緩地朝雄偉的山峰飛升。下方遼闊且乾燥的土地間雜著仙人掌、灌叢和寬廣連綿的空地，僅有幾座屋舍覆滿塵土的小村莊點綴其中。

阿塔卡馬沙漠（Atacama Desert）可謂地球上最乾燥的地區之一，我們飛越的山坡正是這片沙漠的東界。雖然綠意盎然的雨林正在安地斯山脈峰頂等著我們，但從眼前的景象完全看不出任何端倪。當直升機終於攀到峰頂，在水氣氤氳的地帶上，亞馬遜河源頭和濃密深綠色植被驟然出現在機上乘客——軍方人員和由科學家組成的國際團隊——眼前。

機艙內這群這聲譽卓著的生物學家，是快速評估計畫（Rapid Assessment Program）的參與者，受到華盛頓保護國際基金會（Conservation International）的派遣，針對維卡班巴（Vilcabamba）熱帶雨林地區的野生動物進行短期研究。安地斯東部有多座山脈受到石油業及礦業威脅，這裡是其中之一。保護國際基金會想要知道這裡的動植物種類數量夠不夠豐富，以評估是否該動用有限的經費加以保護。這裡生物種類的數量愈多，物種能夠度過目前環境危機的機率就愈高。

我和這些科學家一齊坐在以螺栓固定於艙壁，坐起來著實不舒服的金屬長凳上，周圍是堆得老高的裝備。大多數人身著卡其色的服裝，搭配各式各樣的高筒靴，有幾個人蓄著鬍子，有幾個人身披大衣。當此行要研究的熱帶雨林首次出現在他們眼前時，興奮之情難以壓抑，無不望眼欲穿地看著霧濛濛的玻璃窗和開敞的機艙門。一名秘魯士兵坐在艙門邊，身上沒繫安全帶，他一隻手臂掛在艙門把手上，雙腿和身上的槍隻在機艙外晃蕩，看起來危險極了。前一天他的同袍遭暴徒襲擊受傷，現在他正掃視下方森林，尋找亂象的蹤跡。

視線繼續向東延伸，越過了亞馬遜盆地，此時太陽已經高掛空中，朝熱帶森林散發熱力，蒸騰的濕氣形成高聳的雷雨雲頂，到了中午，一波又一波的雷雨和水霧將襲擊安地斯山脈東側。豐沛的水分造就這片蓊綠的熱帶生物園區，科學家認為地球上生物多樣性最高的森林就在這裡。動、植物種類繁多的安地斯山脈和毗連的亞馬遜盆地，對熱帶地區，乃至於全球的生態皆有極大影響，也和全球物種多樣性——即生物多樣性（biodiversity）——息息相關，畢竟這裡孕育了許多陸生的動植物。科學家告訴我們，自然界目前正面臨一場重大災難，這致命的危機源自於各種和土地利用有關的人類活動，導致全球物種數量遽減。我們只能把最大的希望寄託在熱帶地區，把熱帶視為物種儲存庫，希望未來自然界在藉此更替、復甦，這架直升機上這麼多的科學家正是為此而來。

這樣的希望並非毫無來由，也有先例可循，因此科學家積極研究這片特殊的地景：舉例來說，經歷過去的冰河時期，安地斯山脈多數的動植物選擇遠離斷崖，來到位處低海拔雨林中與世獨立的地區棲居。

當時地表各處幾乎都遭到冰河刮蝕，靠近兩極的地區也不例外，凡是擋路的生物無一生還，在如此動盪的冰天雪地之中，安地斯山脈和亞馬遜地區有如生物安穩的避風港。

如今，地球上只剩少數幾處仍有許多尚未被科學界發現的新物種，安地斯山脈東側是其中之一。這裡被歸類為一處全球性的熱點（hot spot），生物多樣性豐富，有許多他處無可尋覓的特有物種。科學家希望，在這些地球上深幽黑暗又難以抵達的角落，大自然或許可以躲過人類帶來的浩劫，孕育出新的物種。

直升機下方山區是一片著名的「雲霧森林」（cloud forest），樹幹上覆滿苔蘚和蕨類，樹冠層滿是蘭花和鳳梨科植物，它們將根系伸入植物樹葉、樹幹彎折處的腐植質裡，或深入枝幹樹皮中，尋找土壤的替代品。

維克佛瑞斯特大學（Wake Forest University）生物學教授麥爾斯．希爾曼（Miles Silman）形容這裡許多物種分布的方式為「鞋帶式分布」。這些物種生長繁殖的區域可以水平延伸幾百公里，但垂直分布的範圍卻只有幾公尺。「有些植物的海拔分布範圍比我扔一塊石頭的距離還短」希爾曼如此說道。他擔心對這些生長在山坡上的物種而言，氣候變遷的速度遠大於物種適應環境的速度。

「雲霧森林」果然不枉其名，空中總有雲霧繚繞，想在這裡降落可能得花好幾天碰運氣。第一天，天候因素不佳，我們搭乘的軍用直升機只能折返，駕駛員決定帶我們造訪亞夏尼加部落（Asháninka Indians）。所有族人都來迎接我們，他們用漿果汁液在臉和手臂上塗上線條，可謂叢林版的化妝術。另一位女性送上「chicha」讓我們品嚐，這是一種以絲蘭（yucca）為材料，經過部落女性咀嚼後靜置發酵所製成的飲料，駕駛員提醒我們拒絕這份心意對部落可是大不敬的舉動。亞夏尼加族人至今仍然過著在森林中打獵、在河流中捕魚的生活。

第三天，雲霧散去，我們終於順利降落。我跟著其他人率先跳出直升機機艙，靴子立刻陷入軟如泥淖的土壤中。我轉向身後的另一位科學家，告訴她這裡似乎不是個立足的好地方，但她毫不遲疑地說：「就是這樣。」並揮揮手示意我繼續往前走。接下來幾個小時，我們卸下所有裝備，拿著砍刀在森林中披荊斬棘，整理出一塊空地，搭起潮濕至極但起碼還能睡覺過夜的帳篷。

安地斯山脈熱帶地區的面積不到地球陸地面積的百分之一，但地球上有近六分之一植物種類出現在這裡。白面僧面猴（white-faced monkey）、蜘蛛猴（spider monkey）和鬃毛吼猴（mantled howler monkey）在樹林間擺盪，潮濕的空氣中充斥著牠們的尖叫聲和吼聲；山獅、熊、白唇西貒（white-lipped peccary）和山貘（mountain tapir）在林中來回巡梭找尋晚餐的下落時，鳥類、蝙蝠和蝴蝶也各自暗中行動。這裡的面積和美國新罕布夏州相當，卻至少有一千七百二十四種鳥類，是美國、加拿大兩國鳥類種類合計數字的兩倍。

阿普里馬克河（Apurímac River）和烏魯班巴河（Urubamba River）深邃的河谷使維卡班巴山脈隔絕於周遭山脈之外，有如一座矗立在叢林汪洋中的孤島。

熱帶地區的生物非常獨特。動物常發生食性特化，變得只吃單一種或單一群植物。有些植物的花朵具備長而彎曲的萼筒（tube），只有鳥喙構造可以與之相符的蜂鳥才能為這種花朵授粉。不過刺花鳥（flowerpiercer）可以利用有如開罐器的彎曲鳥喙來作弊，在花朵基部啄出小洞，既免除了穿越蜿蜒長筒的困擾，又能和蜂鳥、蜜蜂一樣享受香甜的花蜜。

在這趟研究之旅即將屆滿一週之際，晚上下起了雨。雨天會出現和平常不同種類的蛙和兩棲動物，於是常駐當地的爬蟲學家莉莉．羅德里奎（Lily O. Rodríguez）和我便戴上頭燈，在大雨中尋找新物種。羅德里奎開始和我說起故事，內容有關這些動物在面臨激烈的生存競爭時，如何習得特化這項技能。她提到這裡有些蛙類的後代生長過程中沒有蝌蚪這個階段，親代會像雞一樣孵卵；有些蛙類會把蛙卵儲放在懸於河面上的樹葉之中，蝌蚪孵化就能直接落入水裡；某些蛙類的蝌蚪有著一張大嘴，水流太急的時候，牠們可以找塊自己喜歡的石頭，牢牢地吸在上面。

雨愈下愈大，除了身上的Gore-Tex外套，我們各又穿上一件軍用雨衣。然而大雨並沒有阻擋我們的腳步，當羅德里奎自認聽見一種前所未聞的蛙鳴聲，於是繼續攀爬又濕又滑的樹幹。那晚的爬樹活動沒有帶來任何新發現，不過在我們長達四週的實地考察期間，她一共發現十二種新物種。

演化奇蹟在地球上這些稀有的青翠角落得到了體現，生物在自然界裡尋得微小棲位各自適應，為了成為其他生物利用的對象，自然界勢必要端出精心籌畫的策略，問題是：未來的自然界仍然能提供這些必要的棲位和策略嗎？如果地球真的還有救，熱帶會是希望所在嗎？現代人，也就是智人，有機會繼續生存在地球上嗎？

現代生物學家之所以焦急難耐地提出這些問題，一部分是因為擔心我們可能正處於大滅絕事件的開端，到時候地球上至少有四分之三的動、植物物種會消失。過去六億年間，自化石紀錄中首次出現動物身影算起，地球上只發生過五次大滅絕事件。回顧過去幾百年至幾千年間地球物種損失的程度，讓科學家認為第六次大滅絕恐怕即將到來。最近，《自然》（*Nature*）期刊刊載一份來自加州大學柏克萊分校生物學家的報告，內容提到倘若地球上各物種目前遭受的威脅未能緩解，極端的大滅絕事件可能在短短三個世紀之內就會發生。

智人（*Homo sapiens*）只用了不到二十萬年的時間，就在一八〇〇年突破十億人口大關；到了二〇〇〇年，人口數已經來到六十億，及至二〇四五年，地球上的人口會激增至九十億。這是前所未見的人口成長速率，隨之而來的風險和數不清的副作用叫人不敢想像，一場肆虐地球的危機將因此而起。

顯而易見地，人類對環境造成的各種傷害，導致地球上面臨瀕臨滅絕邊緣的動植物名單愈來愈長，然而，我們似乎總是忽略這樣的困境。對自然界而言，人類已成為最致命的病毒。

龐大人口消耗著地球的自然資源，這樣的態勢若不減緩，人類恐怕招來自我毀滅。舉凡人類所到之處，自然環境無可倖免，就地質學的時間尺度看來，我們在極短的時間內就對地球造成這般傷害。如果把整個地球的歷史壓縮成二十四小時，智人形同在最後幾秒才出現，只能說我們破壞地球的效率還真高。

無論我們短暫的存在帶來多大的毀滅性傷害，地球終究會復原。畢竟，人類走向終點不代表所有生物都得陪葬。生命自有彈性，仍會有植物、動物和微生物可以生存、適應、生殖和發展出多樣性。地球上會有新的植物出現，取代單一栽培的玉米、小麥和稻米。滅絕事件後倖存下來的動物，只要度過生存瓶頸，就可以擁有少了其他動物存在的偌大生存空間，競爭變少了，牠們可以興盛繁殖、快速演化。

這些事情都有先例可循。

不管大滅絕事件的肇因為何，每一次大滅絕過後，地球都會復原。四億四千三百萬年前，奧陶紀大滅絕事件以密集交替的冰河時期造成地球上百分之八十六的物種滅絕；三億五千九百萬年前，全球寒化與全球暖化兩記重拳接連擊倒地球上百分之七十五的物種；兩億五千兩百萬年前，西伯利亞超級火山噴發引發二疊紀大滅絕事件，全球百分之九十六的物種無法倖免；兩億年前，全球暖化和海洋酸化構成的三疊紀大滅絕事件，造成百分之八十的物種消失；六千五百萬年前的白堊紀，小行星撞擊地球，百分之七十六的物種隨之滅絕。雖然，我們已經找出每次大滅絕事件的主要可能肇因，但別忘了，每一次大滅絕都是許多因素交互影響的結果。

眾所周知，六千五百萬年前的白堊紀大滅絕事件，主要是因為小行星撞擊地球而起。不過，超級火山噴發也助了一臂之力，如今位於印度的大型火成岩區——德干玄武岩（Deccan traps，也稱德干暗色岩），由火成岩構成的階梯狀高原和山脈，是洪流玄武岩噴發的典型特徵。發生於兩億五千兩百萬年前的二疊紀大滅絕事件，雖是因火山噴發而起，但洋流系統崩潰和其他因素也難辭其咎。儘管毀滅程度之高，二疊紀大滅絕之後，地球對恐龍開啟了大門；白堊紀大滅絕之後，哺乳動物和人類在地球上找到了立足之地。

史密森尼研究院（Smithsonian Institution）的古生物學家道格拉斯．爾文（Douglas H. Erwin）

認為，大滅絕事件其實是股強大的創造力，他在著作《滅絕：兩億五千萬年前地球上的生命幾乎消失殆盡》（*Extinction: How Life on Earth Nearly Ended 250 Million Years Ago*）中提到：「在大滅絕過後百廢待舉的環境中，倖存生物可以自由地發揮演化創意，改變生態系的主要架構，帶領生命往全新且意想不到的方向前進。」

安東尼．巴諾斯基（Anthony Barnosky）是加州大學柏克萊分校整合生物學教授，他的研究論文經常登上《自然》期刊，他認為極危（critically endangered）、瀕危（endangered）和易危（vulnerable）物種的生存狀態，是判斷我們是否正走向下一次大滅絕的關鍵依據。他表示：「就長期的生物多樣性基線而言，只要這些生物還存在，地球的生物多樣性就還算保持得不錯；倘若這些生物大部分滅絕，就算過程延續超過一千年，第六次大滅絕終將到來。」

巴諾斯基教授認為，拯救這些陷入困境的物種，或許還能為我們帶來一點機會。不過，許多古生物學家認為拯救瀕危物種的行動，大多淪落至「死支漫步」（dead clade walking）的下場。所謂「支」，指的是分類學上納為同一系群的生物。以受到鉛中毒、致命農藥和都會區擴張所威脅的加州兀鷲（California condor）為例，為了保護牠們的重要棲地、進行圈養繁殖以達到野放的終極目標，我們已經投注無數金錢和心力，然而接下來的一千年，牠們真的能繼續生存下去嗎？

假使加州兀鷲真的做到了，其他鳥類也能度過大滅絕帶來的生存瓶頸嗎？爬蟲類、魚類、昆蟲、哺乳類，甚或人類，又能繼續生存嗎？存活下來的物種和現在的物種又會有怎樣的差別？這些都是本書要探討的方向。

透過這本書，我們回顧過往的大滅絕事件、人類和自然界的演化歷程、正在發生以及演化上可能發生的變異。原文書名《The Next Species》中，物種一詞既然使用複數形態，表示對於下一種出現在海洋、陸地的生物，我們的好奇心並不亞於下一種人種。

為了這本書，我訪問過的科學家超過七十位，他們來自哈佛大學、麻省理工學院、杜克大學、史密森尼研究院、美國自然史博物館（American Museum of Natural History）、加州大學柏克萊分校、史丹佛大學、印第安那大學、倫敦大學、牛津大學、馬克斯普郎克研究院（Max Planck Institutes）等地，此外，還有許多學者接受我的電話訪談。

許多人和史密森尼研究院古脊椎動物館館長漢斯—戴爾特．蘇斯（Hans-Dieter Sues）一樣，認為滅絕是正常的生命過程。蘇斯說道：「事實上，地球上百分之九十九點九的生物最後都會滅絕，智人也不例外。或許，未來的一千年內，我們會找出星際旅行的方法，那麼就算地球亂成一團，我們還可以飛到別的星球去。不過，很有可能的劇碼是：我們繼續胡搞自己的基因組，製造出超人之類的物種，迎來我們自己的滅亡。」

本書的內容放眼世界各地，尋找演化教我們的事。我們能從過去的大滅絕事件中學到什麼？古老原始的生態系擋得住戰爭和核子事故的摧殘嗎？端詳洛杉磯地層下方歷史有三萬年之久的化石，我們能得到哪些和生物多樣性有關的啟發？科學家能讓大象、獵豹和獅子重新出現在美洲及歐洲大陸上嗎？水母和大烏賊（giant squid）會成為海洋的主宰嗎？本土種（native species）消亡殆盡的世界裡，疾病還能蔓延嗎？我們能逃到火星去的機會又有多大？

此外，我們還要探究生命演化成其他形式的可能性。大滅絕之後帶來的隔離，能否提供機會讓全新的人種應運而生？遺傳學的相關研究能讓我們的後代更聰明、長壽，機能更優秀的身體嗎？或者，科學家能不能想出上傳人腦資料的方法，如此一來即便人體機能衰敗，我們還能以機器人或虛擬人物的形態生活在虛擬世界中？

一切有著無窮無盡的可能性。

第一部

重回過去

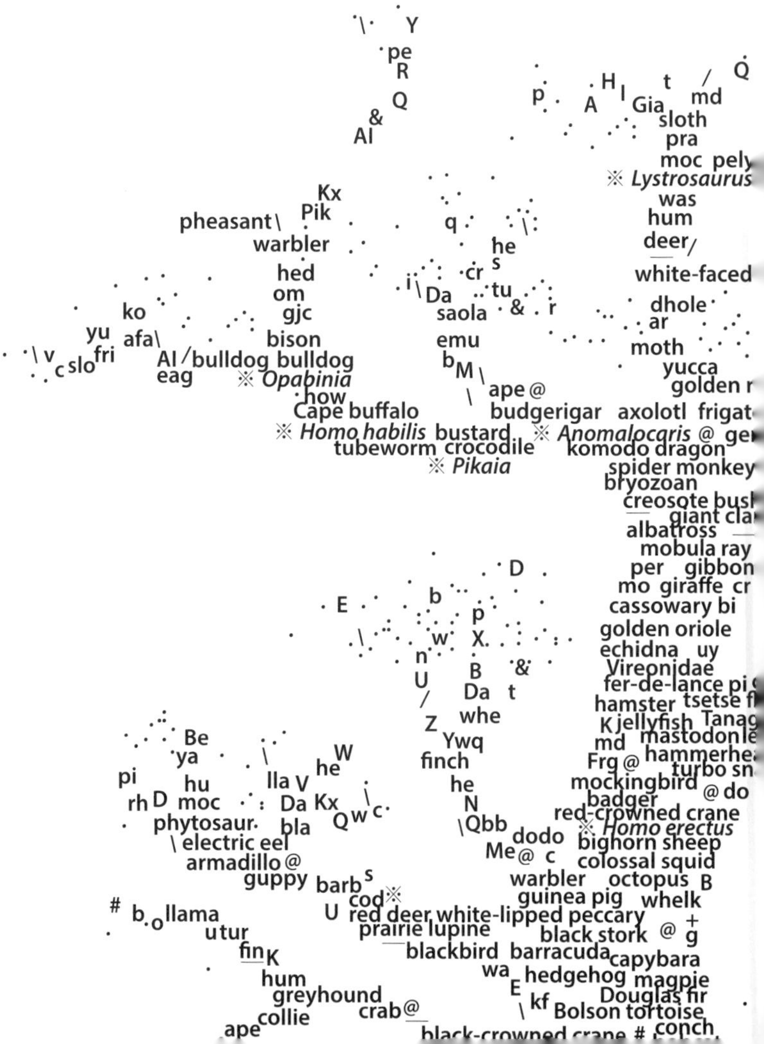
pheasant
warbler
bison
bulldog
Opabinia
Cape buffalo
Homo habilis
bustard
tubeworm
crocodile
Pikaia
saola
emu
ape
budgerigar
axolotl
Anomalocaris
komodo dragon
spider monkey
bryozoan
creosote bush
albatross
mobula ray
gibbon
giraffe
cassowary
golden oriole
echidna
Vireonidae
fer-de-lance
hamster
tsetse
jellyfish
mastodon
Lystrosaurus
sloth
white-faced
dhole
moth
yucca
deer
finch
mockingbird
badger
red-crowned crane
Homo erectus
bighorn sheep
colossal squid
octopus
whelk
dodo
warbler
guinea pig
phytosaur
electric eel
armadillo
guppy
barb
cod
llama
red deer
white-lipped peccary
prairie lupine
black stork
blackbird
barracuda
capybara
hedgehog
magpie
Douglas fir
greyhound
crab
Bolson tortoise
collie
ape
black-crowned crane
conch

第一章　大滅絕：災難現場

瓜達魯普山脈（Guadalupe Mountains）是德州最高峰，如果各位好奇大滅絕發生時的場面究竟是什麼模樣，不妨造訪瓜達魯普山脈國家公園內的酋長礁（Capitan Reef）。恐龍尚未出現之前，海洋裡生機盎然，當時陸地動物的體形不像後來那樣巨大、種類也沒有那麼多。那時的地球只有一大塊相連的陸塊，隨著陸塊分離、漂移，逐漸造就了新物種演化所需的隔離環境。不過，要一直到二疊紀那場大滅絕之後，地球上的生命才開始興盛起來。生命挺過大滅絕的殘害，隨後逐漸茁壯復興，這樣的故事中蘊含許多哲理，教我們面對目前的困境。

如今的酋長礁雖早已了無生機，但在兩億七千兩百萬至兩億六千萬年前的二疊紀中期，也就是二疊紀大滅絕——有史以來最大型的大滅絕事件——發生前，這裡曾經生機蓬勃。地質科學國際聯盟（International Union of Geological Sciences）在園區內選定三個可謂地質金釘（golden spike，不過這三個地點上放置的其實是一塊黃銅銘牌）的地點，作為其他二疊紀中期岩石的比較標準。

有天，我走在通往酋長礁的小徑上，走到底時遇見了擔任瓜達魯普山脈國家公園地質學家的喬尼娜．赫斯特（Jonena Hearst），她花了二十分鐘耐心地回答我這位訪客的問題，並讓我看了一些地圖和地質圖表之後，背上了背包，給我一個大大的微笑，暗示我該繼續前進了。我尾隨在後，當時正值秋天，德州西部天氣轉換之際。早晨時，空氣充塞著暗示冬天即將到來的寒意；到了下午卻又像是無法忘懷夏日一般豔陽高照。我面前的麥奇特里克谷（McKittrick Canyon）在瓜達魯普山脈上劃開一道狹長裂口，露出酋長礁的原始面目——這裡是地球上最大型的化石礁（fossil reef）。

酋長礁周圍是乾燥遼闊的沙漠，地面上的植物有仙人掌和被兔子、蛇、蜥蜴當作庇護棲身之所的三齒葉灌叢（creosote bush），眼前景色和維卡班巴的熱帶雨林簡直是天壤之別。雨林裡充滿濕氣、生機盎然，沙漠則完全跟豐饒富庶沾不上邊。繼續往麥奇特里克谷走去，我們遇見一小段露出地表的溪流，周圍是已然換上迷人秋裝的樹木，不久，路徑偏離小溪轉而向上，銜接通向酋長礁的陡峭路堤。

裸露的酋長礁看起來和我們所知的珊瑚礁完全不同，上面滿是大量貝類和海綿的鈣化遺骸，這些生物曾經生活在一座古老的海洋之下。一處巨大的斷層讓部分酋長礁高聳於地面之上，色澤深沉的岩石讓你不可能忽視它的存在。這條路徑非常陡峭，有許多狹窄的之字形彎路，路面上盡是滑溜的巨礫，考驗你的耐力和平衡感。不過，這裡還是挺受歡迎的地點，古老生物的化石遺骸尤其吸引地質學家和古生物學家。

赫斯特是這塊寶地的管理者，既機敏又博學的她對這裡蘊含的複雜祕辛瞭若指掌，學術研究成果也非常豐碩。儘管喘著大氣，她依然面帶微笑地告訴我兩週前她才爬上來過。「這裡堪比地質學界的迪士尼樂園，」她說道「每次爬上來，我都能學到新東西，你剛問我爬上來幾次了，是嗎？」她舉起手指對著酋長礁比畫了一會兒，說：「記不清了，總之還想再來！」

這場健行起自於拓展至德州的巨大凹地——德拉瓦盆地（Delaware Basin）——底部。酋長礁位於盆地邊緣之外好幾公里的地方，馬蹄鐵形狀的開口曾經正對一片古老的海洋。兩億五千萬年前，這座礁岩生機勃發，無數的稚魚和其他海洋生物藉著這裡隱蔽的角落和裂縫來躲避大型捕食者。

那時，地球上兩塊巨大的陸塊——勞倫古陸（Laurentia，由今日的北美洲、歐洲和亞洲組成）和岡瓦納古陸（Gondwana，由今日的南美洲、非洲、南極洲和澳洲組成）——構成地球上主要的陸地區塊。這兩塊古陸不斷碰撞，後來形成了單一的盤古大陸（Pangaea），伴隨地球度過二疊紀大滅絕，這也是過去六億年間，讓地球上生物最接近全軍覆滅的一次滅絕事件。

走在這條小徑上，彷彿複習著二疊紀大滅絕發生前地球生命的種種故事。通往巨大礁岩頂端的斜坡就在眼前，踩著鬆散的岩石，我們蹣跚地往上爬。隨著海拔高度逐漸增加，我們得以俯瞰下方的沙漠地景。酋長礁曾是一座深水礁岩，和多數潛水客熟悉的淺水珊瑚礁並不相同。要是在二疊紀，我們的位置相當於水深一千五百公尺處。「想要浮出水面換氣可是漫漫長路啊！」赫斯特說道。

繼續往上走，礫石的體積愈來愈大，鬆散多石的斜坡逐漸變換為層層疊疊的礁岩露頭（outcrop）。在一塊跟我們身高相當的巨石前，赫斯特停下腳步，直盯著它瞧。不過就是塊大石頭嘛，我一開始並沒有注意到任何特別之處，看著赫斯特指出許多化石所在，我才發現眼前是一塊不平凡的岩石——我們正盯著許多古老礁岩動物的鈣化遺骸，這裡曾是牠們大量聚集生存的地方。

二疊紀期間，在這裡生活的各種生物包括形狀如花朵的海百合，藉身體下方的柄部固著在海床上，多條覆有黏液的觸手可以向外伸展捕捉獵物，牠們的化石遺骸就鑲嵌在我們眼前的巨石上；體形嬌小，外表有如珊瑚蟲的苔蘚蟲（bryozoan）緊密聚集形成的族群，模樣像極了雅緻的扇子、形狀秀麗的蕨葉或是植物果實，它們共同集結成了一大片石壁；模樣像是蛤蜊的腕足動物（brachiopod），殼內滿是有助從水中篩濾食物的纖毛，不過這玩意兒可能不太適合做成蛤蜊巧達濃湯。此外，還有各種海綿，以及棲居在大型螺旋貝殼中，有如鸚鵡螺的動物。這顆巨石上動物數量如此之多，動物周圍滿是作用就像水泥的藻類，把大夥兒固定在一起。當赫斯特伸手指向附近其他岩石，再度令我瞠目結舌：所有的巨石上都有相似的驚人展示。

我們從酋長礁的底部沿著小徑繼續往上走，碰到一部分之前曾接觸陽光和海浪的礁岩，動物相開始有了變化，原本以海綿和苔蘚蟲為主的海洋生物群落，已換成藻類和有如蛤蜊的大型腹足動物（gastropod）。

繼續往曾經是海平面的海拔高度走，海綿開始消失。我們已經來到潮間帶，離岸的潮水讓礁岩每隔一段時間就能接觸到陽光和空氣，導致動物群落產生更多改變。前方視線所及之處，已能看見石灰岩堰洲島（barrier islands）的遺跡，堰洲島後方是進潮道（tidal channel）穿越的沙洲和礫堆，更遠處是大型潟湖乾涸後的遺跡，而這潟湖面前曾經有一片鹽灘（salt flat）。

二疊紀占據的地質年代區間約在兩億九千八百萬至兩億五千一百萬年前，沿著當時那片溫暖的熱帶海洋邊緣直到德州西部，有大量礁岩存在，全盛時期甚至綿延約六百五十公里長。

礁岩可謂地球上生物多樣性最高的生態系，好比是海洋中的熱帶雨林。然而，相較於雨林生物，礁岩生物具有能夠形成完整化石的堅硬身體，因此留下更多證據供古生物學家研究。數十年來，古生物學家前仆後繼地來到麥奇特里克谷朝聖，只為了親眼目睹幾乎完整無缺的自然遺跡。

儘管這塊巨石高聳如塔，並記載著地球生命歷史，但人們明白其中真義的時間其實並不算長。十五世紀末，兩位漁夫在義大利利弗諾（Livorno）外海捕得一隻巨鯊的意外，讓科學界開始正視化石研究。一位當地的公爵將鯊魚送到在佛羅倫斯工作的丹麥籍解剖學家——尼古拉斯．斯坦諾（Niels Stensen，即 Nicolas Steno）手上。斯坦諾解剖這隻鯊魚後，發現牠的牙齒看起來就像許多玩石收藏家尋覓已久的三角形石片——舌石（tongue stone）。在當時，很少有人能把舌石或任何類型的化石和古老海洋生物遺骸畫上等號，斯坦諾首開先例，古生物學這門新興科學也應運而生。

隨著當時社會對化石的認知逐漸增加，一八一五年，來自牛津郡的地質學家威廉．史密斯（William Smith）出版一份相當完整，內容涵蓋英格蘭和威爾斯的地質地圖。他是史上第一個以化石為工具，藉以畫分地層界線和訂定地質年代的人。切開沉積岩，可以看見地層的層層構造和區隔彼此的界線，然而，直到達爾文之後，科學家才開始意識到化石之於瞭解生物演化時程的重要性。

地質學家發現，北美洲的岩層和亞洲，甚至非洲的岩層在地質年代上可以互相呼應，岩層蘊含的化石種類也都非常相似，可以用來判斷這些岩層的共時性（synchronicity）。然而，地質學家也開始意識到，岩層中所記錄的地球歷史，偶爾和達爾文的演化論稍有出入。達爾文認為，演化作用在多個世代之間累積微小進程，就地質學的觀點來看，這個過程是非常緩慢的，他堅信「自然界無法跳躍發展。」（Natura non facit saltum）但其他科學家注意到岩層所記錄的地球歷史中，其實存在許多巨大動盪時期，導致動物化石群產生劇烈且突然地改變。

這些動盪時期——也就是大滅絕事件——的存在，猶如對達爾文的宏大理論架構進行修正。動盪過後，演化作用仍持續運行，但大滅絕在唐突之間除去了地球上舊有的生命形態，讓新的生命形態有機會誕生，自然界也因此重新排序。

六億三千五百萬年前的埃迪卡拉紀（Ediacaran period），地球上開始出現沒有外殼或骨骼的簡單生物，當時地球大氣層的含氧量也開始逐漸增加。在那之後，一共發生了五次大滅絕。兩億五千兩百萬年前二疊紀大滅絕發生之前，地球上的生物該是什麼模樣？證據，正包圍著我和赫斯特。

這五次大滅絕當中最著名的，大概就是六千五百萬年前白堊紀末期，那一場讓恐龍消失的事件。長久以來，科學家不斷爭論著恐龍滅絕的真正原因，直到一九七〇年代末期，加州大學柏克萊分校的科學家團隊提出了一套理論。諾貝爾獎得主路易斯．阿弗瑞茲（Luis Walter Alvarez），這位戴著眼鏡，擔任科學團隊之首的核子物理學家，在義大利和丹麥兩地發現，與白堊紀大滅絕有關地質沉積層中銥金屬濃度異常之高。銥是一種在地表相當罕見，在隕石中卻相當常見的重物質。

阿弗瑞茲和同事於是向世人宣布，白堊紀大滅絕之謎已經解開：恐龍因為小行星撞擊地球而滅絕，科學界為之震撼。

面對這個新興理論，科學家一開始抱持懷疑態度。舊有的假說認為，火山作用或冰川作用才是引發白堊紀大滅絕的主因。最後，科學家在超過一百處標誌為白堊紀的地質沉積層中發現高濃度的銥，擺在眼前的證據不容忽視。但是，隕石坑在哪裡？

阿弗瑞茲和團隊成員在地球上四處尋找足以符合隕石坑大小的凹地，據他們計算，這顆小行星直徑至少有十一公里。一九九〇年六月，距離阿弗瑞茲宣布這項石破天驚的理論已經過了十年，地質學家在猶卡坦半島（Yucatán Peninsula）北端，靠近墨西哥希夏魯鎮（Chicxulub，音似“Chick-sha-loob”）的地方，發現一個巨大的隕石坑，就地緣關係命名為希夏魯隕石坑。

根據隕石坑的大小看來，這顆小行星直徑至少十二公里，撞擊地球時行進速度高達每秒二十公里，大概是子彈飛行速度的二十倍。和人類史上曾經試爆的最大型核彈相比，這場撞擊的釋放能量是核爆的一百萬倍。

包含小行星本身在內的數千噸岩石，被這場撞擊炸開迸飛進入大氣層。有些進入地球軌道，有些則變成燃著烈焰的隕石重新回到地球，密集轟炸地表。這些火球在白堊紀蒼翠的大地上引發火勢，幾週之內便燃盡地表上半數植被，濃烈的煙塵遮蔽了陽光，如同宣判植物的死刑。

這場撞擊也在海洋掀起蔓延至陸地的巨大浪潮，海岸邊的樹木枝椏宛如烤肉叉，上頭盡是泡過海水後腫脹蒼白的恐龍屍體。腐食動物趁機大啖為數眾多的動物遺骸。火勢開啟之後，空氣中煙塵瀰漫，地球形同進入永夜狀態。喬木和灌木紛紛死亡，草食動物接著步上後塵，以草食動物為食的肉食動物也難逃死劫。白堊紀大滅絕終結恐龍和許多動物在地球上的生存機會，但有少數哺乳動物僥倖活了下來。

我們站在酋長礁頂端，俯視下方的化石、岩石和山谷，想像著兩億五千萬年前，二疊紀全盛時期的地球該是什麼模樣。酋長礁西北方約二十四公里處有一片旱地，進入二疊紀後變得愈來愈乾。地球上蓊綠的沼澤森林，也在進入二疊紀後被針葉樹、蕨狀種子植物和其他耐旱的植物取代。模樣有如香蒲的巨大樹木有二十幾公尺高，和蜈蚣有親緣關係的十足動物在近岸處行走，濺起水花。

距離此時大約一億年前，地球上第一批脊椎動物才剛爬上岸。巨大的兩棲動物漫遊在沼澤地之間，體長將近兩公尺，體重近一百公斤，張開佈滿尖牙的大口，把獵物拖下水淹死，一口一口慢慢享用大餐，和鱷魚的做法如出一轍；此外還有會飛的蜥蜴以及體表有如穿上盔甲，體形如牛的草食動物；二疊紀的海洋中有多種鯊魚，最奇特的莫過於旋齒鯊（*Helicoprion*）：螺旋狀的大顎，內有後傾的牙齒，整個嘴巴看起來就像一把圓鋸；原始的盤龍類（pelycosaurs）體長約三公尺，體表光滑，巨大的背鰭有如劍旗魚魚鰭，可以用來遮擋陽光。

二疊紀時期的地球生氣蓬勃，那些裝飾著麥奇特里克谷的化石就是證據。但這些動物多數已經滅絕，這中間一定發生了什麼事。

生命再造

位於瓜達魯普山脈麥奇特里克谷之頂的酋長礁，其畫龍點睛之效有如拉什莫爾山（Mount Rushmore）上的總統雕像，只不過這裡刻鑿出來的不是人像，而是大滅絕發生前在此興盛繁衍的生物。然而，觀察麥奇特里克谷的岩層，並看不出象徵二疊紀末期的特徵。

我曾前往麻省理工學院拜訪山姆．波林（Sam Bowring），這位留著大鬍子，態度親切和藹的地質學教授，為了親眼目睹岩層中二疊紀末期的證據，還特地跑去中國。波林讓我看了一張他和朱祖立（Zhu Zhuli音譯）在中國眉山拍攝的照片——祖立是一位中國的研究學者——他們面前是一座露天石場，祖立腳下岩層中的深色分界線就是二疊紀末的象徵。遭受劇烈的地質變動和化學變化時，岩層的顏色會發生改變，這條深色線就是二疊紀和三疊紀的地質界線，從這裡開始，前一個地質年代的生物不復存在，牠們的遺骸掩埋在沉積層當中，下一個地質年代的生物遺骸則繼續往上堆疊。照片中，波林腳下是三疊紀早期的灰層（ash bed），放眼全球，這是世界上最多詳盡研究的二疊紀——三疊紀界線（Permian-Triassic boundary sequences）。這兩位科學家腳下岩層中的化石，受到鑑定的種類已經有三百三十三種，然而在這條分界線之上的物種幾乎完全消失不見，遞減率（extinction rate）高達百分之九十四。

十九世紀中，提出史上第一份全球地質年代表的英國地質學家約翰．菲利普斯（John Phillips）發現二疊紀——三疊紀界線，也就是照片中波林腳下的那條地層線，兩邊化石相差甚鉅，因此稱這種現象為生命再造（Second Creation of Life）。菲利普斯雖然從沒見過中國眉山地層中的那條分界線，但他在世界其他地方研究地層時，也發現了相似的狀況。

導致這條分界線形成的災難，對地球造成的影響跟人類透過溫室氣體排放、海洋酸化和全球暖化來破壞地球的程度差不多。造成二疊紀大滅絕的主要原因並不是隕石撞擊地球，而是和西伯利亞玄武岩（Siberian Traps）有關。波林近期的研究發現指出，那是一場發生在兩億五千兩百萬年前左右的火山噴發事件。黏稠的岩漿流向地面，蔓延全地，填平周遭的山谷和盆地，就像蜂蜜填滿吐司的空隙。這場火山噴發帶來的熔岩總量簡直令人難以置信，單一地區的熔岩厚度就可厚達六千五百公尺。「最後，西伯利亞大部分地區都被熔岩覆蓋，覆蓋面積相當於美國大小」波林這麼告訴我。

儘管如此，造成大滅絕發生的原因絕對不會只有一個。所有的大滅絕事件就像一場強烈的風暴，聚集了各種毀滅因素。熔岩冷卻會形成暗色岩，但在這之前，熔岩蘊含的煤幾乎已經燃燒殆盡，高熱也使大部分深色岩石轉化為二氧化碳。隨著溫度逐漸升高，有些煤炭會轉變成甲烷，甲烷是威力比二氧化碳還要高出二十倍的溫室氣體，因此大大提升地球暖化的速度。

各種原因之中，二氧化碳和甲烷累積的最終結果就是迎來了二疊紀大滅絕，連昆蟲都難逃一劫，是地球史上罕見的事件。二疊紀全盛時期，地球上的昆蟲共有六十幾科，到了二疊紀末，昆蟲幾乎全軍覆沒。空氣中一片死寂，當時鳥類根本還沒出現。沼澤環境蘊含豐富的煤炭，隨著地球愈來愈乾燥，地表多數植被也跟著消失。森林和植物組成的生態系無法倖存，不過以動植物死亡組織為食的真菌卻藉機繁榮生長。

雖然造成恐龍滅絕，並引發白堊紀大滅絕的小行星撞擊地球，可能曾帶來璀璨的煙火秀和壯觀的海嘯，但純粹就殺戮力量而言，二疊紀大滅絕有無可比擬的地位。它就像女巫的毒湯，荼毒大地長達幾十萬年。道格．厄文（Doug Erwin）認為這場造就西伯利亞玄武岩的火山噴發事件，對地球施展的必殺技有以下幾招：火山灰造成全球寒化、二氧化碳造成全球暖化、翻騰上升的含硫火積雲帶來酸雨。由於極區冰川融化和洋流消失，造成深海的無氧狀態，與海洋酸化的致命力量加總起來，遠超過白堊紀那顆撞擊地球的小行星。

多餘的二氧化碳進入海洋，使海水變得更酸，進而阻止海洋動物形成外骨骼，二疊紀海洋中的大部分的造礁生物和多數珊瑚一併殞命。酸化的海水加上無氧的深海區，對海洋動植物造成嚴重傷害。隨著火山噴發而出的硫酸鹽進入上層大氣，以硫酸的形態在大氣中繼續移動，並形成致命的酸雨。厄文認為，這種酸雨的酸性足以置許多陸地植物於死地，此時的地表幾乎一片荒蕪。科學家找到證據指出二疊紀大滅絕發生後，天空降下的酸雨形成滾滾洪水，將土壤沖刷入海，畢竟地表已經沒有任何能夠涵水的植物。

沖刷地表的洪水就像熱鍋上的油，往四面八方蔓延，在岩石紀錄中留下模樣有如辮子的沖蝕溝。我曾目睹湍急的沙漠暴洪像刀切奶油一樣斷開道路，不過比起二疊紀末的這場洪水，沙漠暴洪根本不夠看。如果各位能想像在年均降雨量至少有五十、一百二十五，甚至兩百五十公分的熱帶地區或海岸地帶，來勢洶洶的暴洪在沒有任何植被的大地上恣意肆虐是什麼模樣，對於二疊紀大滅絕這場洪水或許就有些概念了。

即便證據顯示二疊紀大滅絕的肇因不只一個，但有些科學家仍然力挺自己堅信的假說。哈佛大學的古生物學家安德魯．諾爾（Andrew Knoll）就認為，無論肇因和結果為何，許多災難的發生最終都能歸結到一種化合物身上——二氧化碳，目前地球最大的敵人就是它，或許二氧化碳也是地球有史以來面臨的最大威脅。諾爾和同事試圖追溯大滅絕事件的凶手，對地球這名受害者進行數位解剖，看看造成這場大屠殺的原因是否就是公認的缺氧、食物網崩潰和酸雨。經過分析，沒有任何一項因素比二氧化碳更符合凶嫌特質，他們的研究成果也登上二〇〇七年的《地球和行星科學通訊》（*Earth and Planetary Science Letters*）期刊。諾爾特別強調這個被多數當代人忽略的氣體，「地球上只有三成的動植物能夠耐受大量的二氧化碳。然而二疊紀大滅絕過後，能夠活下來的動物，九成都有這種能耐。」

這場大滅絕究竟持續了多久？各方估計值莫衷一是。麻省理工學院的波林認為，二疊紀大滅絕持續約六萬年。毀滅過後，第一批出現在往後地層中的化石，是一種相當微小，類似嘴巴的構造，它的主人是一種模樣如小型鰻魚的動物。水龍獸（*Lystrosaurus*）是一種很像哺乳動物的爬蟲動物，看起來就像長了獠牙的鬥牛犬，牠們撐過這場災難，在往後的日子興盛繁衍。這些地層中出現的水龍獸化石，象徵三疊紀地球復原期的開端。

二疊紀大滅絕幾乎毀滅整個地球，卻也為生物開創了新的空曠環境。伴隨這場災難而來的生命復興，給地球帶來適應性更高的物種、變化多端的生態系，以及生物多樣性更為豐富的世界。或許，我們的未來也能如此——前提是我們得撐過大滅絕的折磨。

生命復興的過程就像達爾文在加拉巴哥群島（Galápagos Islands）目睹的景象。達爾文一共蒐集到十二種磧鶸，牠們的祖先原本全都生活在厄瓜多本土或其他島嶼上，當少數個體抵達加拉巴哥群島，因為沒有對手爭食數量豐富的植物種子，牠們適應環境後便開始大量繁殖。

二疊紀大滅絕之後的情景也是如此，地球上大量出現新形態的動植物。生命不只是存活，還開始興盛繁衍。兩億兩千五百萬年前，恐龍首次出現在地球上；但是到了六千五百萬年前，除了鳥類，大多數生物已絕跡於地球。恐龍主宰地球的時間將近一億六千萬年，是人類望塵莫及的成就。

雖然終究是個圓滿的結局，但生命復興所需的幾百萬年時間實在是一段漫長的煎熬。

在小徑盡頭短暫用過午餐，俯瞰德州西部和新墨西哥州東南部，享受山頂涼爽的微風之後，赫斯特和我開始收拾裝備，沿著原路返回，一路上我們仍注意著化石群的各種變化，多看它們一眼，彷彿又對生命多了些瞭解。

赫斯特向我解釋，就整體而言，二疊紀大滅絕後，生命復興，不過出現在這裡的化石是二疊紀中期的動植物，它們多數無法撐到三疊紀來臨。「生活還是要過下去，生命的彈性相當驚人。但在這裡工作的經驗讓我知道，個別而言，生態系和物種其實非常、非常、非常脆弱」赫斯特如此說道。以歷史為鏡，即便現在的地球正走向災難邊緣，生態系和物種正快速消失，但我們知道災難過後新起的生命也會具備和往常一樣的彈性。

在小徑上，我們居高臨下俯視遼闊的沙漠，並反思人類面臨的現況。我們周圍滿是指出生物演化史過去曾發生災難的證據，而我們眼前是另一場正在進行的人為災難。有些科學家相信，人類這般處境始於十八世紀英國工業革命發展之際，此後大氣層二氧化碳含量一路向上攀升，後果會如何？看看二疊紀大滅絕就知道了；另有一些科學家則認為，人類淪落至此的開端在一八〇〇年，那年全球人口達到十億。

還有人認為，打從最近一次冰河時期的末期開始——大約是一萬五千至一萬兩千年前——地球就已經開始面臨如今的生物多樣性危機，大部分曾經存在南北美洲的大型都動物盡皆消失。當人類的足跡踏上澳洲、紐西蘭、歐洲和亞洲，相似的劇情再度出現。

赫斯特在化石上倒了些水，洗淨塵埃，讓它們更顯清晰，看起來栩栩如生。當然，真正燃起生命火花的演化過程可沒這麼簡單。

第二章　生命之初的協同效應

卡瑞生態系統研究所（Cary Institute of Ecosystem Studies）位於紐約州，密爾布魯克（Millbrook），坐落在哈德遜河谷中部，占有蓊鬱綠地兩千英畝，橡樹、楓樹和鐵杉構成所謂的「園區」。在這裡，雨已經斷斷續續地下了一個禮拜。我心中充滿許多疑問——生命如何開始？演化如何驅動？如果大自然中演化作用仍在運行，氧又扮演著什麼角色？——而我探尋這些答案的旅程，就從卡瑞研究所開始。

週日那天，濃霧從錯落在園區中的濕地裊裊升起，待早晨的陽光露臉，方才那一片白茫又悄悄沒入森林之中。趁著雨停的空檔，卡瑞生態系統研究所榮譽所長，生物地質化學家威廉·史萊辛傑（William H. Schlesinger）偕同妻子麗莎·道沃（Lisa Dellwo），帶領我穿越重重樹林和草原，展開一場賞鳥探險。早餐之前，我們已經見到七十六隻，分屬十六種的鳥。如果我沒能發現鳥的蹤跡，他們便極力為我描述鳥的模樣和牠所在的位置。麗莎認為，這樣的賞鳥活動可以培養人員的合作和溝通，可惜人們總忽略這一點，只把這種活動視為實戰訓練。

離開樹林的路上，我和史萊辛傑聊了起來。他長得高大結實，笑聲爽朗，聲音低沉，說話條理分明，滿腦子都是化學公式，他認為化學是一門老被低估的科學。此外，他還和杜克大學的艾蜜莉・彭哈特（Emily S. Bernhardt）合著《生物地球化學：分析全球變遷》（*Biogeochemistry: An Analysis of Global Change*）一書，內容探討地球變遷的過程中，生物學、地質學和化學所扮演的角色。

「地球上的生命演進與化學相關的程度，超乎人們所想」史萊辛傑如此說道。

雖然我們的銀河系已經存在一百三十七億年之久，但太陽系只有四十六億年的歷史。史萊辛傑表示，超新星（supernova）經歷核燃料耗盡、塌縮及爆炸後，形成了我們的太陽，因此太陽最起碼是第二代恆星。超星新爆炸時，將大量塵粒釋放至宇宙中，飄散在宇宙中的塵粒聚集後形成太陽和地球。接著，在太陽系形成的第一個十億年間發生巨大的流星撞擊事件，導致地球的質量增加，月球也於焉形成。撞擊產生的熱能以及物質的放射性衰變（radioactive decay）導致地球熔化，較重的化學物質下沉至熔化為液態的地核；較輕的物質則形成半流體狀態的地函（mantle）以及漂浮在地函之上地殼。

史萊辛傑告訴我，生命最重要的元素之一，就是大量的水。卡瑞研究所附近當時才剛下過雨，我們在水坑之間跳來跳去，一面閃躲偶然從林冠傾瀉而下的積水，一面聽著史萊辛傑向我解釋這些水的來由。史萊辛傑是一位出色的演說家和老師，在你眼中閃耀著光芒，告訴他「我懂了」之前，他可以滔滔不絕地說下去。

他認為，打造出地球的大撞擊事件，可能也為地球帶來了水。然而，高溫導致落下的水在大氣中形成水蒸氣，當地表溫度降至水的沸點，也就是攝氏一百度之後，水蒸氣聚集，下起一場為時幾百萬年的雨，這些水接著匯集形成海洋。

當時的太陽亮度比今日少三成，不過地球大氣中的水蒸氣和二氧化碳形成了溫室效應，阻擋逸散的紅外線輻射或熱輻射，將之重新導回地球表面，地球因此變得溫暖。倘若沒有溫室效應，今日的地球表面多數地區將會是冰凍大地，平均溫度為攝氏零下十八度。

地球形成之初，來自天空的饋贈還包括了生命的關鍵要素——碳。「地球上組成所有生命的化合物中都含有碳」史萊辛傑說道。碳可以和其他化學物質形成強烈鍵結，是打造蛋白質、纖維素和DNA等巨型化學結構的重要關鍵。「若把人體的水分抽乾，剩下的成分約有一半都是碳，」史萊辛傑還說「基本上我們就像是一堆在地球表面移動的碳。」

碳分子如何衍生出生命？地球上最初的生命出現在哪裡？這些都不是容易回答的問題。史萊辛傑表示，根據發現，存在於星際之間的塵粒和組成彗星的冰都是含碳的有機質，很有可能安全通過地球大氣層，藉此增添地球原本的碳含量。即便組成彗星的有機質當中，能為地球接受的總量極少，這些物質仍有可能成為生命的催化劑。

生命如何起源是科學家和哲學家爭論了千年的問題，然而，多數的解釋仍著眼於傳說或宗教。一九二九年，英國生化學家霍丹（J. B. S. Haldane）和蘇聯科學家亞歷山大·奧巴林（Alexander Oparin）都提出相同看法，認為形成生命所需的所有成分原本就存在於地球上，是陽光提供的能量及一些未知的過程造就了生命。一九五〇年代，芝加哥大學哈羅德·尤里（Harold Urey）的實驗室中，博士生史丹利·米勒（Stanley Miller）進行了一場著名的實驗，讓我們對生命的起源有更精確的認識。他在大型的實驗燒瓶內部混合了氨、甲烷和氫——一般認為這是地球早期大氣和海洋中的主要組成——接著讓燒瓶內通電以模擬閃電，然後定期分析樣本。實驗結果讓米勒和尤里的實驗室有如中了頭彩：大約過了一個星期，米勒發現燒瓶內出現簡單的有機分子。實驗室環境也能創造出生命，米勒因此煮出了「聲名狼藉」的原生湯（primordial soup）。

不過，名聲來得快去得也快。就在米勒以木星和其他行星為對象，調整原生湯的配方後，卻發現先前的模型並不能代表地球早期的環境，其他更貼近現實的實驗版本也未能有出色結果，「生命起源就像煮湯一樣」的想法很快退了流行。

如果原生湯不是生命最初始的狀態，那什麼才是？科學家轉向海洋尋求答案。

一九七〇年代早期，可能的答案開始出現，當時科學家發現加拉巴哥群島——也就是促成達爾文發想出演化論的地方——附近的深海裂縫有溫暖的上升捲流（plumes）。一九七七年，美國海軍的潛艇「阿爾文號」（*Alvin*）下潛至兩千一百公尺的深度，打算研究深海間歇泉（geyser）時，發現一處由巨大蚌蛤、貽貝組成的深海奇境，那裡的管蟲（tubeworm）體長二點四公尺。如此深的海域竟然蘊含豐富生機，實在令人大感驚訝，有如海洋生物的熱帶雨林。無眼的蝦與螺大嚼在硫化物上興盛生長的細菌毯（bacteria mat），在陽光無法抵達的深海區域，水下間歇泉取代太陽，成為動植物的能量來源。

此後，科學家在海洋中找到超過兩百處間歇泉系統。其中沿著太平洋、大西洋和印度洋洋脊排列的間歇泉最令人嘖嘖稱奇。洋脊所在的海床沿著下方有炙熱岩漿的裂口向外延伸，新大陸就此誕生。在這裡，研究人員發現巨大的深海煙囪，也就是所謂的「黑煙囪」（black smoker），有些高聳如摩天大樓，朝海中噴發滾滾黑煙。當然了，這並非真正的煙霧，而是從下方岩漿中沸騰逸出的金屬硫化物，這種滲入海水中的酸性物質溫度高達攝氏三百五十度。

這個詭異的地方會不會就是生命起源之處？儘管沸騰的硫化物聽起來實在不太討喜，但確實有它的優點。幾十億年前，對海面和陸地造成嚴重傷害的紫外線輻射並無法抵達深海，此處的生命可以免受其傷害。來自位於加州，帕沙第納（Pasadena）美國太空總署噴射推進實驗室（Jet Propulsion Laboratory）的麥可．羅素（Michael Russell）認為，這樣的混合物酸性太高，生命無法形成。因此，他提出另一項理論，在另一種較溫和的間歇泉中尋找生命起源。

剛形成的地殼，在海床上以較緩慢的速度移動，使地函中的岩石接觸到海水，羅素認為這裡才是生命起源之處。羅素心中理想的環境並非充滿酸性物質的高溫海水，而是剛接觸到地函岩石，溫度相對較低，約攝氏一百度的海水。

高溫海水使岩石膨脹，導致岩石產生隙縫和裂痕，造成更多海水滲入其中。這個過程以產熱、產生大量的氫氣和甲烷作為釋放能量的方式，進而形成另一種深海熱泉，即所謂的「海底白色煙囪」（white smoker），或更精準的稱呼它「深海鹼性熱泉」（alkaline vent）。有別於從單一開口噴出高溫黑煙的黑煙囪，白色煙囪的結構較為複雜，內部由迷宮般的小室組成，小室中溫暖的鹼性海水向外滲出，和周遭冰冷的海水混合。

也有科學家主張，生命可能起源於距離深海洋脊有點距離的海底硫化熱泉。他們認為，四十億年前，從海底冒出的巨大泡泡，其內含有礦物質豐富高溫海水，很可能就是孕育生命的基質。二十、二十一世紀交接之際，「亞特蘭提斯號」（*Atlantis*）研究船及隸屬其下「阿爾文號」潛水艇在距離大西洋中洋脊（Mid-Atlantic Ridge）約十五公里的地方，找到了這樣的海底間歇泉。在這個他們稱為失落之城的地方，高達六十公尺的間歇泉結構壯觀華麗，兀立於遼闊黑暗的深海之中。水深至此，氫更能自由地與二氧化碳結合形成有機分子。地球上最初的生命形態並非單細胞生物，而是岩石內部那些排列組成猶如迷宮，而且富含礦物質的大小空腔所孕育出來的複雜分子——如蛋白質和隨後合成的DNA分子——全得靠這股溫暖泉水提供能量。

結束賞鳥探險走回卡瑞研究所的路上，史萊辛傑告訴我這個理論還算合理。不過，他提出一點聲明：生命應該起源於酸鹼值趨近中性的液體，他解釋道：「生命雖然可以耐受的酸鹼值範圍還挺大的，但過酸很可能造成有機物質氧化，而過鹼則會導致細胞膜分解。」

至關重要的氧

多數科學家都同意，生命起源之後的幾十億年間，微生物是地球上主要的生命形態。微生物雖小，卻肩負遺傳這份繁重的工作。雖然大型動物的體形和結構複雜性令我們嘆為觀止，不過，要是早期的單細胞生物無法發展出正常的細胞生物及遺傳功能，牠們也無從衍生。哈佛大學的古生物學家諾爾認為，複雜的生命形態開始演化之際，生物體內大部分的DNA已經完備。

生命若要繼續演進，產生更複雜、更進化的個體，氧將是不可或缺的要素。二十五億年前，所謂的「生命」仍以細菌的形態存在於地球上。細菌有遺傳構造，但細菌生存在無氧環境中，因此體形能發展的空間有限。然而，有一些不需氧氣也能生存的細菌逐漸演化成藍綠菌，在水質受到汙染的水域偶爾可以看見它們的蹤影，因此藍綠藻又常被稱為「池塘浮渣」。

藍綠藻能進行光合作用，相較於它們古老的細菌同類，這是一種截然不同的新陳代謝方式。光合作用利用陽光、水和二氧化碳來製造碳水化合物，最終產生了氧。至此，長頸鹿和籃球運動員總算有機會生存在地球上了。

五億七千萬至五億三千萬年前發生的寒武紀大爆發（Cambrian Explosion），氧在其中扮演重要角色。考究化石紀錄，地球上多數重要的動物類群在突然之間就出現了。當時地球的空氣混濁，沒有足夠的氧來清淨大氣中的霧霾和灰塵。既然如此，地球當然也不沒有臭氧，因此，太陽炙熱、強烈的紫外光不受任何阻擋，直接照射在大地上。紫外光可以分解水（H2O），而氫（H）是質量最輕的元素，能夠輕易逸入太空，既然沒有水，當然不會有海洋。如果沒有能夠與氫結合的氧，現今的地球看起來可能就像乾燥、塵土飛揚的火星一樣，沒有海洋、湖泊、溪流，也沒有任何生命存在的跡象。

有了植物進行光合作用，地球上的氧開始累積。當含氧量到達臨界值，改變驟然發生了。觀察土壤中的化石紀錄，證據非常明顯：不需氧氣也能生存的微生物集中在一層，在鄰接的另一層中便出現需氧微生物的化石。氧氣的出現，雖然讓多數生物受惠，但許多在無氧環境中才能生存的生物早期祖先，卻走向了滅亡命運。

有了氧，地球成為適合生物生存的地方。氧氣穩定存在之後，在大氣中巡邏的氧開始捕捉逃跑的氫原子，用水和雨的形式把它們送回地表。這時候，有保護作用的臭氧層也開始形成，削弱紫外光的傷害。除了生存在黑海（Black Sea）深處無氧靜水域的微小線蟲，以及依賴深海間歇泉維生的生物，氧已是地球上所有動植物生命中不可或缺的一環。

從此時算起，還要再過四十億年，等到大氣層中的氧含量上升到和今日相當的程度，地球上才開始有動物出現，根據諾爾的說法，五億八千萬至五億六千萬年前的埃迪卡拉紀，氧和複雜的多細胞生物首次出現在化石紀錄中。我前往哈佛大學拜訪時，他告訴我：「含氧量上升促使地球演變至今日的面貌，但這絕對不是一蹴可幾的事。」

五億四千兩百萬至四億八千八百萬年前的寒武紀大爆發時期，各種不同的生命形態並非同時出現在地球的中心舞臺上。

一九〇九年，曾擔任史密森尼研究院院長的古生物學家查爾斯．瓦科特（Charles Walcott）在加拿大境內落磯山脈，近卑詩省東界的地方，發現著名的寒武紀化石群——伯基斯頁岩（Burgess Shale）。幽鶴國家公園（Yoho National Park）內路易斯湖（Banff and Lake Louise）遊客中心附近，連接費爾德山（Mount Field）和瓦普塔山（Mount Wapta）的山脊西側山坡，就是伯基斯頁岩的所在，海拔高度約兩千四百公尺。俯瞰瓦科特石場（Walcott Quarry），周圍有濃密的松樹林，往下是翡翠湖（Emerald Lake），往上則是加拿大境內白雪覆頂的落磯山脈，風景絕美。一九一二年三月，瓦科特的女兒海倫在歐洲旅遊時，曾寫信給弟弟班傑明，描寫城堡壁壘、亞壁古道（Appian Way）和羅馬高架渠道構成的風光「但我還是比較喜歡伯基斯步道。」她說。

寒武紀大爆炸期間自然界發生的變化，直到五億三千萬年前才有實際體現的機會。當時瓦科特石場發生山崩，大量遭到掩埋的動物形成化石，我們才能藉此一窺寒武紀驚人的動物多樣性。寒武紀之前，地球上的生命形態已經歷漫長的時間，度過無數的變動和混亂時期，卻沒有出現新的體構設計，動物界也無從建立新的分類單元，唯有先意識到這一點，古生物學家才能真正欣賞伯基斯頁岩中各式各樣的化石。

化石保存如此完整的伯基斯頁岩，猶如一項奇蹟。史蒂芬．古爾德（Stephen Jay Gould）在他的著作《美妙生命：伯基斯頁岩及自然史》（*Wonderful Life: The Burgess Shale and the Nature of History*）中提到哺乳動物的演化「就是一則透過牙齒比對來訴說的故事，相較於祖先動物，後代的牙齒會產生些微不同。」意思就是說，要不是透過牙齒化石，我們幾乎無從瞭解自己的祖先。牙齒是動物身體組織中能夠留存最久的部分，也是任何人類考古中最重要的收藏。

既然如此，為什麼伯基斯頁岩中還保有胃、內臟器官或肉質附肢等等動物身上的柔軟組織？簡單來說，那真是運氣好到極致的表現。從伯基斯頁岩上採集的原始樣本約有一百四十件，大概有兩成只剩下骨骸，其餘都是柔軟組織。這些動物有如幽靈不散的鬼魅，在掩埋牠們的地層中，清楚展現自己生前的模樣。伯基斯頁岩大約一個成人高，面積大小也不會超過一個城市街區，卻蘊含如此驚人的發現，根據古爾德的說法「這裡面所展現的動物身體結構差異，遠大於今日所有海洋生物的差別。」

演化作用展現極致創意時，各種主要的動物體構設計突然全出現在地球舞臺上。雖然有些科學家懷疑寒武紀大爆發初登場時，真的有這麼多不同生物嗎？但理查・李奇（Richard Leakey）指出，當時有七十種不同生物，各有不同的體構設計，或分屬不同的分類單元。不過如今地球上大概只保留了三十種左右的體構設計，其他的體構設計在伯基斯頁岩形成時，已經走下這個演化舞臺。

瓦科特則持相對保守的態度。一開始，他根據當時已建構的生物分類法，或已經存在的生物體構設計方案，對伯基斯頁岩上發現的生物進行分類。到了一九六〇年代末期，劍橋大學的古生物學家哈利・惠汀頓（Harry Blackmore Whittington）決定重新開採瓦科特石場，尋求新的觀點。和瓜達魯普山脈國家公園的酋長礁一樣，這片位於山頂保存著古老生物遺骸的頁岩，過去曾經沒於海面之下。山崩落石掩埋了這些海洋生物，將牠們的遺體活靈活現地保存在扁平的薄頁岩層中。

這些奇特的海洋生物，多數體形很小，卻變化多端，充滿異趣。歐巴濱海蠍（*Opabinia*）有五個眼睛，修長靈活的身體上備有抓握功能的棘刺；阿米斯克毛顎蟲（*Amiskwia*）看似一隻模樣古怪，長著響尾蛇頭的海豹；奇蝦（*Anomalocaris*）像是長著翅膀的海中生物，臂的形態有如蝦尾，模樣駭人的嘴裡有一圈尖牙，可以咬碎蠍子、蜘蛛和蝦子的身體；威瓦西亞蟲（*Wiwaxia*）背上有兩列突出的尖刺，看起來就像蓄勢待發的捕獸夾；還有體長約四公分的皮卡亞蟲（*Pikaia*），牠是人類的遠祖。

伯基斯頁岩就像寒武紀大爆發的最佳代言人。這段期間，地球上原本單純的生命形態，一下子演變出現今地球各種複雜生物的祖先。達爾文為此困惑良久，因為寒武紀大爆發等於駁斥了他主張的理論：演化作用是一段既緩慢又持續變動的過程。寒武紀大爆發就像發生一場生命的大躍進。

視覺的發展改變了所有生物的行為模式，是寒武紀期間大自然一項偉大的發明，或許也是引發寒武紀大爆發的推手。看得見獵物之後，捕食者便可以更精準地追捕獵物，獵物也因此陷入新的絕望境地，這也導致甲殼動物演化出外殼和堅硬的外骨骼，以謀求一線生機。堅硬的外骨骼禁得起時間考驗，因此甲殼動物也比較有機會形成化石紀錄。

運動能力是大自然另一項偉大的發明，不過在兩億五千萬年前的二疊紀大滅絕過後，運動能力之於生物的重要性也發生了轉變。二疊紀海洋中的生物多數是底棲生物，像是在海床上以濾食為生的腕足動物、海百合和貝類，牠們的生活方式可說既貧乏又有點懶惰。二疊紀大滅絕過後，有運動能力的生物主掌了動物界。這項新的生存技能緩解環境驟然變化帶來的衝擊，讓動物有機會繼續演化發展。

運動能力的另一項重要性在於增加了複雜性。二疊紀過後，自然界變得更豐富多元，少數物種主掌地球，其餘生物只是勉力維持生存的場景並不存在，取而代之的是眾多物種興盛繁殖，彼此都蓬勃發展的榮景。從化石紀錄中可以看出，這時地球上的物種數量激增，也為我們今日生存的世界奠下基礎。

造訪非洲

寒武紀大爆發之後，動物的體形變得更大，生命形態也更複雜。為了親眼目睹演化的現在進行式，我來到非洲坦尚尼亞的恩戈羅恩戈羅保護區（Ngorongoro Conservation）。在其他大陸上，人類足跡所到之處，大型動物幾乎完全消失，唯獨在非洲，人類和大型動物可以同時演化，野生動物也適應和人類保持距離的生活。地球上只有非洲大陸擁有為數眾多的大型動物，即便如此，牠們依然受到人類的貪婪荼害。因此，演化作用正幫助某些動物褪去尖牙和銳角，以便牠們適應和人類共存的生活。

為了親眼目睹這項演化成就，某個夏日，高大結實，面帶微笑的在地人喬瑟夫．馬索伊（Joseph Masoy），開著豐田牌越野休旅車載我行駛在顛簸的非洲道路上，往恩戈羅恩戈羅火山口前進，這座古老的火山內部曾經布滿熔岩，如今是眾多野生動物出沒的地方。和我同行的還有三位印第安那大學的教授，分別是尼可拉斯．托斯（Nicholas Toth）、凱西．希克（Kathy Schick）和詹姆斯．博非（James Brophy），他們正準備前往奧杜瓦峽谷（Olduvai Gorge）。車上有足夠支應幾週生活的裝備、食物和個人物品，車子還配備了彈掀式車頂供我們在沿途欣賞風景、拍攝照片時不至於成為動物的盤中飧。

我們慢慢接近環繞著東非大裂谷火山口高地（Crater Highlands）的蓊綠叢林，正午的豔陽曬得水分蒸騰，在熱帶天空形成雲朵。午後不久，我們來到恩戈羅恩戈羅火山口邊緣，開始往下移動至古老的沉陷火山口（cauldron）。一九七九年，聯合國教科文組織將恩戈羅恩戈羅火山口列為世界遺產。乍看火山口，感覺一片蒼茫空曠，只有一些形似小黑點的石頭，看起來野生動物並不多。

當我們沿著沉陷火山口的內壁往下蜿蜒移動，黑點變得愈來愈清晰。我們遇到的第一團黑點竟是一群非洲水牛（Cape buffalo）。多數水牛對觀光車無動於衷，牠們集結成小團體一起行動，在莽原上咀嚼覆蓋著火山口表面的草枝。有一頭水牛站在我們的車子旁，直盯著它瞧，看起來不懷好意又躁動不安。馬索伊認為水牛稱得上是非洲最危險的野生動物，一部分是因為牠們數量龐大；一部分是因為人們總是忽略牠們的危險性。我只能成群地概算牠們的數量，每一群大概有五十頭，視線所及之處大概有二十幾群水牛，換算起來大約有一千頭。

另外還有兩隻謹慎的犀牛，和我們保持約兩百公尺的距離。那天下午，我們大約看見十五隻斑馬、兩千頭牛羚、一千頭水牛、幾隻鴇鳥（bustard，一種大型的陸鳥）、西非冕鶴（black-crowned crane）、飛羚、六隻鬣狗、大概八隻胡狼、一隻非洲獅、一隻獵豹和八隻長頸鹿。

在恩戈羅恩戈羅火山口看見三隻大象穿越一群為數幾百隻的斑馬，是那天最令人吃驚的景象。其中一隻大象沒有象牙，另一隻大象似乎斷了一根象牙。想拍張畫面裡有大象的經典非洲照嗎？保證你拍不到有著一對完好象牙的大象。這就是演化正在運行的結果。價同黃金的象牙，對大象而言實在不宜隨身攜帶。

儘管政府言明一旦看見盜獵者就會開槍執法，仍阻擋不了盜獵象牙的風氣。就如同地球上其他地方一樣上演的悲劇，非洲的生物正在減少，不論是嚴格的國家法律、國際間的反對聲浪，或者是觀光收入，都無法保護這些龐然大物免受非法盜獵者的蹂躪。近來，剛果政府指控烏干達軍方人員乘坐直升機射殺了二十二隻大象，盜運了價值超過一百萬美元的象牙。

一九七〇年代，約有一至二成的野生大象遭到射殺，按照這個速率，滅絕的厄運很快就會找上牠們，不過國際間的壓力和演化讓牠們暫且逃過命運的召喚。盜獵導致有象牙的個體承受演化壓力，於是大象的象牙開始快速消失，畢竟擁有象牙的代價實在太大。

不論公象或母象，一樣受到選汰壓力的影響。普林斯頓大學生態學家安德魯・道布森（Andrew Dobson）在五個非洲野生動物保護區追蹤無象牙母象的演化進程。在其中一個環境對大象而言相對安全的國家公園內，無象牙母象所占的比例很小，大約百分之五。但在另一個象牙盜獵風氣盛行的國家公園內，就是另一回事了。五至十歲大的母象，大約有一成的個體都沒有象牙；而三十五至五十歲的母象，約有半數的個體沒有象牙。

研究人員注意到，在公象身上也有類似的情況。大自然竟然同意讓公象也放棄象牙，實在不可思議。

象牙是公象的戰鬥武器，藉此爭奪接近母象的權利，沒有象牙的公象，簡直就像缺了長矛的騎士。然而，因為盜獵象牙風氣盛行，沒有象牙的公象反倒有更好的生存機會。因此，大自然就像對母象那樣，選擇了無牙的公象。

如今，野生動物面臨最大的演化挑戰，就是如何適應有人類存在的環境。生活在恩戈羅恩戈羅火山口的動物，包括乘著車在莽原馳騁的人類，雖然都是皮卡亞蟲的後代，卻同時捲入了血腥風暴之中。

非洲野生動物保護區確實存在著生物多樣性，然而這是怎麼開始的？又將持續多久呢？

第三章　理論基石

許多科學家同意，地表上的陸塊會進行緩慢的橫向移動，它們的聚集和分離對現今地球上動植物的多樣性有著極大影響。二疊紀期間，所有陸塊聚集形成一塊超級大陸，也就是盤古大陸，然而滅絕事件發生之後，盤古大陸開始分裂，有如破裂的餐盤碎片散布在海上。大陸分裂同時造成生物間的隔離，個體之間不再互相交換基因，族群開始各自演化，最後形成不同的物種。

一八三五年九月十七日，達爾文乘坐小獵犬號前往加拉巴哥群島展開一趟為人熟知的旅程，當他和船員航向太平洋中央，由火山岩形成的黑色山丘——聖克里斯托瓦島（San Cristóbal）時，演化故事立刻在他們眼前綻放光芒。遠遠看去，聖克里斯托瓦島一片荒蕪，登陸後，達爾文卻發現島上植物生機盎然。這是一趟為期四年的南美洲探險，此時他正準備穿越太平洋，踏上返回英國的漫長航程。

達爾文發現，島上有多種鳥類在灌叢中覓食時，完全不受人類存在的干擾，牠們從來沒有跟人類接觸過。有位船員甚至用帽子就輕鬆捕到了一隻鳥。達爾文抓起一隻鬣蜥，一次又一次地把牠扔進水裡，牠卻依然朝著達爾文所在的方向爬回來。另有一隻鬣蜥正在挖掘地道，達爾文走過去猛扯牠的尾巴，牠只是回過頭來看著達爾文，一副「你幹嘛？」的表情。

小獵犬號在加拉巴哥群島停留五週，這段期間達爾文忙著採集動植物，尤其是島上形形色色的鳥類。達爾文以為自己採集的鳥類是黑鸝（blackbird）、鷦鷯（wren）和鶯（warbler），然而當他返回倫敦，一位鳥類學家告訴達爾文儘管這些鳥看起來不太一樣，但牠們全都是雀鳥（finch）。達爾文雖然按照外形模樣把採集來的鳥類放在不同袋子裡，卻沒有按照牠們所在的島嶼加以分類，但後來他發現按照採集島嶼分類非常重要。達爾文以為這些鳥兒無異於他在南美洲本土大陸看到的那些種類。

不過達爾文確實發現，在第一、二座島嶼上採集到的嘲鶇（mockingbird），看起來似乎不太一樣，於是他開始根據採集地點分類標本。加拉巴哥群島的副總督曾告訴達爾文，他光看海龜的外形就能分辨牠們來自哪個島嶼，一開始，達爾文沒把這話放在心上。畢竟，當時的他無法想到這些鳥兒的祖先可能是乘風飛越太平洋抵達各個島嶼，並在不同島嶼上分化成外表有明顯差異的不同物種。達爾文和當時許多科學家一樣，認為這些鳥兒都是相同的物種。體色和形態的差別，可將這些鳥兒分類為不同品種（variety），但不足以滿足種（species）的定義。

根據恩斯特．邁爾（Ernst Mayr）這位德裔美籍生物學家的說法，「種」的定義是「個體間能夠交配繁殖的自然族群，和其他族群之間存在著生殖隔離」。然而，達爾文採集的野生動物樣本，似乎不能滿足這項定義，畢竟這些島嶼之間只隔著視線能及的距離，在地緣關係如此接近的狀況下，物種通常無法分化。但事實正好相反。

達爾文返抵英國後，把所有採集到的動植物標本送給了倫敦動物學會（Zoological Society of

London）。鳥類學家約翰．古爾德（John Gould）重新審視了這些標本，並在下一次學會會議時，難掩興奮地表示達爾文發現了一群新種「地雀」（ground finch）。隔天的《每日先驅報》（*Daily Herald*）報導了這場會議，指出達爾文一共發現了十四種地雀「其中十一種是在英國前所未見的種類。」達爾文思索演化論的過程中，這項發現有著極重要的地位，雖然他的鉅著《物種源始》（*On the Origin of Species*）還得再過二十三年才會出版。

達爾文在南美洲所採集的化石同樣獨樹一格，包括一隻巨駱馬（giant llama）、一隻巨犰狳（giant armadillo），還有一隻體形相當於犀牛的齧齒動物。凡是追尋生命發展的蹤跡，無論任何時間或地點，都能發現「物種逐漸改變」，達爾文如此寫道。新物種如何演化而來？對於這個問題，他開始有了一些想法，但當時的達爾文還不知道，大陸漂移（continental drift）對物種演化竟有如此重要的影響。

乘小獵犬號航行期間，達爾文趁隙拜讀查爾斯．萊爾（Charles Lyell）的《地質學原理》（*Principles of Geology*）。雖然達爾文在劍橋念書時的教授曾提醒他，要對這本書抱持懷疑態度，但達爾文仍欣然接受萊爾認為地球在人類腳下不斷變動的觀點。達爾文在南美洲探險過程中，親眼目睹了這些變動。不過，他們兩人都認為大陸是以垂直的方式向上或向下移動，而不會橫向漂移。

當時的達爾文根本想像不到地表大陸的垂直和水平移動，竟然對演化作用有如此重要的影響。

地質學領路

十九世紀中葉，可謂生物學界和地質學界的動盪時期。大英帝國正值顛峰，許多早期的地質研究都可以追溯到這個時代。人類對鐵、煤炭、石油和其他沉積寶藏有著無盡欲望，導致工業革命提早來臨，地質學家也順理成章地成為社會名流人士。他們藉由發現工業資源來保障地位，本著發現精神，當時的地質學家也敢於提出更具學術理論性質的議題，好比「這些資源究竟是如何形成的？」

趁著這股新興風氣，來自倫敦皇家礦業學院（Royal School of Mines）的布蘭福德兄弟檔，威廉和亨利（William and Henry Blanford）獲派前往印度進行地質調查，研究位於奧利薩邦（Orissa）的塔切煤田（Talcher Coalfield）。這對兄弟檔展開挖掘，並在一八五六年發現，遼闊的煤田下方還有另一層結構，由細緻的泥岩包裹著碩大的巨礫，這顯然是冰河的遺跡。這些巨礫上都有冰挖作用（glacial scouring）留下的磨蝕、刮擦和拋光痕跡。此外，有些巨礫似乎曾經移動了很長一段的距離，這又是另一項指出冰川作用存在的證據。

這表示，在濕氣蒸騰的熱帶沼澤形成煤炭導致塔切成為印度最大產煤地區之前，這裡曾經是一片遼闊冰野。布蘭福德兄弟回到加爾各答向老闆報告此事，他認為，印度曾經被冰層覆蓋。這一想法在地質學界引起熱烈討論，熱帶地區也能形成冰河？或者，印度曾經非常靠近極區？大陸會移動嗎？

一九一二年，進一步的證據指出大陸確實會移動。當時英國海軍上校羅伯・史考特（Robert Scott）正進行一場痛苦萬分的南極探險行動，除了面對暴風雪之外，還得忍受攝氏零下二十三度的低溫。他和部屬雖然完成了任務，但是足足比挪威的隊伍晚了三十三天。挪威探險船的船長羅爾德・阿蒙森（Roald Amundsen）在南極插下黑色的標誌旗之外，還留下字條給英國探險隊。輸掉這場國家之間的競賽，倉皇不安的史考特在日記寫下：「沒錯，我們確實抵達南極了。但情況完全不如預期。天啊！少了捷足先登的喜悅，這個地方實在讓人覺得可怕至極。」史考特和多數部屬在回程中凍死，只差那麼一點，他們就能把這次任務的發現全數帶回國內。

史考特的副官愛德華・伊凡斯（Edward Evans）僥倖逃過死劫。一回到紐西蘭，伊凡斯就寫了封信批評他們的領導人，沒有在最危難的時候丟棄那些重得要命的紀錄和樣本。史考特和兩位探險隊成員愛德華・威爾森（Edward Wilson）、亨利・包爾斯（Henry Bowers）喪命的地點，就在距離「一噸庫」（One Ton Depot）約二十公里的帳篷裡。一噸庫位於羅斯冰棚（Ross Ice Shelf），是他們儲存食物和補給物資的地方。史考特的遺體旁散落著約十六公斤重的煤炭和化石，這些東西在他眼裡顯然比自己的性命還重要。這些樣本包括人類首次在緯度如此之南的地方發現的舌羊齒（*Glossopteris*），這是一種已經滅絕約兩億年的蕨狀種子植物。根據科學家的推斷，舌羊齒應該生長在氣候溫暖的地方，而不是南極冰凍大地。難道，南極大陸的位置曾經很靠近熱帶地區？

德國地球物理學家阿弗瑞・韋格納（Alfred Wegener）曾在一九一五年出版的著作《大陸與海洋之起源》（*The Origin of Continents and Oceans*）首次提出大陸也會橫向移動的看法，為了支持自己的論點，他極力蒐集相關證據。韋格納發現非洲和美洲大陸的地形輪廓可以彼此接合，並且也找到報告指出兩塊大陸相鄰海岸處有相似的化石紀錄。在此之前，科學家認為兩塊大陸之間曾有陸橋相連，但韋格納加以反駁，他認為這是陸塊分裂的結果。他還注意到，印度、南極大陸和澳大利亞似乎也能相接，並指出地球上的陸塊過去曾聚集成一塊他稱之為盤古大陸的超級大陸，盤古大陸一詞最先就是出現在韋格納的書中。韋格納認為，這塊超級大陸約在兩億五千萬年前開始分裂，逐漸形成今日的世界。

一百多年來，大陸漂移的論點，或者更進一步的板塊構造學說（plate tectonics），不斷驅策科學家研究演化和發現新物種。盤古大陸存在的期間，地球上所有主要的陸塊聚合在一起，同時也消除了生命形態之間的分野，地球上的物種數量比較少；當盤古大陸開始分裂，彼此隔離的大陸是成為適合孕育新物種的搖籃，因此創造出更多動植物種類。

島嶼生物地理學

除此之外，要創造新物種，大自然還有其他招數。十九世紀中葉，常被認為是演化論共同奠基者的阿弗雷．華萊士（Alfred Russel Wallace）前往亞馬遜和東南亞地區。他研究數百種動物，試圖瞭解動物如何出現在所屬的棲地之上。他認為，經常被視為物種分布範圍界線的河流和山脈非常重要。許多科學家相信，氣候是物種分布範圍的決定因素，但華萊士發現，氣候相似的地區，物種組成差異也很大，因此認為地理學和物種分布的關係密不可分。

這項由華萊士和其他支持者共同推動的理論，就是島嶼生物地理學（island biogeography）。一開始，島嶼生物地理學是用來解釋海洋裡或湖島上物種豐度的方法，後來解釋範圍逐漸延伸到內陸島嶼。二十世紀末開始，科學家不斷修正島嶼的定義，認為其他有隔離性質的棲地，像是被沙漠環繞的山脈、被旱地包圍的湖泊，以及受到人為改變的景觀中所存在的自然棲地，都可以稱為島嶼。如今，科學家繼續修正這個觀念，用島嶼生物地理學來解釋任何受到不同生態系包圍的生態系，這種生態系可能是四周有水環繞的島嶼、周邊盡是沙漠的水源、兀自矗立於低地之中的山峰，或者被人類房舍包圍的草地。

島嶼生物地理學並不是一個簡單的觀念。對某種生物而言足以稱為島嶼的棲地，對另一種生物來說未必如此。有些生存在山頂上的生物，也有可能出現在山谷中，對兩種海拔高度都能適應。有些生物只能適應山頂上的生態環境，那麼山谷對牠們而言有如一道無法跨越的生存鴻溝。這也可能和動物食性有關，廣食性者（generalist）可以適應較廣泛的環境；專食性者（specialist）就只能是適應特定的棲位。山脈形成的隔離環境可以增加整體環境中的物種多樣性。

安地斯山脈中的孤島

前面提過我曾和保護國際基金會的生物學家一起造訪安地斯山脈，維卡班巴地區可說是典型的內陸島嶼。山頂周邊盡是幽深的河谷，就像一座孤立於海洋中的島嶼。這裡的雲霧森林中有許多獨特物種，有些甚至尚未經過科學家鑑定。維卡班巴猶如自然界生物的伸展臺，展示著生命各式各樣的可能性。

秘魯軍方直升機載著我們抵達維卡班巴水氣氤氳的雲霧森林後，次日天色未亮時，我就已經起身和康乃爾鳥類實驗室的湯姆．舒倫格（Tom Schulenberg）出外調查這個地區的鳥類。我們在營地附近一處位於森林中央的沼澤邊緣徘徊，一邊尋找鳥類的蹤跡，一邊小心避開隱藏在苔蘚下，深度可及大腿的深坑。舒倫格的望遠鏡和手中的麥克風對準森林邊緣進行搜尋，他說他透過耳朵聽而能分辨的鳥類數量，是用眼睛看的四倍。這裡的海拔太高，不可能出現鸚鵡和巨嘴鳥，但舒倫格的秘魯助手，勞倫斯．羅佩茲（Lawrence López）還是抓到了絨頂雀（plush-capped finch）、烏額針尾雀（Azara's spinetail），還有一隻他從外套口袋裡撈出來的黃領虹彩裸鼻雀（yellow-scarfed tanager），「看看這個美麗的小傢伙」說完以後，羅佩茲便還牠自由之身。

傍晚，我跟著保護國際基金會利馬辦公室的莫妮卡．羅莫（Mónica Romo）外出，她在森林邊緣設網捕捉蝙蝠。據她估計，森林裡近半數的植物，都依賴蝙蝠的糞便來散播種子。隔天，我繼續跟著羅莫，踏上剛用砍刀闢出來的小徑，設置捕捉哺乳動物的陷阱。羅莫對這些動物非常瞭解，她承認自己愛吃甜食，每每看到營地的花生醬被塗在誘餌上就覺得好生羨慕「希望牠們會喜歡。」考慮到這裡有稱得上是南美洲毒性最強大、攻擊性也最強的矛頭蛇（fer-de-lance）出沒，我把陷阱設置在空曠處，羅莫則把陷阱藏在幽暗的角落。最後，我們一共蒐集到四十種哺乳動物，包括一種體形極大，之前從未有任何描述紀錄的齧齒動物。

幾天之後，我隨著來自加拿大熱帶植物專家布萊德・波尤（Brad Boyle）外出。他和秘魯同事在森林裡拉了一條五十公尺的界線，開始在線的兩邊蒐集植物標本。他指點我欣賞棲踞在樹枝上的蘭花、鳳梨科植物、苔蘚和蕨類，告訴我聚集在這些樹木頂端的植物種類，比多數北半球森林裡的所有植物種類還多。

他告訴我，發現新種是一件非常困難的事。可不是「好耶！我們發現新種了！」這麼簡單，而是「要跟植物標本館裡每一種相似的植物標本進行比對，確定找不到任何相似的物種才行。」發現新種的背後需要投入龐大的工作。儘管如此，不久後他還是捧著一株小小的蘭花，告訴我：「賭一罐啤酒，我猜從沒有人描述過這個物種。」

雨水刻蝕出維卡班巴附近的山谷，使這裡成為一座孤島。不過，並非所有的陸地都能夠輕易被隔離開來，熔融的地核花費極大能量才使盤古大陸分裂，並讓分裂後的陸塊四散。而今，透過大眾運輸，人類已經打破大陸之間的隔閡。船、火車、汽車和飛機的來往穿梭，一併把藏身在各種交通工具裡的哺乳動物、昆蟲、爬蟲動物和甲殼動物帶到世界各地。互相隔離的大陸造就了豐富的物種多樣性，然而這份苦心已被人類破壞，來自外地動物可能造成本土動物的生存危機。

在美國，這些來自異地的物種要不是透過有目的性的人為引進，要不就是一場徹頭徹尾的荒謬劇碼。一八九〇年，莎士比亞的瘋狂粉絲尤金・謝夫棱（Eugene Schieffelin）決定把莎士比亞劇作中提到的鳥類全數引進美國。他選了一個好日子，在紐約中央公園一次野放六十隻椋鳥（starling），此後，美國的椋鳥數量一路攀升，至今已有兩億隻。

椋鳥、麻雀和鴿子，是今日美國都會地區最主要的鳥類成員，然而牠們全都不是美國的本土物種。來自異地的動植物，我們普遍稱之為「入侵種」（invasive species），入侵種和美國的本土鳥類，如東藍鴝（eastern bluebird）、紫燕（purple martin）競爭食物來源。冬季時，美國本土鳥類通常會飛往南方避冬，而沒有遷徙習性的入侵種則固守原地。等到春天來臨，本土種飛回來準備築巢時，卻發現老家已經沒有足夠的築巢空間。這都是因為有個自認肩負重任的傢伙覺得，如果環境中充滿了吟遊詩人曾提到的鳥類，新大陸的文明程度肯定會向上提升！

入侵的植物離開原生棲地之後，通常都能興盛生長，畢竟老家那些調節它們生長的昆蟲、疾病和動物並沒有跟著來到新棲地。

本土物種無法應付入侵種帶來的競爭挑戰，也是造成入侵種散布的原因。二次世界大戰後，來自索羅門群島的棕樹蛇侵入關島時，簡直如入無人之境。科學家推測，棕樹蛇可能是爬進飛機輪艙裡，一路跟著飛機降落關島，畢竟關島是飛機起落頻繁的空軍基地。過去六十年來，棕樹蛇在島上叢林四處分布，造成許多對牠毫無抵抗能力的本土物種因此滅絕，或者數量急遽減少。近來，生物學家想要調控棕樹蛇的數量，因此用空投的方式，把體內注入八十毫克乙醯胺酚（acetaminophen，相當於兒童劑量的泰勒寧〔Tylenol〕，一種複方止痛藥）的死老鼠丟進叢林裡，希望讓成年棕樹蛇吃了之後一命嗚呼。這項任務的成效如何，目前未有定論。

同樣的，過去幾十年來，合法或非法的動物交易也讓緬甸蟒侵入佛羅里達州。當飼主發現家裡沒有緬甸蟒所需要的足夠空間，或發現緬甸蟒試著活吞家裡的寵物時，便把牠們帶到附近公園或國家公園放生。自二〇〇二年起，大沼澤地國家公園（Everglades National Park）和周邊地區已經移除超過一千八百隻緬甸蟒。現在，美國魚類及野生動物管理局（Fish and Wildlife Service）指出，來自北非及南非的非洲岩蟒、網狀蟒（reticulated python）、巨蚺（boa constrictor）和四種森蚺（anaconda）也已經加入大沼澤地國家公園的蟒蛇幫。生物學家認為，這座國家公園裡各種蟒蛇的加總數量，已達幾萬隻之譜。

入侵種既可能來自遠方異地，也可能是在當地生長的物種，等到時機對了，便一舉占領其他物種的生存空間。過度放牧、防火措施和氣候變遷，導致美國、南美洲、非洲和澳洲的半乾燥草原，正受到本土種的木本灌木和喬木入侵。

當草食動物的放牧控制得宜，草可以自然生長，做為自然野火或人為燒墾的火引，進而刺激更多草生長，同時限制木本灌木的生長。木本灌木會抑制草的生長，因此對乾燥及半乾燥地區的畜牧者而言，控制木本灌木生長是至關重要的事情。他們既要滿足牛、羊等牲畜的覓食需求，又要透過燒墾來控制木本植物生長，兩者之間必須取得平衡。

為了瞭解灌木和野草之間的競爭，在一個溫暖的午後，我跟著史丹佛大學地球系統科學系的教授羅伯・傑克森（Rob Jackson），爬下高聳的長梯，進入鮑威爾洞穴（Powell's Cave）位於地下的巨大洞窟，這裡位於德州奧斯丁（Austin）西方約二百四十公里處。我跟著傑克森在洞窟組成的迷宮裡轉啊轉，經過連爬行都嫌狹窄的空間，踩著濕滑的地面，我們進入一個有各色石灰岩結構閃閃發光的地方，這全是大自然鬼斧神工的傑作。這裡距離地面大概十八公尺，一條地下溪流從石縫中湧出。

就像深入地下尋找冰河存在證據的英國地質學家一樣，傑克森來到這裡試圖尋找愛德華茲高原（Edwards Plateau）本土杜松（juniper tree）如何入侵並接掌草原的證據。他帶著我看一些從石灰岩壁中迸出，往下生長探尋水源的粗壯樹根，並向我解釋道：「乾旱時期，光是一根主根至少就能提供植物三分之一的需水量。」

杜松樹的根系一路往下生長，乾旱時，地下深處的樹根汲取地下溪水；雨季時則靠淺根吸收水分。相較於無論天氣如何都只能靠短淺根系吸收水分的野草，杜松樹有較好的生存優勢。

像杜松樹這樣的灌木和喬木，已經入侵美國乾燥、半乾燥地區的草原及莽原。它們的存在限制土地管理者、牧場經營者和野生動物能夠得到的野草數量。研究顯示，這些數量增加的灌木和喬木，可搶走三分之一到三分之二的溪水量。

在美國，杜松、牧豆樹（mesquite）、木焦油樹（creosote）和烏桕（Chinese tallow）是不同地區的問題樹種，在大平原、西南部和墨西哥灣岸等南方地帶尤其如此。這些問題樹種本來就存在，是過度放牧、防火措施和氣候變遷導致它們族群暴增。當木本植物愈來愈多，在地面上形成樹叢，便會造成其他植物或野草無法獲得充足的陽光或生存空間。我參加在奧斯丁舉辦的美國生態學會

（Ecological Society of America）會議時，遇到亞利桑那大學自然資源學院的教授，史帝夫・亞契（Steve Archer），他告訴我，他稱這種現象為「灌叢化」（thicketization）。亞契主要研究牧場的生態、管理和復原。所謂「牧場」是指任何被原生植被覆蓋，並有家畜或野生動物在上面覓食的大面積區域。

十九世紀末，人類引進大群牛隻至美國西部，牠們吃光了那裡的野草。導致自然野火或人為燒墾沒有火引可用，少了野草，木本植物就能生長得更好。早期，印第安人會定期燒墾草原，清除灌木和喬木，同時創造適合打獵的開闊空間。如今防火措施成了促進杜松入侵草原的幫凶，少了地表火（grass fire），木本植物更能肆意生長。

這不是最近才發生的問題。早在一萬五千年前，那些生存在冰河時期的獵人，就已經消滅所有以北美草原木本植物為食的大型動物。東非還有大象可以控制木本植物的生長，畢竟那是牠們的主食之一，但美國已經沒有任何可以擔負相同任務的野生動物存在，於是木本植物開始失控。

對美國牧場經營者、農夫和野生動物而言，木本植物可謂他們共同的敵人。在德州，黑頂綠鵙（black-capped vireo）和金頰黑背林鶯（golden-cheeked warbler）已經瀕臨滅絕，兩者都需要森林和開闊草原互相混合的棲地才能興盛繁衍。木本植物抑制野草生長，同時奪走這兩種鳥類需要的生存空間。

俄克拉荷馬州帕赫斯卡（Pawhuska）附近的長草大草原保護區（Tallgrass Prairie Preserve），是北美洲最大型的長草草原保護區，同樣面臨木本植物帶來的問題。長草草原曾經遍布美國中西部，支持著大群水牛的生活，這裡目前雖然仍有水牛出沒，但數量很少。保護區周圍都是私人牧場，這些牧場的管理者發現，如果每年不放火燒墾，木本植物很快會形成林冠（canopy），未來想除掉它們會變得更加困難。

木本植被也侵入新墨西哥州原本光禿一片的山頂。山頂通常是大角羊（bighorn sheep）聚集的地方，好讓牠們看清楚附近是否有山獅出沒，也方便牠們策畫逃跑路線。當木本植物侵入這原本空曠的環境之後，山獅有了藏身的好所在，某些地區的大角羊族群因此大受干擾。

「氣候變遷、大氣中二氧化碳濃度上升，以及防火措施和放牧牛群造成的地景改變，將會加快全球木本植物擴散的速度，」傑克森如此說道「這不是德州才有的問題，南美洲、非洲和亞洲也一樣。」

傑克森深入地下的另一個目的，是想要瞭解氣候變遷和它帶來的效應。目前，他正在研究天然氣，天然氣曾經被視為解決溫室氣體的理想方法之一，畢竟燃燒天然氣造成的環境汙染較小，比起煤炭或石油，天然氣是更乾淨的燃料。不過，傑克森擔心天然氣在輸送過程中的外洩問題。抽取天然氣的過程中，地表下方的裂縫可能導致天然氣滲入地下水，而老舊的管線也可能造成天然氣在輸送過程中滲入都會區的土壤。

傑克森和波士頓大學教授南森．菲力普斯（Nathan Phillips）發現，波士頓運輸天然氣——即甲烷——的地下管線，有超過三千三百個破裂處，而這些地方的住宅區也發生過天然氣爆炸事件，時不時人孔蓋被炸飛上天，並造成附近樹木死亡。

儘管溫室氣體是亟待解決的問題，但傑克森認為入侵種擴散至全球的狀況，對地球環境而言，恐怕是更持久也更嚴重的威脅。反轉氣候變遷，我們需要一千至一萬年的時間，然而世界各地入侵種和物種混合的問題，恐怕不是我們有能力改變的狀況。

第四章　演化出另一種物種

人類和自然界之間衝突不斷，始作俑者其實就是我們自己。不過，事情並非一直都是這樣。為了瞭解這片土地上，人類和動物曾經如何共存，我們來到奧杜瓦峽谷，這裡是東非大裂谷的一部分，位在坦尚尼亞境內靠近肯亞邊界的地方。許多人來到這座峽谷研究人類如何發展出智力、如何學會用語言溝通、如何散布到全世界，並在近年來呈現爆炸性的人口成長。就現在而言，許多人或許覺得，所謂「下一個人種」是件聽起來有點古怪的事。不過，有證據指出，在奧杜瓦峽谷和周遭地區，就曾出現三種和智人截然不同的原始人類（homonids）：鮑氏傍人（*Paranthropus boisei*）、巧人（*Homo habilis*）和直立人（*Homo erectus*）。他們的存在不僅說明了我們如何抵達這裡，也說明了只有一種人類的世界，似乎不太自然。

岩漿產生的巨大煙流把陸地往上推，將奧杜瓦峽谷抬升至海拔約一千兩百公尺的高度。因此，即便這裡緯度靠近赤道，天氣仍相當宜人。六月底，白天氣溫最高可達攝氏二十一度，夜晚氣溫則在攝氏十至十五度，就算乾季也是如此。

隔天早上，太陽突破覆蓋這片大地上的矮灌叢、有刺的樹木和莽原，向空中移動。這裡大部分的植被和大型動物跟著早期人類一起演化，植物體上可怕的尖刺目的在嚇退草食動物的口慾。我跟著一群人類學家、地質學家和古生物學家來到搭建在加州大學柏克萊分校的基地營。有許多科學家在這裡進行研究，大名鼎鼎的人類學家李奇夫婦，路易斯（Louis Leakey）和瑪莉（Mary Leakey）也曾入住我棲身的拱形小屋。

這裡有各國搭建的基地營。一九三〇年代，李奇夫婦在這裡發現多種原始人存在的證據，奧杜瓦峽谷因此聲名大噪。眾人對這裡趨之若鶩的原因，不外乎是想在這裡找到相似的化石，建立相同的聲望。

在營區，我和來自世界各地的科學家一起迎接黎明，開啟一天的工作。我們的野外研究站由許多金屬浪板建築物和帳篷組構而成，約容納二十位人類學家、考古學家和他們聘請來當助手的馬賽族人（Maasai）。享用完一頓小米、麥片粥、蛋、現烤麵包、各種水果還有喝不完的咖啡的豐盛早餐之後，我們坐上六輛莽原越野車，準備上工。

我坐的這台車由加州大學柏克萊分校的古生物學教授萊絲莉．荷拉斯科（Leslea Hlusko）駕駛，車隊浩浩蕩蕩經過西班牙科學家的營區，只見他們對著我們揮手，態度和藹親切。不過，荷拉斯科斬釘截鐵地告訴我，來到奧杜瓦峽谷的國際團隊彼此競爭非常激烈，每個人都想要找到與眾不同的發現，然而這裡過去遠近馳名的歷史和考古發現，讓科學家實在難以在聚光燈下找到新的發展空間。

荷拉斯科是奧杜瓦脊椎動物考古計畫（Olduvai Vertebrate Paleontology Project）的共同主持人，這個計畫希望建立線上的化石資料庫，好讓科學家可以隨時查閱資料，得知化石目前的存放處所。

「我們希望將這份計畫中的資料完全公開，讓大家知道化石的存放位置，也許在倫敦某個博物館，也許在某人位於佛羅里達州的家中地下室」她說。

荷拉斯科還想要利用一種獨特的反轉分析技術（reverse analysis）來鑑定化石中遺留的遺傳物質。在過去，她的工作有一部分是以美國的圈養狒狒群為對象，研究牠們的牙齒，找出和牙齒更替、大小、琺瑯質及表面狀況有關的基因。荷拉斯科希望藉著研究這裡的化石，找到和狒狒牙齒有關的決定性基因，並看看這些基因啟動時，在狒狒身體其他部位可能扮演的角色。「光是靠著牙齒或一部分頷骨，我們就能從中瞭解許多和原始人及靈長類動物有關的資訊，當你想要回溯久遠的過去，這招特別管用。」

對於曾經在這裡生活的原始人而言，這個生態系中的動物究竟對人類產生什麼影響？正是這項計畫的研究目的。在奧杜瓦峽谷，人類和動物族群的互動曾經平衡安樂。有些平衡如今依然存在，畢竟這裡是受到保護的國家公園。

我們繼續沿著峽谷的稜線移動，直到抵達一處高原，車隊在此停下，車上的男士和女士們準備下車幹活。往下俯瞰峽谷，在峽谷壁面可以上看見層層積累的土層。荷拉斯科說多虧有這些地質年代界定明確的土壤，我們才能透過研究地層來鑑別化石動物存在的年代。一群科學家和他們的馬賽族助手開始在峽谷某個區域的斜坡上展開工作。我跟著另一群人爬上一處高峰，卻陷入不知如何下來的險境，總之我學到了經驗：以後別想要我攀爬峭壁。

那個早上，我們找到一副古代乳齒象（mastodon）的下頷骨，荷拉斯科花了一個多小時，小心翼翼地把它從土裡挖出來，再小心翼翼地把它放進石膏模裡帶回營區。她說自己通常會避開河馬和大象的骨骸，因為相較人類或其他肉食動物，這兩種動物似乎沒怎麼演化。不過這副乳齒象的下頜骨非常完整，令人難以抗拒。過了幾天，這項計畫另一位共同主持人，傑克森．賈悟（Jackson Njau）帶我前往賽倫蓋蒂國家公園（Serengeti National Park）中沿著格魯梅蒂河（Grumeti River）分布的研究地點。賈悟和荷拉斯科一樣，對動物和早期人類之間的關係很感興趣，不過他選擇專注在鱷魚以及牠們對人類智力發展的可能影響。雖然莽原風光是這裡的主要景色，不過河邊還是有喬木和灌木出現。賈悟出生於坦尚尼亞，在當地的三蘭港大學（University of Dar Es Salaam）念完大學，並於羅格斯大學（Rutgers University）取得博士資格後，前往印第安那大學就職。他和荷拉斯科在北非還有其他共同合作的研究地點。

那天是個多雲的日子，我們抵達格魯梅蒂河時，河中擠了超過二十隻體重介於一點六和四點五噸的河馬，陽光在牠們身上閃耀。岸上埋伏了四、五隻鱷魚，牠們凹凸不平的粗糙體表、大嘴裡布滿尖牙的可怕模樣，詭異地融入周遭景色。

根據賈悟的說法，非洲最危險的捕食者就是鱷魚，每年命喪牠們嘴裡的生命，遠超過獅子或花豹。自一九八五年算起，光在坦尚尼亞，因鱷魚而死的人就超過五百名。賈悟告訴我這是無法避免的問題「受害者清楚哪裡有鱷魚，也知道該怎麼避開牠們，卻還是不斷有人成為鱷魚嘴下冤魂。」他提醒我，每在水面上看到一隻鱷魚，水下可能同時潛伏了好幾隻鱷魚。聽完他這麼說，我站得離河岸可遠了。

只要有人來到河邊沐浴，或有動物來到河邊喝水，經常會看到鱷魚在附近出沒。這時，鬼鬼祟祟的鱷魚拿出十足的耐心等候，這也是你要特別注意牠們的原因。當獵物——不管是動物或人類——更往水裡靠近，眼見時機成熟的鱷魚，只要確認周遭沒有危險存在，便會疾速躍出水面咬住獵物，用大顎固定獵物的頭、肩、手臂或前肢，接著把戰利品拖下水溺死。

就學期間，賈悟曾在夏初來到格魯梅蒂河，觀察鱷魚如何壓制其他動物。幾個月後的乾季，他再次來到相同地點，那時河流不見蹤影，鱷魚跟河馬已經離開。原本的河流，只剩下一窪水潭，他研究留在水潭中央的骨骸，將上面的齒痕跟鱷魚以及其他肉食動物的齒痕做比較，他想認識不同捕食者的齒痕，如此一來研究化石的時候，他能更清楚知道當初發生什麼事。

咬住獵物時，鱷魚的尖牙會在骨骸上留下穿刺的痕跡，然而因為大顎無法左右移動，所以比起其他捕食者，鱷魚在獵物骨骸上留下的齒痕相對較少，雖然牠們也會留下密集的齒痕，但那只是因為鱷魚偶爾會發生吞不下獵物的情況。

回到奧杜瓦，某個豔陽高照的日子，我們再度造訪峽谷稜線，在崖邊停好車子，順著崖壁往下走，前往一處已乾涸的廣闊河彎，一九六〇年代，李奇夫婦就在這裡從事研究，近年來也有其他團隊在這裡工作。

計畫共同主持人賈悟藉著在賽倫蓋蒂研究動物和獵物之間的關係，來瞭解鱷魚有可能用怎樣的方式影響在奧杜瓦生活的早期人類。賈悟告訴我，打從兩億年前巧人首次以這裡為家開始，整個峽谷地區持續經歷劇烈的氣候變遷。當時氣候更潮濕，距離我們腳下不遠處曾有一座和河流連通的湖泊。如今，這裡的氣候非常乾燥，每年只有短短幾個月的雨季，奧杜瓦河才會暫時氾濫。

生活在這裡的巧人的確會吃肉，但那並不是靠打獵得來的戰利品。「很多人以為男人就一定是獵人，但巧人身高大約只有九十到一百二十公分，體重不到四十五公斤，不可能有辦法獵捕牛羚或瞪羚。我們認為，巧人過著腐食生活，靠著獅子和花豹吃剩的獵物填飽肚子」賈悟如此說道。

為了生存下去，巧人必須熟知地形，而且成群外出蒐集食物。畢竟，落單的巧人實在太容易成為捕食者眼中的目標。李奇夫婦推測，早期人類可能沿著奧杜瓦地區的河流居住，不過賈悟卻認為，河邊除了有鱷魚、鬣狗、花豹和獅子，還有河馬、大象及其他對巧人而言體形太大、過於危險的濕地動物，因此逐水而居不太可能是巧人的生活常態。在賈悟眼中，這片生存空間對巧人來說就像拼圖，他們必須學著摸索，學習計畫以及合作打獵的能力，捕食者的移動也因此形成早期人類智力演化的選汰壓力。無法完成拼圖遊戲的巧人只有死路一條，基因也無法傳遞給後代，這就是演化的基本規則。

此外，研究人員還在奧杜瓦地區發現人類使用工具的化石證據，說明巧人知道如何讓食物骨肉分離，但那些工具並不是石矛或箭頭之類可以殺死或驅逐成年野獸的武器。巧人或許會製造木矛，但巧人是採集者，並非狩獵者。變得聰明可以改善他們的生存機會，也讓他們懂得吃肉，肉類可以提供額外的熱量，讓人類演化出更大的腦子。

有關人類譜系的研究，不只讓我們回顧過去，也讓我們瞻望未來。一八五六年，科學家在德國尼安德谷（Neander Valley）首次發現已滅絕人類的化石骨骸。雖然達爾文的《物種源始》在三年後出版，但書中並沒有提到和人類演化相關的內容。直到一八六四年，這些化石骨骸的主人才被科學界視為另一種人類——尼安德塔人（*Homo neanderthalensis*）。

後來，達爾文認為大約在中新世（Miocene epoch）初期，也就是兩千萬年前左右，人類早期祖先開始與舊大陸猴（Old World monkey）產生分化。一九二七年，已自政府機構退休的醫官——戈登醫生（H. L. Gordon）在肯亞西部的石灰岩沉積層中，首次發現與猿類分化後的早期靈長類動物化石標本。二十世紀初，有一隻在法國巴黎女神遊樂廳（*Folies Bergère*）表演的黑猩猩名喚康修爾，牠身著燕尾服，既會彈奏鋼琴，又會抽雪茄，睡覺之前還會脫掉褲子，用頭頂地翻個筋斗滾上床。戈登從中得到靈感，將他發現的標本物種命名為原康修爾猿（*Proconsul africanus*）。一九四八年，瑪莉·李奇在維多利亞湖（Lake Victoria）發現有史以來最完整的原康修爾猿顱骨。

原康修爾猿之後，科學界陸續找到許多後來演化成人類的早期靈長動物。非洲大陸上蘊含著許多故事。一九七四年，美國古生物學家唐諾·約翰森（Donald Johanson）和研究生湯姆·格雷（Tom Gray）在衣索比亞哈達（Hardar）地區，找到了生活在三百八十五萬至兩百九十五萬年前的阿法南猿（*Australopithecus afarensis*），也就是著名的露西（Lucy），兩人在熠熠星空下播放披頭四樂團的名曲《戴著鑽石的露西在天上》（*Lucy in the Sky with Diamonds*）當作慶祝。露西以直立的方式行走，有著和人類相似的骨盆，但露西的腦子比較小，牙齒構造也相對原始。露西的頷骨很有力，但主要應該是用來撕扯植物組織，而不是用來吃肉。

接著，肉食性的人類才開始出現。和我們同樣歸類於人屬（*Homo*），生活在兩百三十三萬至一百六十萬年前，吃著腐肉的巧人，是人屬中最早期的人種。李奇夫婦在奧杜瓦峽谷發現他們製作的工具，因此給了他們「巧人」的名號。巧人男性的身高約一百三十公分，女性約一百公分，他們雖然不高，但腦明顯比阿法南猿大，肉類飲食提供熱量供腦部生長。

據信，生活在一百八十萬至一百四十萬年前的直立人，則是從非洲巧人演化而來的人種，直立人化石所在的地層緊接在巧人之後。科學家首次發現直立人的地點在印尼爪哇島的特里尼爾（Trinil）地區。德國演化學家恩尼斯特．海克爾（Ernst Haeckel）曾推測，人類始祖的化石應該出現在東南亞一代。但科學家之所以認為非洲是巧人和直立人的發源地，主要還是因為李奇夫婦的研究發現。

如果，直立人的確從巧人演化而來，那麼直立人在發展過程中肯定明顯加速。如果各位看過位於史密森尼研究院中人類起源廳的等比例巧人複製模型，就知道巧人真的是個不起眼的小傢伙。而直立人彷彿已經準備好打籃球似的，身高達一百八十公分，我得坦白說，這已經超過我的身高。直立人的化石遺骸主要出現在一百八十萬至一百四十萬年前，他們是率先踏上遠東地區和歐洲土地的原始人。

在非洲，大約二十萬年前，直立人之中有一或兩個中位種（intermediate species）開始演化出智人。在歐洲的尼安德塔人則從自己的中位種進行演化。大約十二萬年前，早期智人離開非洲，抵達地中海東南岸，氣候變得寒冷之前，智人在尼安德人的勢力範圍短暫停留，後來又回到非洲。當智人再次踏上歐洲土地時，人數不僅變多，而且還做了更萬全的準備。

場景拉回奧杜瓦峽谷，倫敦大學學院考古研究所（University College London's Institute of Archeology）的研究生，托莫斯・普羅費（Tomos Proffitt）正坐在營區外面的長板凳上，試著模擬早期人類如何用石頭製作工具。他右手拿著一顆圓石，或說「石槌」（hammerstone），左手握著一塊比較大的石頭放在膝蓋上，盤算著該用什麼角度和力道讓槌石往下砸，才能在大塊石頭上砸出帶有尖銳邊緣的裂角。就這樣，他腳邊堆了許多圓形的石片。

普羅費手中的槌石是石英岩。至於那最終製成一把手斧的大石頭，則是響岩（phonolite）製的，那是一種顆粒很細的熔岩。高大的直立人利用類似這樣的工具切割肉類，甚至打造尖銳的木矛。

據信，用來切割東西、構造簡單的尖銳小石片是巧人使用的工具，至於雙面工具，好比普羅費每天花好幾個小時琢磨的手斧，則是直立人使用的工具類型。一九七〇年代，在奧杜瓦峽谷，科學家首次發現人類製作的工具，歷史可回溯至兩百五十萬年前。這些工具的存在說明早期人類已有足夠的心智容量（mental capacity）、靈巧的雙手和優異的動作技能來製造及使用這些工具。

和智人發生致命衝突的尼安德塔人，最後落敗的原因和早期人類製作工具的技術有很大關係。

尼安德塔人是和我們親緣關係最接近的人種，主掌歐亞大陸的時間約有五十萬年，散布至歐洲、不列顛、希臘、俄羅斯和蒙古。儘管分布範圍廣，據信尼安德塔人全盛時期的人口只有一萬至十萬人。檢驗尼安德塔人的骨骸可以發現，成年男性的右臂較左臂有力，可能是因為他們必須攜帶重量不輕的手製矛，近距離刺殺動物，而不是靠遠距離擲矛。男性身材結實，身高約一百七十公分，體重卻有八十四公斤左右。他們需要五千卡的熱量才足以支應一整天的工作，差不多是環法自由車賽中選手一天要消耗的熱量。

尼安德塔人在森林裡打獵，才能以刺矛近距離突襲獵物。他們獵物主要是中大型的哺乳動物，如馬、鹿、野牛，這樣的生活很辛苦，尼安德塔人遺留的骨骸像牛仔一樣留有許多傷疤和裂痕。他們適應比較溫暖的森林氣候，尼安德塔人存在末期，歐洲氣候變冷，斯堪地那維亞山區和不列顛北部成了冰河橫行、荒蕪一片的冰凍大地。尼安德塔人向地中海區域最南端的森林移動，躲避寒冷的氣候和逐漸擴展的冰原。

五萬八千年至兩萬八千年前，智人趁著地球短暫回暖的空檔移動到歐洲，他們適應得很好。比起尼安德塔人，智人的體態比較輕盈，維生所需的熱量較少之外，智人的飲食組成也比較多元，偶爾會吃魚，甚至會吃一、兩樣蔬菜。以尖石打造矛頭的擲矛是智人打獵的武器，輕量的擲矛能飛行的距離很遠。此外，智人還會使用桿狀發射器，發射器末端有個杯狀構造可容納擲矛，增添擲矛的力矩、飛行距離和飛行速度。透過發射器，人類擲矛距離可達一百公尺，不過最能發揮獵殺效率的距離大約在五十公尺。

智人的文化、符碼溝通和藝術等方面呈現爆炸性成長之時，尼安德塔人也走到了命運終點。當智人的族群逐漸擴大，尼安德塔人仍維持著小規模族群。因此，相較於智人，尼安德塔人對地球造成的影響當然也比較小。尼安德塔人若能蒐集到一百公里外的石頭，就算很幸運，不過智人可以蒐集到五百公里以外的石頭。

「智人之間進行交易的範圍大於尼安德塔人，」史密森尼研究院人類起源計畫主持人瑞克·帕茲（Rick Potts）如是說「智人有辦法交易到五百公里以外的東西，或和五百公里外的同類組成結盟。到了最後，這都有助於智人度過困苦的環境。」

不列顛、希臘、中東地區、俄羅斯和蒙古的尼安德塔人逐漸消失。他們最後存在的地點可能是直布羅陀巨巖（Rock of Gibraltar）下方的洞穴。尼安德塔人是平和地離開世界舞臺？還是被推下了演化懸崖？經科學家評斷，早期人類的狩獵採集社會比我們以往想像得更為激進。

相較於其他原始人，語言是智人擁有的最大優勢之一。語言使智人得到經驗傳承的能力，並藉以溝通、記憶並運用廣泛的資訊進行創新發想。「而且智人有累積創新的能力，」帕茲如此表示。在此之前，沒有任何物種證明自己有這般能力。

能夠開口說話之前，可能先要具備瞭解語言的能力。有利於理解能力的遺傳突變，可能發生在使智人能夠開口說話的突變之前。因此，科學家雖然能夠讓靈長類動物、黑猩猩、紅毛猩猩和侏儒黑猩猩（bonobo）瞭解語言的涵意，卻無法讓牠們開口說話。

印第安那波利斯動物園（Indianapolis Zoo）保育與生命科學部門的副主任，羅伯・舒馬克（Robert Shumaker）告訴我，曾有幾項研究試圖讓猴子和其他靈長類動物開口說英語。二十世紀初，科學家養了一隻叫做薇琪的黑猩猩，訓練牠藉由氣息聲仿說（breathy imitation）的方式來說出「Mama」、「Papa」、「cup」和「up」。薇琪學得很辛苦，而且很快就忘記。大猿（great ape）身上沒有適合說英語的構造形態。然而，舒馬克在華盛頓特區的史密森尼國家動物園（Smithsonian National Zoological Park）所研究的紅毛猩猩波妮，卻會用不同的口哨聲向照顧員表達牠的需求。「牠不用經過訓練就能這麼做，而且還創造了自己的詞彙和語法」舒馬克說道。

史密森尼國家動物園的科學家用實驗證明，波妮展現的是一種天生能力。獲得大衛伯內特基金（David Bohnett Foundation），在史密森尼研究院任職的博士後研究員奇卡科・蘇達—金（Chikako Suda-King），在某個秋日帶著我私下會見著名的「聰明波妮」，也就是舒馬克曾經研究過的那隻紅毛猩猩。蘇達—金走向波妮的飼養區時，牠就像個興奮的小孩，一旦發現蘇達—金推著電腦來到籠子前面時，波妮立刻變得嚴肅，在電腦螢幕前面安定下來。

蘇達—金想要知道，波妮是否有能力根據牠自己對某個物體的認知來做出決策。換句話說，牠是否能反問自己：進行這項測驗之前，我的知識背景夠不夠？過去，科學家認為這種等級的自我覺察（self awareness）只出現在人類身上。這天，蘇達—金讓波妮看了五張圖片，全部都是同樣的東西，波妮必須在螢幕上個別點擊它們，才能進入下一階段的遊戲。接下來，螢幕上出現兩張圖片讓波妮選擇，透過學習，波妮已經知道它們代表的意思是：選擇繼續下一階段的圖片記憶遊戲可以獲得三顆葡萄；選擇不玩只能得到一顆葡萄。如果波妮選擇繼續，但測驗過程中出了差錯，那就什麼也得不到。進入測試階段，波妮得看許多圖片，其中只有一張圖片和牠在學習階段看到的圖片很相似。

波妮一次又一次地選擇接受測驗，而且也成功配對了相同的圖片。於是，擁有動物生理學領域博士學位的蘇達—金把作為獎賞的三顆葡萄從她和波妮之間的籠縫遞了過去。蘇達—金打趣地說：「我們得設計更難的測驗來考牠」不過她也承認，波妮花了兩年時間才搞清楚這個測驗的流程。儘管如此，這項實驗證明了靈長類動物具備自覺能力。

大猿信託基因會（Great Ape Trust）位於愛荷華州德斯莫恩（Des Moines），旗下的研究科學家蘇．薩維吉—朗保（Sue Savage-Rumbaugh）表示，她的侏儒黑猩猩——黑猩猩的近親——可以透過人類的手語和一套詞典系統和照顧員溝通。薩維吉—朗保還讓侏儒黑猩猩自己打開電視機選擇觀看哪齣肥皂劇，並發現牠們偏好有連續劇情的故事。

喬治亞州立大學的博士候選人麗莎．海包爾（Lisa Heimbauer），以教養人類幼童的方式調教一隻出生不久，名為潘濟的黑猩猩，讓牠理解英語。目前，潘濟懂得的人類詞彙約有一百三十個，即便用電腦創造的失真音發出這些詞彙也騙不過牠。海包爾認為，靈長類動物發展出說話能力之前，先發展理解語言的能力。接受電話訪談時，海包爾告訴我：「靈長動物繼續演化之前，必須先發展出對語言的認知能力。」

雖然，尼安德塔人和直立人都具備一些基本的語言形態，不過，智人運用並改進語言的能力更好，這也讓智人獲得比其他原始人更大的優勢，因為他們可以藉由語言的幫助互相交易物品，在冰河時期劇烈波動的氣候中學著摸索環境。賈德．戴蒙（Jared Diamond）在著作《第三種猩猩：人類的身世與未來》（*The Third Chimpanzee: The Evolution and Future of the Human Animal*）中稱這是人類的「大躍進」（Great Leap Forward），或是「文明的曙光」（the dawn of culture）。開口說話牽涉到一系列代表語詞、想法的心像（mental image）或符碼。雖然沒有直接證據指出尼安德塔人會開口說話，但有證據顯示他們之所以能夠普遍使用工具，一定是具備了某種和不同早期人類之間溝通的能力，甚至有可能彼此雜交。雜交可能導致不同早期人類身上出現共有的基因，特別是和說話有關的FOXP2基因，人類學家認為，智人可能就是從尼安德塔人身上獲得這個基因。

開口說話給智人帶來的優勢，就像長得有如獠牙鬥牛犬的水龍獸，在二疊紀滅絕事件發生期間獲得較大的肺一樣。水龍獸和智人一樣，抓住機會，利用優勢，將自己的族群擴散到世界各地。三疊紀大滅絕過後出現的恐龍也是如此，牠們善用優勢，從當時外形有如鱷魚的捕食者那兒搶過主導權，沒多久便成為地球的主宰。

如今，智人儼然成為地球上最成功的生物，除了深海和極區冰帽以外，幾乎各種環境都有智人的身影。不過，過去五、六十年來，我們的人口數量已經達到顛峰，曾經讓我們引以為傲的進步，現在成了我們最大的噩夢。

我們對人口加速成長可能沒什麼感覺，但是這對環境卻有極大影響。以加州洛杉磯人口大量成長為例，洛杉磯於一七八一年建城，當時的西班牙統治者說服四十四人從墨西哥前來洛杉磯進行調查，評估這塊全新的自由土地未來發展的可行性。一八〇〇年，洛杉磯人口從原本的四十四人變成三百一十五人；一八五〇年，墨西哥將加州割讓給美國之後，人口數來到一千六百一十人；一九〇〇年，人口數為十萬兩千四百七十九人。接著，人們在這座濱海城鎮發現了石油，一九一〇至一九二〇年代，這裡的好天氣吸引影視工業從紐約遷移至西岸。二戰爆發後，這裡成為建造飛機的基地。到了一九五〇年，這片比倫敦、東京小，比紐約大，面積約一千三百平方公里的土地上，住了一百九十七萬零三百五十八人。

我在洛杉磯城西區長大，當時的住宅類型主要是獨棟建築，路上車子不多，也沒有幾條高速公路。後來，政府開始命令我的朋友搬家，徵收他們房屋所在的土地，好用來建造高速公路。隨著時間過去，獨棟建築逐漸變成複合式建築，以前的矮小公寓變成高樓大廈。過去，我們家常開著車前往東邊山區或沙漠，沿路是滿滿的柑橘樹林；現在，那些土地上長出了房屋、公寓、停車場和大型購物中心。時至今日，這裡的人口數已經接近三百九十萬。而人口和公共設施的增加，主要發生在過去一百年間。

紐約市也差不多如此。一八一一年，測量員小約翰．蘭德爾（John Randel Jr.）為曼哈頓規畫的複雜街道，後來發展成格林威治村、蘇活區、時代廣場及紐約各個著名的社區。十八世紀時，這個被河流環繞的小島只是附屬在紐約市之下的自治區。「地質多石的曼哈頓島丘陵起伏，河流交織其中，又有海灘、沼澤和濕地等土質柔軟的地方」瑪格麗・霍洛韋（Marguerite Holloway）在《測量曼哈頓》（*The Measure of Manhattan*）一書中如此寫道，這本書記敘了蘭德爾的偉大成就。一八○○年，紐約市的人口數為六萬，如今人口普查資料顯示，紐約是美國人口最多的都會區，估計有八百四十萬人住在這裡。

過去兩百年間，倫敦的人口也從九十六萬左右成長至兩百八十萬。過去一百年間，東京的人口則從三百七十萬成長到一千三百二十萬，伊斯坦堡的人口由三百七十萬增加至一千三百萬。要是把這些城市附近的郊區也納入計算，估計值可能會超過兩倍。世界上人口愈來愈多，大城市當然也愈來愈多。

如果把世界人口成長趨勢做成一張圖表，你會在圖表上看見類似「基林曲線」（Keeling Curve）的線條。基林曲線是用來表示過去一千年間，地球大氣層中二氧化碳濃度上升態勢的曲線，這條曲線形狀有點像曲棍球棒，因為這段期間二氧化碳的濃度大致維持穩定，直到一八五○年，工業革命帶領世界全速前進時，二氧化碳濃度的百萬分率從兩百八十攀升至今日的三百九十六。公元一世紀時，全球人口數大約是兩億，接下來一千年，人口緩慢成長，進入第二個千年期之後，人口增長速度加快，到了第二個千年期的末期尤其如此。一八○○年左右，全球人口數突破十億；一九三○年，全球人口達到二十億；一九八七年，五十億；二○一一年，七十億。根據估計，二○二四年，全球人口將達到八十億，二○四五年將達到九十億。如果人口以這種速率增加下去，二一○○年時，全世界會有兩百七十億人，徹底超過地球所能負荷。人口過多造成許多問題，其中最根本的就是：沒有足夠的食物養活這麼多人。

人口專家只能依賴國家實行節育政策來減緩這種人口增長的速度，此外，提升女性就業和受教育的機會也可以控制女性的生產。許多科學家認為，地球人口的增長態勢可能在二十一世紀期間就會趨緩，到了二一〇〇年，全球可能只增加至一百億人口。不過，那還是比現在多了三十億人！

亞洲和非洲的人口增長態勢居全球之冠。從一九六〇年至二〇一一年，印度多了七億八千兩百萬人，對地球人口成長做出最大貢獻。據估計，印度人口數在二〇三〇年就會超越中國。在印度，每位女性的平均生育子女數是二點五人，到了二〇三〇年，這個數字預計會降為二點一人，接近每對夫妻生育兩個小孩就可以維持人口數量不變的的替換生育率（replacement fertility rate）。問題是，過去五、六十年間，我們經歷人類史上最大的族群成長階段，而這樣的動能可能還會持續下去。過去，聯合國人口統計學家認為地球人口會在二〇七五年達到顛峰；如今，他們認為這個態勢會延續到下個世紀。

想要控制人口，還會遭遇文化上的屏障。社會上仍存在著鼓勵生育的傳統，宗教、女性地位較低，以及避孕觀念不足等因素，再再刺激人口繼續增加。在美國，計畫生育（family planning）的支持度已經下降，相較於一九六〇年代，現代人對人口增長這件事的注意程度反倒更低，而當時全球人口只有現在的一半。

在印度都會區的中產階級之間，人口成長速率已經減緩，但在偏遠的貧窮地區，生育率仍然居高不下。印度文化中，生男丁仍是重要的家庭傳統。兒子要照顧年邁的父母，為他們送終，這是老人死後升天的必要儀式，許多印度祖父母仍然認為有十幾個孫子才是健全的家庭。

中國的一胎化政策確實減緩人口成長的現象，不過為數幾億，正值生育年齡的中國年輕人仍然提供人口成長的動能，導致人口成長的趨勢與一胎化政策的本意背道而馳。目前，中國有十三億人口，只生一胎的年輕夫婦可以獲得住宅津貼和和額外的退休津貼。不過，就算沒有養育下一代，經濟成長過程中，仍會消耗大量的國家資源，如食物、能源和商品。

東南亞和中東地區的人口成長態勢製造許多衝突。在快速開發的國家，年輕人找不到就業機會。然而，有些人可以靠著突襲軍車或來自外國的補給卡車來劫掠食物、毛毯和各種戰利品。人口專家認為，自從一九七〇年代開始，全球的衝突有八成是因為年輕人太多。

沒有工作的年輕人，無法存錢準備聘金或嫁妝，在中東地區和東南亞許多地方，沒有聘金或嫁妝就無法結婚。此外，這些地方的文化無法容忍婚姻以外的性關係，犯下這等行為將會遭受重罰，甚至死刑。一大群沒有工作、沒有錢、沒有性生活的年輕人，簡直就是製造災難的標準公式。

到了二〇五〇年，全球人口可能還會多出二十億，這些人口的貢獻者絕大部分是亞洲、非洲和拉丁美洲最貧窮的國家。美國國家情報局（US National Intelligence Council）所做的安全評估認為，氣候變遷可能造成食物、水和自然資源的短缺，進而引發全球性的衝突。

有些人認為，接下來幾百年，全球人口成長的趨勢會減緩，但這不表示人類就會因此少用一點自然資源。第三世界的國家正在工業化，他們需要工業化國家提供些好處，像是車子、電子產品和肉類。地球究竟能容納多少人口？根據估計，如果人們過著滿足最低標準的生活，答案是三百三十億；倘若人人過著美國中產階級人士一樣的生活，這個數字立刻劇減為二十億，然而經過電視節目的宣傳，許多人非常嚮往美國中產階級人士的生活方式。

《人口炸彈》（*The Population Bomb*）是史丹佛大學教授保羅・恩理克（Paul R. Ehrlich）於一九六八年出版的著作，他在書中提出警告：人口過多將會導致大饑荒。當時，這本書得到危言聳聽的負面評價。書封有這麼一句話：「在你讀這段話的同時，有四個人已經餓死，而且他們大部分還是孩子。」最近，恩理克和他的妻子安妮・恩理克（Anne H. Ehrlich）在《永續發展電子期刊》（*Electronic Journal of Sustainable Development*）上再次討論起人口問題，他們的結論是：如今看來，《人口炸彈》一書中所提到的訊息遠比四十年前更重要。「或許，《人口炸彈》這本書最大的問題就是對未來過度樂觀」他們如此寫道。

他們認為，主掌地球的人類，已經來到危險的轉捩點。人口持續增加以外，我們對自然資源的貪婪胃口也與日俱增，這種狀況實在不能繼續下去。

目前，地球土壤是迫在眉睫的問題。土壤是重要的自然資源，負責餵養我們急遽成長的人口。但是，地球土壤擔得起這份責任嗎？

第二部

警兆在前

ectric eel Me@ dodo c bighorn sheep colossal squid jaguar cat
rmadillo @ dire wolf
guppy barb s warbler octopus B swan
cod ※ guinea pig whelk
U red deer white-lipped peccary +
utur prairie lupine black stork @ g
fin K blackbird barracuda capybara
hum wa hedgehog magpie y
greyhound E kf Douglas fir c
collie crab@ \ Bolson tortoise
ape black-crowned crane # conch wombat
do dug X reticulated python che bobcat kingfisher \
coyote @Kx Humboldt squid earwig a
wren black-faced spoonbill black vulture /@ Q hump
no mountain hemlock bull shark auroch c mo
water vole dolphin @ kangaroo # weasel
※ *Borrelia burgdorferi*
Pacific silver fir @ musk deer
+ BoarCroc peccary /
bi caterpillar ※ *Proconsul africanus* rh
Steller sea lion quetzal eagle owl
bat ※ *Cryptosporidium parvum* flounder was
cr coy Ok bi / goral beaver short-faced bear tu /. ea
king penguin / ferret salamand
\ prawn barnacle wrasse flamingo
Q ci m Da creosote catfish \ tapir
albatross C turkey chipmunk
E / uMe harbor seal @ F
moc yak northern fur seal whe
M Gia o ※ *Homo neanderthalensis*
warthog E wa tuatara
dragonfly war n jaguar @ moc
camel G bull shark triggerfish
+\wolverine killer whale o
M bonobo caracal md ※ *Australopithecus afarensis*
dug chameleon hammerhead shark
gorilla bull mastiff spaniel ladybird d
centipede cattle leopard juniper tree G
a woodlouse white-tailed eagle quail ※
bi chinchilla northern sea otter
W American lion capybara te
heron jackal binturong lemming indri foxhound king crab @ pike /
u ※ bonobo he lionfish @ terrier Helicoprion coati ph
ora @ chinook @ stick insect bandicoot hippopotamus bull terrier ※ impala @
\ magpie caiman liger greyhound kiwi Glossopteris starfish af
butterfly o keel billed toucan hyena black vulture
dolphin pike @woodpecker colossal squid
wildebeest iguana chipmunk
cassowary hedgehog dodo woolly monkey
@ yam lizard cichlid lobster camel ostrich ocelot
penguin squirrel sand lizard @ pelican zebra coy
piñon pine millipede ※ *Hoplostethus atlanticus* meerkat
@ bullfrog dormouse ※ *Paranthropus boisei* water drago
long-eared owl f woolly mammoth black stork
lynx T g@alligator donkey scorpion
/ mayfly @ boa constrictor nightingale starling
rang-utan ar coral saint bernard porcupine saber-toothed cat
octopus lobster antelope whale shark
he rat rat newt gorgonopsid reindeer gopher
persian snail robin puma @ moray eel M
Me @ n wolf rhinoceros sparrow pi
chimpanzee mountain gorilla D rh
peacock @ tarsier vulture
※ *Giardia lamblia* saola bla
piranha guinea fowl black-legged tick rat
tibetan mastiff rock hyrax sta /
roseate spoonbill otter
mongoose pink fairy armadillo ※ #
u seahorse cockroach moose cheetah d / c
E md Wo rh white faced capuchin @ king penguin o
\ pi @ walrus rottweiler russian blue n ci o @ raccoo
M lobster moorhen wild boar wallaby parrot
ar/ eastern bluebird Douglas fir homonids rabbit
crab royal penguin macaw quetzal whelk skunk
bla toucan harbor seal Indricotherium sloth squi
mantled howler monkey white tiger cougar
pika numbat ※ giant squid quoll
afa u ※ *Proconsul africanus* ※ *Wiwaxia*
※panther purple martin Steller sea lion
\ V sponge somali maine coon
white rhinoceros
red knee tarantula quokka markhor
yak + ※ *Australopithecus afarensis*
he maltese giant moa humpback chub
mesquite @ tiger salamander
mountain taper rattlesnake hum
red panda red wolf manatee
koala turbo snail Sarcosuchus imperator a
purpleback flying squid
griffon vulture

第五章　警兆之一：土壤

大約一萬年前，農業興起，人類族群開始成長，自此之後，我們一路破壞地球每一寸土壤，想要餵養未來繼續成長的人口，我們不能沒有土壤。為了瞭解這個問題，我造訪世界各地，包括進行農業研究時間居全球之冠的洛桑研究所（Rothamsted Research）。成立於一八四三年，位於英格蘭東南部，哈朋登（Harpenden）鎮上的洛桑研究所，距離南方的倫敦約五十公里。這裡曾經椴樹林立，混雜著橡樹和榛樹。大約在公元前四千五百年，這片土地轉變為一片草地，橫越英吉利海峽的人帶來了經馴化的作物和家畜。

我走出火車車廂的時候，空中的雲正在往後退。鎮上到處是綠油油的草地，夾雜著路面粗糙的人行道，清晨細雨點綴著五顏六色的園藝花卉。小塊農田包圍著這座到處都是綠籬的小鎮。洛桑研究所就在幾條街外，我希望在那裡可以更清楚瞭解農業發展過程對地球土壤造成的影響，以及我們對土壤的未來能有什麼期待。

由紅磚和年代久遠的木材建造而成的洛桑莊園，坐落在占地一百二十公頃的青翠農田正中央，跟火車站只有幾條街的距離。這棟建築物首次出現在歷史文件中的時間，可以回溯至十三世紀初期，隨著建築結構逐漸擴大，內部房間也愈來愈多，而且這裡的名稱至少換過五次。

既是企業家，又是農業科學家的約翰・勞斯（John Bennet Lawes）離開牛津銅鼻學院（Brasenose College）後，在一八三四年來到這裡管理洛桑農莊（Rothamsted Estate）。他開始在室內及田間進行許多農業實驗。德國化學家尤斯圖斯・馮・李比希（Justus von Liebig）教他把骨頭煮沸、磨碎，用酸處理過後製成肥料。勞斯很快開始販賣用硫酸處理過的含磷岩（phosphate rock）石粉——也就是所謂的「過磷酸鈣」（superphosphate）——給在地民眾，獲得廣大迴響。

一八四三年，結了婚的勞斯在倫敦開設肥料工廠，他指派約瑟夫・吉伯特（Joseph Henry Gilbert）來管理田間實驗，於是洛桑研究所的前身，洛桑實驗站（Rothamsted Experimental Station）開始正式運作。

為了找出最好的方法，勞斯和吉伯特在兩塊農田上種植小麥和蕪菁，分隔為二十四列，每列施加不同的肥料和化學物質，慢慢替不同作物找出最適合的生長方程式。他們發現，無機和有機肥料對作物產量有不同效應，並且密切注意這兩種肥料對周遭環境的生物多樣性有何影響。

無機肥料是採礦或機械加工過程中產生的物質；有機肥料則來自動物或植物。勞斯和吉伯特發現，不論是無機肥料或有機肥料，只要加入氮和磷，所有植物的產量都會增加；若是添加微量礦物質，則只能提升某些植物的產量。他們在肥料中加入魚粉和各種動物的糞便做研究，而這些動物的飲食各不相同。一八八九年，勞斯用肥料的銷售收入成立信託基金，如此一來，即便他在一九〇〇年過世，相關實驗仍可以繼續進行。洛桑研究所的研究人員開始測試土壤的酸鹼值，判斷土壤的酸鹼性之後，加入白堊（chalk）改變實驗結果，並測試其中差異。

一般而言，肥料可以加速作物生長，不過研究人員也發現，施加無機肥會導致作物徒長，鄰近農田的物種數量則會減少。而和實驗田有一段距離的農田中，植物種類可多達五十種，包括禾草、豆科植物、野草和草本植物，然而實驗田周遭的農田裡，植物種類少到只有三種。無機肥可以改善作物產量，但卻讓生物多樣性大大減少。農業的出現導致植物種類長期處於減少的態勢，這也是我們目前面對的生物多樣性危機之一。

農業發展加劇了人類對大自然的影響，同時也影響了生存其中的動植物。許多農夫倒希望生物多樣性減少，畢竟植物種類變少表示野草也會變少。然而，現代農業造成地球上植物種類減少的程度，已經堪比觸發二疊紀大滅絕的那場火山噴發事件，以及終結白堊紀的那顆小行星。植物種類變少，代表可以攜帶病原的寄主植物種類也變少，但其中有些植物傳播疾病的能力比較好。

對於這種情形，勞斯覺得自己難辭其咎，因此深感不安。雖然曾經大力推動無機肥料，他仍建議農夫和園丁在附近找一個可以「大量供應便宜糞肥的農場。」在無機肥料的發明人眼裡，有機肥料——特別是糞肥——還是比較好的選擇。

十九世紀末期，歐洲掙扎著餵養膨脹的人口，為了餵飽大家的肚子，農人無不迫切尋找糞肥來源。南太平洋島嶼的海鳥糞被搜刮一空；人們翻找畜舍，最小型的動物糞便也不願放過；有著「夜香」美稱的人類的排泄物也列入目標範圍。根據李比希的說法，就連滑鐵盧戰役留下的馬骨和人骨（優質的磷來源）也被挖出來當成作物肥料。

二十世紀初，無機肥被視為唯一合理的肥料選擇，維多利亞女王授權勞斯和吉伯特繼續發展農業創新，女王認為他們對肥料的研究給英國農夫帶來大大好處。坐落在田中央的洛桑莊園，此時已經成為從世界各地來訪的科學家短暫停留的供膳宿舍。研究人員依然針對各種肥料進行研究，同時也注意能源植物的發展，殺蟲劑、殺草劑以及基因改造作物對環境的長期影響。

過去一百六十年來的農業發展歷程，就儲存在研究站保存的「樣本庫」中，裡面包含了土壤、作物、肥料和糞肥樣本。在樣本庫裡，我們可以看到綠色革命後作物產量增加的成就，也能看到同時期的車諾比事件造成怎樣的汙染和後果。這些警兆讓人不安，因為農業科學家把未來幾十年食物產量能夠加倍的希望，全都寄託在土壤上。未來，如果人類還想生存下去，如果我們希望桌子上、穀倉裡乃至於生物燃料槽都能不虞匱乏，那麼我們種植的作物量得要加倍。飽受汙染、地力耗竭的土壤實在難以負荷這般重任，更何況未來我們可能還需要種植不只一倍的作物。根據聯合國的報告，我們將農業生產量推至極限的作為，可能要延續到下個世紀。

為了討論人類和農業的未來，我們必須先回首過去，仔細回顧人類和農業之間的關係。前一次冰河時期末，大約一萬兩千年前，地球開始進入間冰期（interglacial period），氣候開始變暖，降雨變得頻繁，相較於過去十萬年，植株體形變得更大、生長速度更快。人類開始發現，照顧植物比打獵來得容易，事情會往這個方向發展，可能是因為人類逐漸成熟的打獵技巧導獵物族群縮減，甚至導致一些關鍵的動物因此滅絕。

人類馴化小麥和大麥的證據，出現在公元前九千五百年前左右。不久之後，扁豆和豌豆等豆科植物也被人類馴化。西亞的肥沃月彎（Fertile Crescent）上首次有農田出現之後，這股風氣很快流行起來，到了公元前七千年，埃及和印度也出現農業，歐洲也逐漸跟上。與此同時，中國開始種植稻米和小米。

人類馴化植物和馴養動物這兩件事，幾乎是同時發生。公元前一萬年左右，生活在伊朗地區的人類馴養山羊；公元前九千年，生活在伊拉克地區的人類馴養綿羊：公元前六千年，印度和中東地區的人類馴養了牛隻。因為南北半球氣候差異的關係，相較於跨經度的傳播，農業跨緯度的傳播速度較慢。然而，新大陸的原住民最後還是習得農業技能，美洲的印第安人發現了玉米和馬鈴薯，這些都是當今世界上最重要的作物。

每英畝農業提供熱量是人類在相同面積上採集植物所能獲得的一百倍。不過，人類得要付出健康的代價。狩獵採集的生活形態很少造成人類缺乏維生素，但選擇種植作物的生活形態後，人類開始罹患壞血病、佝僂病和腳氣病，原因是攝入的食物既不夠多元，又缺乏營養價值。嬰兒死亡率上升，很可能也是飲食貧乏造成的現象。蛋白質、維生素少，碳水化合物多，又缺乏運動，這恐怕不是醫生樂見的生活形態。人類依賴農業過活之後，身高少了將近十二公分。高碳水化合物的新興飲食形態導致波里尼西亞人、美洲印第安人和澳洲原住民發展出第二型糖尿病，而且這些人的酗酒率也比較高。農業發展起來之後，人類開始喝酒。有些人認為人類一開始馴化大麥是為了釀造啤酒，而不是為了製造麵包。看來，照顧植物的粗活讓農夫覺得有些口渴。

農業的確讓人類族群擴張，因而我們必須建立政府來負責保護作物、分配收成，社會也變得和諧，打鬥事件變少了，人們也變得更長壽。大約九千年前，蘇美人發明了可以數計的籌碼，上面刻著能複印在泥土上的圖案，用以記錄土地、穀物和牛隻的所有權。負責繪製圖案的人則用削尖的蘆葦進行繪畫，這就是所謂的楔形文字，人類第一種書面語言。

大約十萬年前，全球人口約五十萬，其中包含了智人、尼安德塔人和其他原始人。到了上一次冰河時期末，也就是一萬兩千年前左右，智人的人口已有六百萬。然而，隨著農業發展，從公元前一萬年到公元一世紀，人口爆炸性成長了將近百倍。

農業出現，雖然暫時減少了人類行狩獵採集生活時要遭遇的競爭，改善了人類的生活，但隨著人口愈來愈多，人類對食物的需求也愈來愈大。人口變多導致人類生活範圍受限，和家畜近距離接觸使人類罹病機率大增，野生動物的多樣性也因此迅速縮減。我們過著游牧生活時，對土地的影響並不大；我們定居下來之後，一切開始失控。

汙染期

回到洛桑研究所，我跟著研究科學家凱文・科曼（Kevin Coleman）進入樣本庫，這裡是來訪科學家絕不會錯過的地方。樣本庫位於洛桑研究所的一處倉庫中，裡面成列擺放著許多五公升的瓶子，瓶身上貼著日期標籤，堆放在近五公尺高的架子上，裝著收割後的穀粒、莖桿、種子和一百六十年來的試驗田土壤。一八四三年，洛桑第一片小麥田的土壤樣本，就在其中一個架子上。為了避免黴菌滋生，這些瓶子都用橡皮塞、石臘膜和鉛來封口。二戰期間，這些樣本瓶被保存在原本用來盛裝牛奶、咖啡、糖漿和其他戰時民生必需補給品的廢棄空罐裡。

洛桑研究所的樣本庫非常獨特，裡頭有三十幾萬份作物和土壤樣本，完整記錄保存了這裡開始進行農田實驗以來的成果。「這些樣本開放給全球科學家使用，藉此瞭解農耕方式的改變會對作物產量、土壤肥力和生物多樣性產生哪些影響」科曼如是說。

不過，這些容器裡的樣本並不能使研究人員感到驕傲，因為這些都是人類慢慢汙染土地的鐵證。兩百多年來的工業發展，人類排放至大氣和傾倒至土壤中的物質，這裡記錄得一清二楚。一九五〇和一九六〇年代，在內華達州和比基尼環礁（Bikini Atoll）進行的大氣核試驗如何汙染環境，證據就在洛桑研究所的樣本庫裡。這些樣本同時也記錄了人類製造塑膠所產生的多氯聯苯（polychlorinated biphenyls，PCB），以及發電廠、瀝青和汽車排放的多環芳香烴（polycyclic aromatic hydrocarbon，PAH），此外，還有越戰落葉計畫所使用的橙劑（Agent Orange）主要成分戴奧辛（dioxin）。動物飼料中的鋅、銅；人工肥料中的鎘；製革業的鉻；管路、車輛燃料、工業廢氣和燃煤發電廠排放的鉛，這些重金屬也都出現在土壤當中。

這些汙染物質大部分能在環境中存在許久。多氯聯苯這種有潤滑功用的液體會引發癌症；有致命殺傷力的殺蟲劑滴滴涕（DDT）持續存在於自然界。一九七〇年代起，大部分國家已經禁用這兩種化學物質，環境中的多氯聯苯和滴滴涕因此大幅減少，然而因紐特（Inuit）女性的母乳中仍持續檢驗出有多氯聯苯；淡水魚和以淡水魚為食的猛禽體內也持續檢驗出滴滴涕。為了控制瘧疾，印度目前仍繼續使用滴滴涕。

土壤中出現有毒殘留物，恐怕是我們不得不接受的事實。現在，我們必須在繼續種植作物和面臨饑荒之間做出選擇。

下一場綠色革命

那天下午，洛桑研究所的科學家保羅．包爾頓（Paul Poulton）帶著我來到田間，走過一列列的小麥桿，它們是農業發展史上一場重大變革——綠色革命（green revolution）——的產物。這些麥穗非常飽滿，植株結穗累累，莖桿短而粗，植株其他部分則顯得嬌小。輕風在我們眼前掀起一片麥浪，二戰結束不久，這種小麥出現，如今已像野火一般幾乎蔓延至全世界。包爾頓說：「洛桑研究所也差不多在同時開始改種這種植株粗短結實的小麥。」

帶來第一次綠色革命的美國農業學家諾曼．布勞格（Norman Borlaug）在一九七〇年獲頒諾貝爾獎。身為植物病理學家的他，在一九四四年離開任職的杜邦化學公司（DuPont），加入洛克菲勒基金會（Rockefeller Foundation）的墨西哥飢餓計劃（Mexican hunger project）。布勞格原本的職位是遺傳專家，然而當他在獲得諾貝爾獎後，便成為墨西哥小麥改良計畫（Wheat Improvement Program）的主持人。

墨西哥的小麥生長狀況很差，受到許多包括銹病（rust）在內的植物疾病折磨。布勞格讓來自其他地方，具有抗銹病特質的小麥品種和墨西哥小麥雜交，使得在墨西哥生長良好的小麥獲得抗銹病的性狀。接著，他在冬季時把這種小麥種植在索諾蘭沙漠（Sonoran Desert）；夏季時種植在墨西哥中部的高地，讓小麥發展出在不同氣候環境都能生長的特質。

農夫開始種植這種小麥，墨西哥的小麥出口產量也開始攀升。到了一九四〇年代，研究人員發現，為小麥添加額外的氮肥可以提高產量，然而過重的種子穗會導致植株倒伏，進而毀了植株。因此，布勞格開始讓這種小麥和莖幹粗短、植株結實的品系雜交，得到結穗飽滿，莖幹粗短不會因種子穗過重而倒伏的新品種，使小麥產量提升三至四倍。

全球將近半數人口以稻米為主食，印度的研究人員把這種想法應用至稻米，使稻米產量提升數倍。中國的農業學家以這種半矮桿品種的稻米養活人民，幫助中國崛起為工業強國。

如今，科學家告訴我們，若想要滿足未來幾十年的食物需求，發動下一場綠色革命的時機已經來臨。洛桑研究所的科學家已經開始動作，然而，這不是一項簡單的任務。目前，他們公開宣布的目標是在二十年內讓小麥產量達到每公頃二十公噸，也就是所謂的二十：二十小麥計畫（20:20 Wheat）。不過，包爾頓這麼說：「目前，英國每公頃小麥的平均產量約為八公噸，配上最好的土壤、妥善的管理和適當的天氣，或許可以寄望提升到十二公噸。」

看來，作物產量的躍進不再是因為有了什麼大發現而突然達標，反倒是透過一連串細微改變的累加，來完成農業學家的想望。目前，洛桑研究所正在尋找能夠提升穀物產量的遺傳改良方法；增進對蟲害、病害的控制能力，藉以保護作物產量；增進對土壤和植物根系之間交互作用的瞭解，藉此改良植物吸收水分和營養物質的能力；探究植物和環境間的各種交互作用，期望緩解氣候變遷帶來的衝擊。

洛桑研究所的農業科學家密切注意著大西洋對岸其他科學家的作為。賓州州立大學植物營養學教授，強納森・林曲（Jonathan Lynch）認為，想要提升植物吸收肥料和水分的效率，可能要從發展更具侵略性的根系著手。林曲將美國的菜豆和多種在安地斯山脈高地發現的原生品系雜交，希望菜豆的地下根系可以發展出足夠的側根，尋找表土中的磷；主根也能夠更深入地下，尋找水位逐漸下降的地下水以及流失速度很快的氮。

康乃爾大學的植物育種與遺傳學教授蘇珊・麥考奇（Susan McCouch）則專注研究酸性土壤，地表上有近三成的土壤都有這個問題。酸性土壤會釋出鋁，進而抑制植物根系生長，導致植物因無法吸收水分和營養物質而死亡。不過，麥考奇正在利用古老的穀物品系（有些來自野外）培育出高度雜交的品種，希望提升植株對鋁的耐受度。

洛桑研究所的研究人員也正在研究酸性土壤的問題。他們在土壤上施加巴西人所謂的「黑土」（*terra preta*），也就是經過慢火悶燒的生物炭（biochar）。古時候生活在亞馬遜地區的印第安人使用黑土的風氣盛行，讓熱帶雨林的土壤變得更肥沃。研究人員希望同樣的方式也能應用在現今社會當中。

亞馬遜黑土

想要瞭解黑土的潛力，必須到巴西瑪瑙斯（Manaus）附近的亞馬遜中心地帶走一趟。八月初，我飛往委內瑞拉，搭了兩天的長途巴士，翻過帕卡賴馬山脈（Sierra de Pacaraima），進入亞馬遜盆地。黑夜中，車子在森林茂密的山區中蜿蜒前進，直到前方彎道出現另一輛對向駛來的巴士，才看得清楚道路的模樣。兩台巴士各自向外側靠攏，驚險地交會而過。車子擋風玻璃的右側，撞上了某種動物垂懸在樹幹上的身體，擋風玻璃碎裂的模樣有如一大片蜘蛛網，司機選擇忽略它，反正只要他面前的雙層玻璃還是清楚的就好。

我們坐了一整天的車，先穿越莽原，再行經濃密的熱帶森林，終於在傍晚時分抵達坐落在尼格羅河（Rio Negro River）和亞馬遜河交口處的瑪瑙斯市。落日中，小販、農人和觀光客讓這座城市更顯人聲鼎沸。我和一群考古學家在車站碰面，不久後，他們帶著我搭上渡輪，穿越尼格羅河，前往他們位於亞馬遜的野外研究站。

隔天早上，我們翻下棲身的吊床，吃了一頓有蛋、水果、麵包和咖啡的暖心早餐之後，便出發前往野外。聖保羅大學考古學家愛德華多．奈維斯（Eduardo Góes Neves）和五十幾位來自拉丁美洲、美國和英國，自願來此擔任志工的考古學家，在一處可以俯瞰亞馬遜河的木瓜農場進行挖掘，四周滿是社區公墓和歷史超過兩千年之久的古老遺跡。木瓜樹橙色的果實色澤鮮豔，青綠色的樹葉看起來非常強健，這都得感謝古老印第安人留下的土壤。

河岸邊有許多黑土，是過去的文明發展遺留下來的饋贈。亞馬遜地區多數土壤原本是缺乏營養，毫無地力可言的一片黃土，而肥沃的黑土黑得發亮，氣味芬芳，是農夫最喜歡的禮物。奈維斯和其他人相信，生活在這裡的先人因為找出讓土壤變得肥沃的方法，進而建立了農業社會的基礎，因此這裡人口數量曾經多到遠超過我們先前的想像。

亞馬遜地區的土壤中石頭很少，代表早期文明社會的先人是用木頭打造住家和祭祀場所。無論這些建築結構多麼精細，終會隨著時間逐漸頹圮，無法留下早期人類社會興盛發展的證據。因此在這裡，土壤中留下的陶器碎片是證明古老人類文明確實存在的主要證據。

亞馬遜地區早期人類的生活並不輕鬆。印第安人拿著石斧，沿著河岸砍樹，這是一項費時又耗力的工作，砍倒大樹恐怕需要幾天至幾週的時間，才能在森林裡清出小小的空地，讓陽光得以穿透。但環境中的濕度仍然太高，植被無法完全乾燥。農夫開始放火燒墾，清除森林，騰出空間種植作物，火勢有可能持續悶燒好幾天，從而製造出黑土的基本成分——木炭。

如今，多數生活在亞馬遜地區的人民仍沿用「刀耕火種」的方法清除森林，打造種植作物的空間。原住民以鏈鋸清除森林空間的速度遠比古老的印第安人快多了。這些大型空地可以獲得充足陽光，燒墾的面積大，熊熊燃燒的烈焰製造出大量灰燼，但木炭的數量很少。灰燼提供的養分只能維持幾季，之後土地必須休耕才能恢復地力，然而生物炭，也就是黑土，能提供養分的時間可長多了。奈維斯研究站附近有一位農夫在黑土上種植作物將近四十年，從來沒有施加任何肥料。土壤科學家，同時也是堪薩斯大學地理學教授威廉・伍茲（William Woods）對此大為驚嘆，並告訴我：

「堪薩斯州根本沒這麼好的事！」附帶一提，堪薩斯州以優良的土壤聞名全美。

洛桑研究所在亞馬遜地區好幾個地點採集土壤樣本，加以測驗後發現，比起許多典型的原生土壤，黑土能夠更自由地從有機質當中吸收、整合並保存碳源，這是作物產量得以提升的原因之一。或許，未來的我們有機會免於饑荒。

棉花之敗

關注土壤的旅程往北移動，我、杜克大學土壤及森林生態學教授丹・里克特（Dan Richter）以及幾位深得他信任的研究生，跟著車隊從位於北卡羅來納州達蘭（Durham）的杜克大學校園出發，前往卡亨實驗林（Calhoun Experimental Forest）。這裡是里克特最鍾愛的野外實驗地點之一，位置已經靠近南卡羅來納州聯合城的桑特國家森林（Sumter National Forest）。卡亨實驗林成立於一九四〇年代，目的是為了研究該地區嚴重的土壤問題。

里克特曾在位於美國東南部的皮德蒙特（Piedmont）地區工作。十九世紀，種植與生產棉花已經破壞了美國南方的土壤，耗盡其中所含的重要營養物質，大大降低附近土壤和生態系的生產力。一開始，卡亨實驗林的地點準備設置在皮德蒙特周邊遭到農業侵蝕的土壤以及廢棄的農田，總之就是鎖定「土壤條件最差的地方」。早期研究目標主要集中在土壤改善和集水區保存，尋求最便宜、快速又有效的方式，以改善樹木生長和土壤結構，增進土壤肥力。長期以來，杜克大學和美國國家森林局（Forest Service）合作進行研究，在這裡監測、採樣並將相關資訊建檔儲存。

皮德蒙特是美國東部的高原，介於阿帕拉契山脈（Appalachian Mountains）東側的藍嶺山脈（Blue Ridge Mountains）和大西洋海岸平原之間，向北延伸至紐澤西州，向南延伸至阿拉巴馬州，占地約二十一萬平方公里。這裡的土壤組成主要是黏土，地力還稱得上肥沃。在北卡羅來納州和維吉尼亞州，菸草是主要作物，再往北方移動，果園和酪農業是主要的農業形態；在南方，十九世紀和二十世紀初，棉花是最主要的作物，事過境遷之後，留下的只有「一片全美最難看的風景」里克特如此說道。

里克特帶領我們進入森林，前往一處土壤已被開掘至地層組成清晰可見的地方。車隊中有許多亞洲學生，幾位來自中國的學生迫不及待地想要吸收新知，以便應用在自己國家相同的問題上。在中國，有耕種時間長達二、三十年的試驗田「他們廣泛試驗各種土壤和主要的農業輸入因子，有機和無機的因子都包括在內，藉此觀察土壤和作物變化對主要農業投入造成的影響」里克特這麼說。他還發現，南方棉花僅僅一百五十年的生產歷史，竟使整個皮德蒙特區南部表土侵蝕程度達到二十公分之多。這裡和美國東北部一樣，原生林正逐漸回復，有機質也正在增加當中，然而土壤中仍然缺乏許多重要的營養物質，如氮和磷。

氮和磷是農業發展最重要的兩項肥料，雖然多數作物對氮的需求量遠大於磷，然而想要植物健康生長，少量的磷不可或缺。氮可以用人工的方式製造，但磷只能透過開採獲得，而且萬一出了差錯後果會很麻煩。

佛羅里達州中西部是美國磷礦主要產區，多數磷礦集中在皮斯里弗（Peace River）岩層的骨谷段（Bone Valley Member），這裡也是全球礦產最豐富的地區之一。礦工會先打造一個閃耀著虹光，看起來有如火山的構造，接著把磷礦拉出地面，將磷礦壓碎後置入酸性湖中處理。磷礦石在酸性湖中分離出石膏，石膏形成有如火山的錐狀構造和發出綠色螢光的酸性液體。農夫便把這種從乾燥礦物中分離出來的液體施加到作物上。

開採磷礦的問題在於，石膏形成的錐狀結構偶爾會崩裂，含磷碎片因而順著散和平河和阿拉菲亞河（Alafia River）流入夏洛特港（Charlotte Harbor）或坦帕灣（Tampa Bay）。豐富的磷導致藻類大量增生，耗盡水中溶氧，導致魚類窒息而死。

「倘若能夠清點全球的肥料庫存，我們將發現供給量最為有限的就是磷礦，」里克特說道「根據一些目前已知礦床估計值來看，地球上剩餘的磷礦大概只夠我們使用五十至一百年。許多生態系發展受限於磷，然而大量的地表水卻受到磷汙染。磷施加於農田中的量僅次於氮，而且是玉米、棉花、稻米、小麥和其他穀物生長發育不可或缺的元素。少了磷，這些作物將無法發揮正常產能。」

不過，目前最大的問題是氮。氮的問題不是短缺，而是過剩，我們的土壤中處處都有氮。卡瑞研究所的生態學家史萊辛傑告訴我：「二戰之後，合成製造法導致地球上氮的數量翻了一倍，大大改變了許多物種演化過程中遭遇的化學環境。」

第一次世界大戰之前，德國科學家發展出可以製造氮的哈伯法（Haber-Bosch process），在高溫高壓，有氫氣、氮氣和許多催化劑存在的環境中製造出氨（常見的無機肥）。這個過程中需要使用大量電力，對環境也有潛在的毒害風險。

氮氣可以隨風飄揚，落在土地上之後會促進某些植物生長，同時抑制另一些植物的生長，造成植物種類減少。密西西比河河谷的農場就是一例，這裡排放出來的氮氣隨著風飄向東北方。根據史萊辛傑的說法，氮氣與雨水混合形成硝酸酸雨，就和一九八〇及一九九〇年代發電廠排放硫氣，形成硫酸酸雨的情況非常相似。

杜克大學的生物學家里克特目前主導一項與洛桑研究所合作的計畫：將施加無機氮肥的土壤和施加有機糞肥的土壤做比較，發現施加大量無機肥的土壤，其酸性遠高於酸雨，而且累加起來的效果足具毀滅性。

回到杜克大學的校園，里克特打開他放在辦公室外的櫃子，櫃子裡是一落抽屜，他打開其中一個，臉上浮現自豪的微笑。抽屜裡滿是容積一公升左右的玻璃罐，每個玻璃罐裝著自南卡羅來納州卡亨實驗林採集而來的土壤樣本，規模雖比不上洛桑研究所的樣本庫，但這些都是系上與林務局合作後，學生及研究人員辛苦工作得來的成果。杜克大學研究卡亨實驗林土壤已超過六十年，他們在這些土壤樣本中尋找變化的跡象，里克特試圖建立全球性的長期土壤研究資料庫，並這項研究的成果將納入其中。

里克特拿出一九六三年採集的土壤樣本，高舉瓶子，對著光晃動，展示那顏色有如栗子外皮的棕色土壤，他說：「一九六二年，赫魯雪夫和甘迺迪協商禁止核試驗條約，打算終結大氣核武試爆，那幾年土壤中碳14的含量特別高，表示當時的地球土壤具有放射性。」

這些封存了放射性物質的葡萄酒瓶，被里克特稱為「碳炸彈」。用來製酒的葡萄在光合作用過程中接觸到具有放射性的空氣，放射性物質也就跟著葡萄進入製酒過程。根據里克特的說法，這些放射性物質不會造成直接傷害，倒是給科學家留下一點線索，利用它們來判斷土壤中的有機物質如何隨著時間積累、變化。

嶄新空間

一週後，來自義大利，在哥倫比亞大學擔任研究助理，外形亮麗搶眼的安潔莉卡·巴斯夸里尼（Angelica Pasqualini）帶著電腦，背著塞了兩雙鞋子的時髦包包，領著我走上雷吉斯高中的頂樓。這是一所位於曼哈頓東八十四街的天主教男校。她打算讓我見識這所學校如何利用屋頂做為農業空間。屋頂上放置著種植耐旱植物的托盤，正好提供了天然的絕緣功用，減少學校的空調支出。曼哈頓所有建築物加總起來約有九十三平方公里的屋頂總面積，如果都能夠轉化為綠屋頂，那麼汙水系統的排水量有機會減少近三百八十億公升。巴斯夸里尼告訴我「綠屋頂有助減少暴風雨來臨時的雨水逕流量。」此外，綠屋頂是經濟實惠的屋頂絕緣方式，阻隔天氣對室內溫度的影響，還能提供讓蜜蜂流連徘徊的場所。

同一片屋頂的另一個轉角處，在地養蜂人瓊安·湯瑪斯（Joanne Thomas）正在檢查她的蜂巢，看看這些幫助花朵授粉的小傢伙在忙些什麼。看來，曼哈頓的屋頂已經朝著綠意盎然的方向前進。屋頂上綻放的花朵，讓湯瑪斯養的蜂群保持盎然生機，牠們飛上飛下，一會兒東一會兒西的替屋頂上、路上以及附近中央公園裡的植物授粉。

布魯克林區一棟布滿砂石的工業建築，屋頂上有一座名為「Gotham Greens」的都市農場。猶如綠葉構成的綠洲，這裡有綠色葉菜、紅色葉菜、結球萵苣、瑞士甜菜、大白菜、芝麻菜和羅勒。把紐約的屋頂變成迷你農場，或許能為環境提供更多含土空間，畢竟地球的土壤正在快速消失。

後來，哥倫比亞大學教授迪克森．德波密（Dickson Despommier），同時也是《垂直農場：城市發展新趨勢》（*The Vertical Farm: Feeding the World in the 21st Century*）一書的作者，在他的辦公室裡親口告訴我，紐約和世界各的其他城市裡廢棄大樓的屋頂，可以視為我們爭取空曠土地的替代方案，在美國中西部的城市尤其如此，都市人口遷移至市郊居住，加上欲振乏力的經濟狀況，導致城市裡出現許多空蕩蕩的廢棄高樓。德波密表示，這些建築結構可以當成溫室——保護作物免受天氣蹂躪，大片窗戶提供充足的陽光，內部電梯還能用來運送作物上下樓，方便栽培和收割。

穀物、水果和蔬菜是未來農業願景的重要組成，那肉類呢？美國七十億口牲畜要吃掉的穀物，是美國總人口穀物消耗量的五倍。換句話說，每個美國人都可以享用牛、豬、羔羊或山羊肉，但牠們吃掉的食物量是人類的五倍。多吃穀物少吃肉確實有助減緩迫在眉睫的糧食危機，但這些家畜造成的問題不僅僅是糧食短缺而已。

二〇〇六年，聯合國糧農組織（United Nations Food and Agricultural Organization）在《畜牧業的巨大陰影：環境問題與選擇》（*Livestock's Long Shadow: Environmental Issues and Options*）這份報

告中強調：牛隻畜牧業產生的溫室氣體比汽車排放量還多。畜牧業同時也是造成土地和水源汙染的主要原因。如果將土地利用所產生的溫室氣體排放量也納入計算，那麼人類活動所衍生的二氧化碳中，有百分之九來自畜牧業；而人類活動衍生的一氧化二氮和甲烷中（兩者都是威力比二氧化碳更強的溫室氣體），畜牧業分別佔據了百分之六十五和百分之三十七的排放比例；至於人類活動所排放的氨（酸雨的主要肇因），則有百分之六十四源自畜牧業。目前，畜牧業佔據了地表三成的土地面積，也是南美洲森林濫伐的主因。

隨著國家發展和生活水準提高，人們總希望能夠吃肉，代表自己已然步入中產階級的行列。然而，在獲得知識和財富的過程中，人們的胃口如果轉向牛肉，可能全然抵銷開發中國家為節育所做出的努力。

土壤危機

隨著地球的土壤即將消失殆盡，人類目前面臨的最大挑戰可能便是如何找到足夠的土地。倘若人口成長的趨勢未能減緩，我們將沒有足夠的土地栽植作物、飼養牛隻。加州大學柏克萊分校的土壤科學教授，羅諾·阿蒙森（Ronald Amundson）也同意里克特的看法，認為土壤是地球生物圈關鍵的組成成分，但地球多數土壤已經為農業和都市所用。這事非同小可。阿蒙森表示：「過去幾百年來人類對地表造成的衝擊，跟前一次冰河時期地表遭受的衝擊不相上下。」土壤形態取決於有助土壤形成的氣候、地質和地形，光是美國就有兩萬種不同的土壤形態，然而它們的天然面積正嚴重縮減。阿蒙森以百分之五十的衰退比例作為土壤的瀕危指標，當土壤達到百分之九十的衰退比例，則視為該土壤形態已經滅絕。在我們通信的過程中，他提到：「目前，美國有多種土壤形態正處於瀕危狀態，更有許多土壤類型已經滅絕。」

有些科學家認為，開發中國家的公民都能受教育時，人口成長的趨勢也將走到盡頭。不過，仍有許多科學家認為地球人口會繼續增加。

加大柏克萊分校的巴諾斯基教授認為：「如今地球上有七十億人口，地表有百分之四十三的面積做為農業用地；當人口達到八十億，將有百分之五十的地表面積投入農業；等人口來到九十億，農業佔據地表面積的比例將達到百分之六十。但別忘了，地球上的土地狀態並非完全相同，我們已經用掉最好的部分，未來還有更嚴重的問題等著我們。」

為了爭搶食物和可耕種的土地，人類之間爆發許多戰爭。美國獨立戰爭始於美國人和英國人之間的茶葉稅收爭議；與此同時，英國正和法國爭奪盛產蔗糖的牙買加；十五世紀末，威尼斯和義大利北方的非拉拉城（Ferrara）為了掌握鹽稅控制權爆發鹽之戰爭（Guerra del Sale）。

賈德．戴蒙在著作《大崩壞：社會如何選擇失敗或成功？》（*Collapse: How Societies Choose to Fail or Succeed*）中就提到，一九九四年造成八十萬人死亡的盧安達大屠殺事件背後，除了種族間的仇視，人口過剩也是個問題。他們的土地經過無數次的分割與重劃，最後，剩下的土地根本不足以養家活口。未來，我們也將面臨類似的問題。

飢餓削弱我們的身心靈。我們改變了地球的樣貌，消滅了這麼多物種，這些作為將在我們對抗疾病的過程中產生毀滅性的影響，而我們接著要面臨的這項挑戰，強度正在逐漸增加。

第六章　警兆之二：我們的身體

造成酸性土壤的農業活動減低了動植物的多樣性，帶來許多意想不到的後果，疾病數量增加就是其中之一。過去半個世紀以來，我們生活的世界中出現了好幾種全新的疾病，在這些疾病的發展過程中，人類究竟扮演了怎樣的角色？對於這個問題，我們還處於剛開始的摸索階段。倘若新疾病的帶原物種很多，雖然有些物種傳播效率比較好，但有些物種的傳播效率比較差，因而降低新疾病的整體威脅性。但是，物種數減少則降低了這種稀釋效應。另一方面，畜牧業種種措施所產生的抗藥性微生物，也降低了人類治療疾病的能力。

我們可以用G先生（衛生當局用姓名縮寫來指稱他們）的故事來說明。一九七〇年代末期，在蘇丹南部的恩札拉鎮（Nzara）上，生性安靜不愛跟人打交道的G先生，開設了一間棉花工廠。他的辦公桌就在工廠後方，周圍堆滿了衣料，蝙蝠就停棲在他書桌附近的天花板上，雖然未曾經過證明，但許多人認為蝙蝠就是害G先生染病的凶手。

一九七六年七月六日，當G先生陷入昏迷，七孔流血而死時，他還成了舉世聞名的人物。他沒能來得及就醫便一命嗚呼，成為蘇丹第一個感染伊波拉病毒（Ebola）的指標病例。G先生死後沒幾天，工廠兩名員工也發病，同樣陷入昏迷、出血而死。

其中一名死亡的員工叫做ＰＧ。很不幸地，他的社交生活比Ｇ先生活躍，因此他的幾位朋友，甚至幾位情婦也染上病毒。這場病從ＰＧ身上快速傳播出去，導致恩札拉鎮和東邊醫院所在的馬里迪鎮有多人因此喪命。醫院也開始遭殃，一床又一床的病人接連染病，最後連醫護人員也淪陷，看見同仁發病，嚇得其他醫護人員趕緊逃離醫院。世界衛生組織（ＷＨＯ）派遣調查小組前往調查，發現醫護人員逃離醫院反倒是件好事，因為他們重複使用針頭為不同病人注射，在無意間助長這場災難蔓延。重複使用針頭的行為一旦停止，這場災難也跟著平息。

感染伊波拉病毒的死亡率向來居高不下。一九七六年，蘇丹一共有兩百八十四人感染伊波拉出血熱（Ebola hemorrhagic fever），其中一百五十一人死亡，死亡率為百分之五十三；同年，薩伊（Zaire）有三百一十八人感染，兩百八十八人死亡，死亡率為百分之八十八；時間再近一點，二〇〇七年，薩伊發生伊波拉病毒大爆發，兩百六十四人感染，一百八十七人死亡，死亡率為百分之七十一。二〇一二年，烏干達和剛果民主共和國也出現伊波拉病毒的蹤影。由於伊波拉出血熱是透過血液傳播，不像感冒那樣可以透過空氣傳播。染病患者很快就死亡，沒有太多時間和太多人發生身體接觸，因此幾乎不會把疾病傳播出去。

近來，伊波拉病毒再次掀起波瀾，肆虐西非地區。在獅子山共和國的肯內馬（Kenema），政府機關試圖在當地醫院對病人進行檢疫。但因為有許多病人和健康的工作人員死亡，導致醫院的病患決定起身回家，離開醫院這個死亡陷阱。然而，這麼做恰恰助長了疾病傳播，破壞國際間為了遏止伊波拉病毒所做的努力。

有些感染病毒但已恢復健康的工作人員和傳教士，飛回自己的國家後仍然要接受隔離。畢竟，我們必須強調，伊波拉這次爆發已經奪走將近一千人的性命，是有史以來最嚴重的一次。雖然在非洲，伊波拉病毒造成的死亡人數遠低於瘧疾和愛滋病，然而從另一個面向來看，這也提醒著我們：危險的疾病隨時可能再次出現。

有些科學家認為，人類可能是因為從猴子身上感染了伊波拉病毒。一九六七年，實驗猴群首次爆發伊波拉病毒，研究人員把這些猴子送往位於德國馬爾堡（Marburg）的貝林公司（Behring Works），在這裡，他們利用非洲綠猴（African green monkey）來製造疫苗。送來的猴子當中，有些來自維多利亞湖上的隔離小島。流行病學家相信，人類之所以會感染愛滋病，可能也跟同一群猴子有關。根據卡瑞研究所疾病生態學家，理查·奧斯佛（Richard S. Ostfeld）的說法，影響人類的傳染病當中，約有六成是人畜共通的疾病，動物是這些病原的儲存寄主（reservoir host）。不過，就新近出現的人類疾病而言，這個比例已經提高到百分之七十五。

當我們干擾自然棲地，造成生物多樣性降低，疾病爆發的風險也就隨之升高。「愛滋病、伊波拉和其他許多病毒，一開始之所以會爆發，顯然是人類打野食的關係」奧斯佛這麼告訴我。當動物數量減少，能夠留下來的動物，體內有最多各種疾病的病原存在「原則看起來是一樣的：在生物多樣性減少的環境中存活的物種，就是疾病病原最佳的儲存寄主。」

這些可怕的致命疾病，如伊波拉出血熱、嚴重急性呼吸道症候群（SARS）、中東呼吸症候群（MERS）等等，都和人類破壞環境有關。猴痘（monkey pox）、漢他病毒（hantavirus）、蜱傳腦炎

（tick-borne encephalitis）以及奧斯佛研究的萊姆病（Lyme disease），這些疾病的病害週期都和新英格蘭地區的齧齒動物族群有密切關係。

「三十年前，這些疾病根本不存在，」奧斯佛如此說道「現在，它們已經在人類族群中立足、傳播。人類造成棲地破碎和物種多樣性降低的同時，也提升自己罹病的機會。」他相信透過研究這些疾病，可以讓我們更瞭解其他疾病的生態系。

動物種類繁多的時候，疾病造成的效應會受到分散和稀釋。動物種類愈多，代表疾病的寄主愈多，有些寄主傳播疾病的效率比較差，因此稀釋了疾病的傳播效率。生物多樣性愈高，捕食者愈多，疾病寄主的族群也會因此下降。

奧斯佛認為，有時候，科學家因為太想控制嚴重的疾病爆發事件，反倒做出急忙的判斷和不當決策。他認為SARS這種嚴重的肺炎，就是因為我們對傳染病有所誤判而遭到反噬的典型例子。二○○三年，世界衛生組織的醫生卡洛．厄巴尼（Carlo Urbani）在一名從中國前往越南，順道經過香港的四十八歲的商人身上，首次確認了SARS這種新型疾病，SARS也從中國廣東省開始向外擴散。這名商人被送往位於河內（Hanoi）的法國醫院，病情愈來愈嚴重，最後還是賠上了性命。厄巴尼醫生確認這種新型疾病，並提醒全球注意它的危險性之後，過沒幾週，自己也染病身亡。SARS在受到控制之前，全球有超過八千人遭受感染，七百七十四人死亡。

SARS首次爆發之後，科學家立刻確認這種病毒可能由動物傳染給人。香港大學的研究人員在中國南方的傳統市場檢驗了八種共二十五隻動物，發現其中採樣的六隻麝香貓體內都有一種類似

SARS的病毒，另外在一隻狸和一隻浣熊身上也同樣發現這種病毒。麝香貓共有十幾種，體形嬌小，體態如貓，口鼻部如水獺般向外突出，是原生於亞洲、非洲熱帶森林的哺乳動物。

有關當局立刻圍捕並撲殺傳統市場出售的麝香貓。但奧斯佛告訴我：「麝香貓不是真正的凶手，果蝠才是。在麝香貓活動範圍出沒的果蝠，就像狗傳播病原菌給人一樣，藉由尿液和糞便把病毒傳給麝香貓。但把病毒傳染給人類的真正元凶，實在不太可能是麝香貓。」有兩項研究證明蝙蝠才是SARS病毒真正的儲存寄主。

牛結核病（bovine tuberculosis）是另一個誤判的例子。這種影響牛隻的疾病為肉品和乳品供應者帶來巨大的經濟危機。衛生當局發現，和獾接觸是牛隻感染這種疾病的途徑之一。歐洲地區和英國的研究顯示，獾是牛結核病病原的儲存寄主，因此官員下令展開撲殺行動。「卻發現獾是一種社會性很強的動物，」奧斯佛說道「擾亂牠們的生存環境只會導致牠們向外擴散，愈跑愈遠，就長期來看，等於提升牠們跟牛隻接觸的機會。」

根據奧斯佛的說法，疾病爆發時，首當其衝的政府單位可以快速動員，並找到致命的病原，然而，要回溯病原的來源時，他們就沒有這麼給力了。他認為，只找出病原和一、兩個寄主是不夠的，背後可能牽涉更龐大的脈絡。相關當局的回應措施，有時甚至可能導致疾病擴散範圍增加。在澳洲布里斯本郊區的亨德拉發現的亨德拉病毒（Hendra virus），會引起人和馬的急性呼吸道及神經性症狀，果蝠是這種病毒的儲存寄主。一開始，有關當局採取的措施是砍伐森林驅逐果蝠，或直接予以撲殺。當果蝠沒有足夠的食物，或者受到人為干擾時，免疫力會下降，排出的糞便中反而會有更多病毒。這個例子說明當我們不顧生態系原本存在的演化意義，強行改變自然界的樣貌，必然要面對後果。

關鍵多數和群聚傳染病

農業的出現，干擾了演化的自然歷程。如先前所說，農業提升食物產量，改變了人類的生活，同時也增加傳染病流行的機會。人類種植的作物愈多，能養活的人也愈多，於是環境中出現更多垃圾和汙水。人類飼養的牲畜也愈來愈多，吸引能夠傳染許多嚴重疾病——如斑疹傷寒（typhus）和黑死病（bubonic plague）——的鼠輩前來。

大家都知道，疾病要能傳播開來，首先要有一群住得很近的人。所謂的關鍵多數（critical mass）就是讓疾病達到最強致病力和傳染性的人數，麻疹（measles）的關鍵多數是五十萬人，農業社會發展之前，人們以小群體的形式住在一起，打獵維生，這種狀況下麻疹根本無法肆虐。當人類從打獵生活轉變為農業生活，水痘（chicken pot）變得更加橫行無阻，因為它的關鍵多數大約只需一百人。

相較於狩獵採集者，傳染病對農夫而言是更麻煩的問題。不過，經歷演化過程緩慢篩選出來的農夫，面對疾病爆發時，免疫系統的反應比較好。農人為了方便銷售產品而選擇密集居住形態的時候，來自舊大陸的免疫反應也隨之傳到了城市居住者身上。但在美洲和非洲，過著狩獵採集生活的人類，因為從來沒有密集群居，所以沒有機會發展出相同的免疫反應。

瘧疾並不是依賴密集人群才能傳播的群聚傳染病（crowd disease），而是因為體內帶有瘧原蟲的雌瘧蚊必須先吸血才能產卵，藉此導致人類感染瘧疾。在非洲，有些人發展出瘧疾免疫力，聽起來似乎是件好事，不過發展出瘧疾免疫力的代價可不小，著名的遺傳重症——鐮形血球貧血症（**sickle-cell anemia**）就是其中一項。患者的紅血球細胞形狀異常，難以輸送足夠的氧氣至全身，甚至有可能堵住血管。不過，鐮形血球貧血症算是一種可以治療的慢性疾病，每年大約有二十五萬名新生兒患有鐮形血球貧血症。非洲人的罹病機率特別高，但也意外地提升了對鐮狀瘧原蟲瘧（**falciparum malaria**）的免疫力。數百年來，科學家一直試圖為人類創造這種免疫力，根據世界衛生組織的資料，二〇一二年瘧疾造成的死亡人數為六十二萬七千人，其中多數都是非洲兒童。

哥倫布和其他探險家開啟新舊大陸往來之門時，世界上並沒有疫苗這種東西，生活在新大陸的人類對於將要面臨的挑戰可謂毫無準備。美洲的印第安人、澳洲的原住民、波里尼西亞人和許多生活在島嶼上的人類，從未接觸過舊大陸入侵者帶來的奇怪群聚傳染病，所以根本無法招架。

大約一萬五千年前，印第安人從東北亞移入美洲，當時的美洲並沒有農業，也沒有群聚傳染病。因此，印第安人對來自舊大陸的疾病沒有任何抵抗能力；再者，印第安人居住形式非常分散，也沒有機會針對群聚傳染病發展出免疫力。這些先民穿越西伯利亞和阿拉斯加，好不容易才抵達美洲，卻被瘧疾這類來自熱帶，由昆蟲傳播的疾病撂倒在地。

《禽流感：我們孵出來的病毒》（*Bird Flu: A Virus of Our Own Hatching*）一書的作者，麥克．葛

雷格（Michael Greger）醫師相信，在征服者抵達之前，天花等來自舊大陸的疾病之所以從未在美洲發展起來的真正原因是：新大陸的家畜數量遠遠低於舊大陸。美洲大陸上容易馴養的動物，如駱駝和馬，被生存在上一次冰河時期的獵人們全數殲滅導致滅絕，留給印第安人的只剩下駱馬和天竺鼠這類動物，而牠們完全不是儲存人類致命疾病病原的良好寄主。

然而，舊大陸的探險家開始頻繁和新大陸原住民接觸時，帶來了截然不同的選汰壓力。天花、百日咳、痲疹、白喉、痲瘋和黑死病等源自歐洲的疾病，開始攻擊印第安人毫無準備的免疫系統，造成毀滅性的後果。

在美洲熱帶地區，瘧疾和黃熱病也加入傳染病的行列，根據估計，短短幾百年間，美洲原住民族群減少九成以上。在舊大陸疾病的助攻下，埃爾南．科爾特斯（Hernán Cortés）征服了阿茲提克（Aztec）；法蘭斯柯．皮薩羅（Francisco Pizarro）征服了印加文明（Inca）。

歐洲人來了之後

疾病隨著歐洲人的腳步也來到亞馬遜地區。一五四二年，西班牙探險家法蘭斯科．德．奧雷亞納（Francisco de Orellana）率領手下來到安地斯山脈東側，準備前往亞馬遜河尋找傳說中的「黃金國」（El Dorado, City of Gold）。沿途中，探險隊發現了村莊、城鎮，以及由農業、各式儀式和精緻木造建築建構出來的發達社會。他們的報告中還提到，他們在一天之內經過二十個村莊，還有一處由五個聯盟組成的集居地，各聯盟之間相距約一個小時的步程或馬程。

然而，危險蜿蜒的亞馬遜河、原住民部落毒箭齊發的待客之道，以及黃金國並不存在的事實，讓奧雷亞納的探險隊鎩羽而歸。後續探險家進入亞馬遜地區時，奧雷亞納親眼目睹的密集群落已經不復存在。一五〇〇年，亞馬遜地區的人口數可能有五百萬，到了一九〇〇年，只剩下一百萬，及至一九八〇年代初期，亞馬遜地區的人口已經不到二十萬。新近的考古證據指出，奧雷亞納當初眼見的榮景確實存在，而科學家相信，和世界上其他地方一樣，亞馬遜地區的古文明之所以毀滅，是疾病（可能是奧雷亞納探險隊帶來的厚禮）蔓延所致。

如果沒有來自舊大陸的疾病，歐洲人的軍事策略未必能制伏美洲的印第安人，征服者恐怕也無法如此輕易地征服新大陸。

南美洲地區受到舊大陸疾病折磨的態勢持續延伸至現代。一九六七年，在巴西一個鄰近委內瑞拉北部邊境的亞諾馬米人（Yanomami Indians）村莊中，有位傳教士的兩歲女兒患上麻疹，無論所有傳教士怎麼努力，仍無法阻止疾病蔓延。最後，一百五十名村民，無論老幼，幾乎都得了麻疹，而且每十人就有一人死亡。

一開始的接觸往往最致命。新大陸原住民首次接觸到歐洲疾病的五年間，有三分之一至二分之一的人口死亡。一九八〇年，八百名和外界接觸的巴西蘇魯人（Suruí Indians），到了一九八六年只剩下兩百人，他們大部分都死於肺結核。正如達爾文所說：「歐洲人所到之處，原住民難逃死劫。」

前進非洲

然而，當來自西方的歐洲人打算征服撒哈拉沙漠以南的非洲地區時，飽受疾病折磨的反倒是探險者，而不是非洲原住民。直到十五世紀，美洲探險開展之際，歐洲人才開始對非洲產生興趣。一五〇〇年左右，葡萄牙國王派遣八人小組前往甘比亞河（Gambia River）探勘，僅有一人生還。

歐洲人買賣奴隸的交易僅限於非洲沿岸地區和近岸島嶼，畢竟深入叢林會遭遇太多危險，原住民的突擊不說，還有毒蛇和疾病的威脅。駐紮在黃金海岸的英國士兵，幾乎半數在一年內死亡，而在阿拉伯或非洲部分地區買賣奴隸的商人，下場似乎沒有這麼慘。一八〇五年，蘇格蘭探險家蒙戈·帕克（Mungo Park）二度前往非洲，同行的一共有四十五人，抵達尼日（Niger）時，只剩下十一人。英國著名的醫療傳教士大衛·李文斯頓（David Livingstone）醫師，雖然撐了一陣子，最後還是躲不過瘧疾的召喚，他的妻子也落得同樣下場。

二十世紀初，由南美洲原生植物金雞納樹提煉而成的藥物——奎寧（quinine）出現，人類終於有了可以抵抗瘧疾的解毒劑。此外，控制病媒蚊族群數量的措施也有助於阻止瘧疾和黃熱病蔓延，同樣的方法也用來控制引發睡眠病（sleeping sickness）的采采蠅（tsetse fly）。當這些潛在的凶手受到控制，歐洲各國犯險深入非洲，短短時間內幾乎征服整片大陸。

歐洲人無法取代非洲人，因此非洲沒有成為另一個美洲。歐洲人若要取得控制權，當地人似乎非死不可，然而非洲原住民並沒有像美洲印第安人那樣屈服於歐洲人帶來的疾病。熱帶疾病徹底擊垮歐洲人，非洲人對這些疾病有選擇性的抵抗能力，但歐洲人沒有。

面對新疾病，抵抗力實在不算太可靠。回到卡瑞研究所，奧斯佛在一片位於新英格蘭的森林裡，手上抓著一隻白足鼠（white-footed mouse）。我們兩人都穿著連身的全白工作服，還戴著乳膠手套。前一天晚上，這隻生氣勃勃的小傢伙闖進研究人員設置的陷阱，奧斯佛用食指撥開牠的背毛，發現有好幾隻蜱附著在牠的皮膚上。他拔下其中一隻讓我看，還說：「被牠咬到，有百分之四十至五十的機率會感染萊姆病」聽完這話，我連忙後退幾步。

奧斯佛是卡瑞研究所的資深科學家，研究萊姆病已有二十二年。他個性冷靜又仔細，寬闊的肩膀是他舉重健身有成的證明。杜且斯郡（Dutchess County）和哈德遜河谷中部其他四個郡，是全美萊姆病發病率最高的地方。

奧斯佛和卡瑞研究所的同事正針對萊姆病、西尼羅病毒（West Nile virus）和近來在美國發病率提升，同樣由寄生在動物身上的蜱或昆蟲所傳播的相似疾病進行研究，瞭解和這些疾病有關的生態環境。最近，他們發現，會傳播萊姆病的黑足蜱（black-legged tick），也可以傳播會破壞中央神經系統的波瓦尚病毒性腦炎（Powassan virus encephalitis），通報病例的死亡率甚至高達百分之十到十五。另外，被黑足蜱咬了之後，到感染萊姆病和其他黑足蜱傳染的疾病之間，還有幾個小時的空窗，但感染波瓦尚病毒性腦炎只需要十五分鐘。換句話說，拔除黑足蜱的「寬限期」非常短，提醒大家：在有蜱出沒的環境當中務必更加小心謹慎。

最近，對於美國東北地區戶外活動的愛好人士而言，拔蜱已經成為一項重要任務。一九七五年，在康乃狄克州的萊姆鎮，出現了美國有史以來第一起萊姆病通報病例。「二〇一二年，通報病例達到高峰，有三萬零八百四十一起，」奧斯佛這麼說「最近，疾病管制中心估計，通報病例大概只占了實際病例的一成左右，也就是說美國一年的萊姆病病例超過三十萬起。」知道這樣的統計數字之後，許多登山愛好者寧願選擇賴在家裡不出門，用這種不太健康的方式度過週末。

多數病例發生在美國東北和中西部以北地區，不過太平洋沿岸地區和其他地方的病例也不少。萊姆病感染初期可以用抗生素來治療，由於早期病徵和感冒很像，有時會造成病人混淆，但拖下去的後果非常嚴重。疾病管制中心呼籲，如果不接受治療，萊姆病會影響關節、心臟和神經系統，引發疼痛、面部肌肉癱瘓以及手腳神經受損。

來到奧斯佛位於卡瑞研究所的實驗室，他讓我看了伯氏疏螺旋體（*Borrelia burgdorferi*）的玻片標本，這種修長的螺旋狀細菌就是引發萊姆病及其病徵的真凶。某些蜱的體內之所以有這種細菌，是因為牠們曾叮咬過感染伯氏疏螺旋體的老鼠或花栗鼠，人類則是被體內有伯氏疏螺旋體的蜱叮咬後感染萊姆病。

這片樹林裡的黑足蜱，體內就有能夠引發萊姆病的病原菌。黑足蜱短短兩年的生命，要經歷三個階段：幼蜱、若蜱及成蜱，每進入下一個階段，至少需要一頓飽足的血餐，黑足蜱也就在吸血的過程中獲得並傳播病原菌。

一九九〇年，奧斯佛來到卡瑞研究所，當時他主要研究田鼠等小型動物的行為及演化生態。他發現，這些動物的族群總會出現週期性的劇烈變動，於是他開始研究萊姆病、黑足蜱、黑足蜱的動物寄主，以及黑足蜱棲身的森林，看看這些因子如何共同搬演這齣疾病戲碼。奧斯佛和同事很快發現，小動物的族群以及森林生態的消長，在傳染病傳播過程中，可能占有重要地位。

這個循環可能要從某一年橡樹大量結果說起。橡實是營養價值高又耐放的食物來源，隔年吸引了大量白足鼠和美東金花鼠（eastern chipmunk）前來，這些小型哺乳動物正好是黑足蜱最喜歡的寄主。不過，黑足蜱能夠把萊姆病傳播給人類之前，必須先經過生命中幾個階段，因此萊姆病的高峰期會出現在橡樹大量結果後的兩年，這是個複雜的系統。

不難想像，新英格蘭、中大西洋地區和中西區北部的居民生活在感染萊姆病的陰影之下，許多人甚至把這當成遠離森林的藉口。經過媒體報導，人們以為森林裡的蜱遠比以前還多，而且認為鹿蜱才是萊姆病的主要傳播者，導致美國東北部不同地區的鹿群數量大幅減少。黑足蜱有時也被稱為鹿蜱，不過奧斯佛表示，就萊姆病帶原者的角度而言，鹿的重要性還比不上齧齒動物。

奧斯佛發現，當鹿的族群因為受到獵捕或受到圍欄阻隔而下降時，接下來幾年萊姆病的發病率反而增加。原因在於：鹿並不是把伯氏疏螺旋體傳染給蜱的主要對象，鹿是蜱的寄主沒錯，但並不是伯氏疏螺旋體的寄主，小型哺乳類動物傳播伯氏疏螺旋體給蜱的能力好多了。因此，鹿的存在，讓體內帶有萊姆病原菌的黑足蜱以其為寄主，對人類而言反倒有保護作用。「所以撲殺這些鹿，等於打破人類免於感染萊姆病的保護罩，至少一開始是這樣」奧斯佛說。

奧斯佛還告訴我，政府設置用來快速因應緊急事件的基金裡，經常沒有生態學家可以使用的額度；當環境中出現新的疾病，緊急應變小組成員通常也沒有生態學家存在的餘地。而且，這些經費通常是給奧斯佛所謂的「重點疾病」使用。SARS和西尼羅病毒大爆發之後的一至兩年內，兩者可使用的經費額度達到顛峰。「說來諷刺，我們得透過這些已經研究詳備的疾病，才能確實掌握疾病系統的運作方式。我們不該屏棄這些廣泛的研究，它們就像是金礦，我們可以從中挖掘出疾病發展的基礎過程」奧斯佛如此說道。

研究過程中，萊姆病教會奧斯佛許多事情。他知道，走在被道路和人類發展活動分割的破碎化森林裡，遠比漫步在廣闊的原始林中還要危險；他還知道，森林裡的負鼠、松鼠和狐狸數量愈多，人類感染萊姆病的機會就愈小。據他推測，老鷹、貓頭鷹和鼬鼠也具有相同功能。目前，奧斯佛主要的研究方向，就是為他觀察到的這些現象歸結原因。

前面我們提到，森林破碎化提高了疾病蔓延的機會。道路、農業、都會發展或其他人類活動，把面積廣闊且連續不斷的森林切分成碎塊，等於縮減了野生動植物的棲地面積。有些動物，如捕食者和大型動物，需要廣大的棲地面積才能維持可存續的族群數量。有些四處分散動物更可憐，長條狀的商場或郊區的發展活動對牠們而言是難以跨越的障礙。這樣下來，物種數量當然會減少，通常只會剩下老鼠、花栗鼠等面對破碎棲地較有彈性的物種，偏偏牠們又是傳播疾病的能手。

奧斯佛告訴我，稍早我們在老鼠身上發現的蜱要是咬了我，我至少有四成的機率會感染萊姆病；如果換成是出現在波啟普夕鎮（Poughkeepsie）附近小片林地的蜱咬了我，那麼感染機率會提高至七成或八成。小片林地就是棲地破碎化的實例，而波啟普夕鎮周邊有許多這樣的林地。

為了測試森林破碎化會導致疾病增加的理論，奧斯佛和一群生物學家選擇了十四處植被類型相似，但與萊姆病寄主適存棲地有所隔離的破碎化森林進行試驗。結果發現，破碎化森林的面積愈大，黑足蜱感染伯氏疏螺旋體的比率愈小。

在美國中西部，坐落在玉米田和黃豆田中央的林地，就像是海洋中的孤島。玉米和黃豆就像海洋，是完全不適合森林動物生存的棲地，形成了動物擴散的障礙。因此，玉米和黃豆驅離了許多大型的動物，但小型的哺乳動物——如老鼠和花栗鼠——卻很適應這樣的棲地。整體而言，林地的物種數量較少，但生存其中的動物都是傳播疾病的能手。奧斯佛發現，林地的面積愈大，黑足蜱感染的伯氏疏螺旋體的比例就愈低；林地面積愈小，黑足蜱感染的伯氏疏螺旋體的比例就愈驚人。

被玉米田包圍的祥和林地竟然是疾病的滋生地，這結論實在不吉利。不過事實卻是：我們一直用來治療這些疾病的抗生素，恐怕幫不了我們多久了。

超級病菌崛起

疾病發展抗藥性的速度之快，導致我們面對這些自己親手促成的新疾病，恐怕很快就要束手無策。醫藥界的挫敗源自人們在飼料中添加抗生素，幫助牲畜對抗疾病，因為集約畜牧方式飼養的豬、雞和牛隻生存空間過度擁擠，所以容易生病。然而，這些作為卻創造出對抗生素免疫的超級病菌（superbug）。

病菌之所以產生抗藥性，通常是因為醫生開藥的劑量不足以殺死病菌，或者你沒有按照處方服用規定的藥物劑量，導致病菌逐漸強大，在你後續服藥的過程中，病菌受到藥物的影響變得愈來愈小。撐過第一次抗生素治療而存活下來的細菌會繼續增殖，並對後續的治療產生抗性。

倘若我們攝取的肉品源自於服用過抗生素的動物，我們體內的病菌也會因此發展出抗藥性。所謂集約畜牧，就是在非常狹小的空間裡把動物養得肥肥胖胖，供應肉品市場所需，對這些動物而言，疾病是個不容忽視的問題。在動物飼料內添加抗生素固然可以減輕疾病帶來的威脅，並且促進動物生長，然而有些科學家發現，人類疾病發展出抗藥性，一部分是因為我們吃了受到抗生素汙染的動物農產品。

讓牛、雞和豬隻服用低劑量的抗生素，等於是替人類培養抗藥性的病菌。事實上，食物中未受監測的低劑量藥物依然會選汰出具有抗藥性的菌株。這些生存下來的細菌繼續增殖，變得愈來愈強大。

在使用抗生素來解決過度擁擠引發動物生病問題的集約畜牧場裡，具有抗藥性的細菌可能擴散至空氣中，進而影響附近居民。當動物糞便被沖往下游，具有抗藥性的細菌也藉此汙染人們游泳、玩水的水域。科學家甚至在佛羅里達州海灘上的沙粒當中發現海鷗帶來的抗藥性細菌。近來，美國食品藥品監督管理局宣布一項新的規範，強烈要求藥物公司和農產業者逐步停止在家禽和家畜身上使用某些抗生素，然而，這項規範並沒有強制性。根據奧斯佛的說法，這絕對無法終結細菌繼續發展抗藥性。倘若許多使用在家畜身上的抗生素並未受到規範，微生物將繼續針對抗生素演化出抗藥性。

不過，我們要擔心的可不是只有由農場動物引發的抗藥性問題。卡瑞研究所的水生生態學家艾瑪·羅希—馬歇爾（Emma J. Rosi-Marshall）研究的主題是個人健康照護產品中的抗微生物化學藥品究竟如何滲入環境中。羅希—馬歇爾表示，在牙膏和護手霜中加入抗生素，對人體健康並無助益，而且也沒有比一般的牙膏或肥皂水來得厲害，但卻提升環境中細菌的抗藥性。

淋病和一些常見的疾病已經對青黴素、四環素等許多常用的抗生素產生抗藥性。淋病是一種性病，透過人與人之間的性行為擴散，因此和農場動物無關。世界衛生組織的報告指出，一九九〇年代末期至二〇〇〇年代初期，細菌開始發展出抗生素抗藥性之後，如今在澳洲、法國、日本、挪威、瑞典和英國，淋病已成為人們主要的健康威脅之一。不加以治療的話，淋病會導致病人生殖器官嚴重感染和不孕，並提升感染HIV病毒、死產、自然流產和新生兒失明的風險。

結核病是另一種再度興起的疾病，這種有致命風險的肺部疾病也已發展出抗生素抗藥性。結核病病菌可以藉著病人咳嗽或打噴嚏時產生的飛沫在公共場合傳染給其他人，但主要還是家人間互相傳染為多。過去，在已開發國家，結核病已經非常罕見，然而自一九八〇年代起，世界各地結核病的病例數開始增加。一部分是因為HIV病毒的出現，這種引發愛滋病的病毒會弱化免疫系統，導致人體無法抵擋結核病病菌的攻擊。

為了擺脫結核病的糾纏，患者必須長期服用多種藥物，同時又要面對抗藥性的問題。結核病病菌有許多不同菌株已經對結核病常用藥物產生抗藥性。在俄羅斯的監獄裡，具有多重抗藥性的結核病病菌橫行肆虐，因此囚犯非常容易感染結核病，並把病菌傳染給其他人。結核病病菌已經對許多藥物產生抗性，並在街友和愛滋病患者身上增殖。

病菌抗藥性儼然是全球性的嚴重問題。根據估計，目前感染多重抗藥性結核病病菌的病人有六十三萬人；感染多重抗藥性淋病病菌約有八千八百萬人。此外，每年還有四億四千八百萬起感染可治癒性病——包括梅毒、衣原體性病和滴蟲病——的病例，衛生當局正密切注意這些疾病的抗藥性菌株。

病菌發展出抗藥性以及物種減少造成新疾病誕生，我們到底該不該擔心？重大的流行性疾病究竟會如何發生？一九一八至一九一九年間，流感大流行奪走五千萬人的性命；一九六八至一九六九年發生的香港流感，約有一百萬人喪生。目前為止，愛滋病已造成約三千萬人死亡；在非洲，愛滋病仍是猖獗的殺手，患者主要是異性戀者。世界衛生組織的報告指出，二〇一二年，六十二萬七千人因瘧疾而死。現在，結核病正強勢回歸。

《禽流感》的作者葛雷格認為，禽流感是地球下一場大災難。過去二十年來，禽流感演化出一種致命的變異株，在亞洲、歐洲和中東地區橫行，感染的禽類死亡率超過五成，有些變異株的殺傷力甚至更強。禽流感的病原體是病毒，和H1N1或其他常見的病毒一樣，可以透過空氣、飛沫傳播。

在相當罕見的狀況下，禽流感從家禽傳播至人類，成為有史以來最致命的病毒之一。約有六百起感染禽流感的病例，其中三百五十人死亡，死亡率六成左右。「如果病毒發生突變，成為非常容易在人類間傳播的變異株呢？」葛雷格為了著作《禽流感》接受托姆．哈特曼（Thom Hartmann）電視專訪時如此問道「那就像是致命的伊波拉病毒和傳染性最強的流感病毒雜交一樣。」

一九〇〇年，結核病、肺炎和腸炎是人類三大主要死因。一百多年過去，如今人類的主要死因變成心臟病、癌症和中風。慢性疾病取代傳染病，成為人類最主要的殺手。這也未必是件壞事，畢竟慢性疾病主要影響年長者，因此，就在剛過去的二十世紀，傳染病的減少導致人類平均壽命至少增加了三十年。疫苗接種和抗生素是傳染病減少的重要功臣，受惠最多的主要是受傳染病影響最嚴重的年輕人。

不過，這樣的平衡狀態正在改變。近來，世界衛生組織總幹事陳馮富珍（Margaret Chan）醫師，在日內瓦對一群專家演講時，談到該如何應對抗藥性的問題。「對於我們用來拯救傳染病患者生命的藥物，有些微生物幾乎完全免疫，」她在演講中如此說道「目前醫藥界正研發少數幾種新型的抗微生物藥物。微生物的抗藥性無法克服，這也是醫藥敗下陣來的原因。如今，我們正進入後抗生素時代，常見傳染病的殺傷力將重新崛起。倘若失去最有效的抗微生物藥劑（抗生素、抗真菌劑、抗病毒劑和抗寄生蟲藥），相信各位都知道，那表示現代醫學全面敗陣。」

疾病奪走的人命，比不上瘟疫、二戰和愛滋病。然而，倘若懷具抗藥性的新型疾病，碰上不斷增長的人類族群，再加上缺乏食物和適當營養，這些因素組成起來可能就是造成人類滅亡的配方。

第七章　警兆之三：魷魚和抹香鯨

不同於新型疾病及其抗藥性帶來的是新型威脅，人類活動造成海洋環境變化的事實明擺在眼前，許多變化更是存在已久。位於墨西哥本土和下加利福尼亞半島（Baja California Peninsula）之間的加利福尼亞灣就是其中一個顯著的例子。這裡曾因為擁有豐富的海洋生物，而獲得「下加利福尼亞漁閘」（Baja Fish Trap）的美稱。然而，過度捕撈、海洋酸化和暖化已經改變這片著名海域的生態。曾吸引釣客來此的旗魚、劍旗魚和鯊魚如今數量急遽減少，改由美洲大赤魷（Humboldt squid）和抹香鯨主掌新的生態。

這裡的海洋環境依然稱得上原始。開上美國邊境之南的墨西哥一號高速公路，途中景色由火山、山嶽和受侵蝕的紅岩組成，穿越連綿的山谷，山谷中有外形如鞭的柱狀福桂樹（boojum tree）和巨大的武倫柱（cardon cactus，一種摩天柱屬的仙人掌）。邊境以南約八百公里處，海岸山脈的最高峰聳立於此，接著，在歷史悠久的法國採礦小鎮聖羅薩利亞（Santa Rosalía），山勢便陡然往加利福尼亞灣的方向下降。六百萬至一千萬年前，下加利福尼亞半島開始和墨西哥本土分離，加利福尼亞灣於焉形成，造就一座地質變化萬千的半島和生物豐富多元的海灣。

濕潤的晚風挾帶著專屬海洋生物的鹹味，為聖羅薩利亞鎮帶來涼意，此時漁民正前往碼頭準備上船，展開夜間捕撈作業，這是我最近一次造訪當地的記憶。來自史丹佛大學霍普金斯海洋研究站（Hopkins Marine Station），人高馬大、親切和善，身懷許多有趣故事的生物學家威廉・吉利（William Gilly），帶領一群研究生，跟著漁民同行出海。那時正值九月，每年此時，大自然給加利福尼亞灣的饋贈就是成群的鮪魚、劍旗魚和鯊魚，但近年來，魚群數量大幅下降。

如今，聖羅薩利亞鎮的漁民改追捕美洲大赤魷，牠們已然取代加利福尼亞灣的旗魚。漁民的捕撈作業依舊，只不過從黎明出海改為夜幕降臨後才出海。日落時分，我看著當地漁民加入潘加船隊（pangas）——潘加船是一種長近七公尺的小艇，搭載舷外引擎——從沙質海岸出發。當船隊在外海一點六公里處排成一列，加利福尼亞灣的海水也正好由藍轉黑，船上的有色燈泡在傍晚的陰影中閃閃發亮。漁民在手釣線上綁著會發出螢光的鉤子，鉤上誘餌，用來釣魷魚。

這些小艇說明了當地從事小型漁業捕撈活動的漁民愈來愈多，除了船尾那具引擎，他們鮮少依賴現代漁業所使用的硬體設備。他們在下加利福尼亞半島沿岸外海未受規範的漁場，利用原始工具從事漁業。過去十年來，墨西哥漁業每年收獲五萬至二十萬噸的美洲大赤魷，主要都來自加利福尼亞灣，多數銷往中韓兩國。

美洲大赤魷英文俗名為Humboldt squid，是根據洪保德洋流（Humboldt Current）而來。洪保德洋流自智利最南端起，沿著南美洲西岸往北流動至秘魯北端。據信，下加利福尼亞半島的美洲大赤魷原本生存在南美洲外海的太平洋海域，牠們究竟在何時來到下加利福尼亞半島附近的海域，至今仍是個謎。過去的歷史中，只有少數幾起美洲大赤魷的目擊紀錄發生在加拉巴哥群島以北的海域。

美洲大赤魷（*Docidicus gigas*）不只入侵加利福尼亞灣，還沿著太平洋海岸向北擴散，遠至阿拉斯加，並沿著赤道向西擴散至夏威夷群島。

二十世紀末，海洋中的有鰭魚類，如鮪魚、鯊魚、旗魚和劍旗魚開始消失，美洲大赤魷似乎頂替了牠們在海洋中留下的空缺。魷魚的生命遠比其他魚類短，很少超過一年半。此外，魷魚的生殖效率高，面對漁業帶來的壓力時，比起繁殖效率沒這麼高的魚類，魷魚的族群能夠更快回復。不過，吉利認為還有更重要的因素：魷魚較能適應低氧海水擴散的問題。這個海洋環境中的新興問題，或許是助長魷魚族群增長的推手。

低氧海水區促進加利福尼亞灣的美洲大赤魷生物量（biomass）增加，這是氣候變遷造成的後果，原因很可能是因為海洋環流減少。低氧區和死區（dead zone）不同，死區是因為農業逕流流入海中而形成，但兩者同時發威將會帶來更嚴重的效應。能在低氧海水中存活的物種並不多，然而，這些低氧環境足以讓物種大量繁殖。各位看看，這不就是及時行樂的世代寫照嗎？能夠容忍有毒環境的少數物種，即將接掌世界，只不過把環境換成海洋罷了。

十九世紀末，聖羅薩利亞發展為開採銅礦的重鎮，一九二〇年代後，銅礦開採殆盡，繁榮光景也隨之沒落。一八九七年，因興建巴黎鐵塔而聲名大噪的居斯塔夫·艾菲爾（Gustave Eiffel）在法國小鎮中心蓋了一座教堂，卻又在教堂拆解後，運到聖羅薩利亞鎮重新組裝，說明了這個採銅重鎮當時的財力多麼雄厚。如今，相較於更南方的瓦雅塔港（Puerto Vallarta）或阿卡普科（Acapulco），這裡少了炫彩的燈光、酒吧或觀光景點。

近來，開採老舊礦床的新技術問世，聖羅薩利亞的銅礦再度復興。吉利想要知道，如果採礦設備重新運作，會帶來怎樣的長期影響。只不過，這次的礦業復興規模將遠大於十九世紀末，礦工將運用更大型的設備，在早已開採過的地層中，挖掘為數不多的銅礦。

吉利執行的計畫是在新礦床及其周邊地區，還有位於城鎮北方約三十公里處，一個較受保護的地區，監測潮間帶貝類生物的族群。吉利說道：「如果重新開採銅礦會干擾聖羅薩利亞外海的海洋環境，這項監測計畫的目的就是偵測這些擾動。我們很幸運，能夠在重大變化發生之前，就開始執行監測計畫。」近年，當地興建了一間科技學院，吉利就和這裡的學生一起合作。

不過，此處及世界各地深海區的含氧量變化才是吉利最大的擔憂。他提到一篇德國基爾大學海洋物理學專家羅特・席塔瑪（Lothar Stramma）發表的期刊論文，席塔瑪在二〇〇八年主導一項研究，分析太平洋、大西洋和印度洋中六個不同地點的海域含氧量。結果發現，多數地點的低氧海水量都有明顯增加的趨勢，這些低氧區也就是所謂的溶氧極低層（oxygen minimum zone），溶氧量已低於許多海洋生物的致死閾值。在東太平洋，溶氧極低原是一種自然現象，發生在海水上層，而今卻已朝各個方向蔓延至全球海洋。科學家認為，這是全球暖化帶來的改變。

溶氧極低層限制了熱帶海魚——如旗魚和鮪魚——的生存深度，將其棲地壓縮至海洋表層的狹小空間，導致牠們更容易被人類捕撈。一般而言，太平洋的溶氧極低層的溶氧量較大西洋為低。德國海洋物理學家席塔瑪表示，二〇〇八年的研究中，大西洋溶氧值最低為飽和度百分之四十（海洋表面為百分之百），太平洋溶氧極低層的溶氧飽和度則接近零。

這為海洋生物帶來嚴重後果。根據吉利的說法，當海水中的溶氧值只有百分之十，微生物無法利用氧氣、無法進行含氮化合物的新陳代謝，於是釋出威力強大的溫室氣體——硝酸鹽。吉利表示「溶氧值為零的時候，微生物開始進行含硫酸鹽離子化合物的新陳代謝，並釋放硫化氫，造成致命影響。」二疊紀大滅絕期間，有幾處海洋因為失去洋流循環，因而成了一灘死水。史密森尼研究院的厄文認為，出現在大氣中的硫化氫，很可能就是當時造成生物死亡的主要凶手之一。

美洲大赤魷以加利福尼亞灣的燈籠魚為食，不過，牠們或許更喜歡智利、秘魯以及加州北部的鱈魚。所謂「鱈魚」，其實包含了好幾種隸屬鱈科（cod）的大型海洋魚類。過度捕撈和缺氧海水壓縮了鱈魚捕撈業的生存空間，南美洲相關當局正為此傷神。加州北部的鱈魚捕撈業尚未受到海水缺氧的問題影響，但那裡的底棲生物可沒這麼幸運。

俄勒岡州和加州外海，溶氧極低層已經往上擴散，並且愈來愈靠近海岸。「溶氧極低層已和大陸棚相交，並往內陸快速移動，就像一條衝破堤岸的河流，」吉利如此說道「再者，有許多棲居在海洋底部的生物根本沒有移動能力。」

太平洋西北部美洲大赤魷的數量激增，已經衝擊了脆弱的鱈魚捕撈業。舉個例子，二〇〇九年，在鱈魚魚群出沒的區域，出現了大量美洲大赤魷，據聲納探測估計的結果，該區域的鱈魚數量已經無法滿足美國及加拿大兩國的國定配額。

在美洲大赤魷出沒的海域深度，鮮少有可以制衡牠的捕食者存在。像鮪魚和鯊魚這類用鰓呼吸的有鰭魚可以下潛至溶氧極低層的上界，但鮮少有魚類可以潛入溶氧極低層，並在其中待上夠長的時間獵捕魷魚為食。每一年，大白鯊會固定移動到夏威夷，來自史丹佛大學的科學家追蹤大白鯊的活動軌跡後發現；許多大白鯊會停留在途中一處他們戲稱為「大白鯊咖啡館」的中洋區。在這裡，大白鯊會反覆下潛至溶氧極低層的上方，牠們是在這裡獵食嗎？這個問題目前尚未解答。吉利認為，這些大白鯊下潛可能就是為了獵捕美洲大赤魷，或者是同在這裡出沒的南魷（purple-back flying squid）。

含有肥料成分的逕流自加利福尼亞灣東北方的海岸流入大海，或許增強了該區域的低氧效應。在美國密西西比河河口、中國長江口、東歐黑海盆地，或是分隔挪威、瑞典與丹麥的斯卡格拉克海峽（Skagerrak）、開羅盆地，以及委內瑞拉近岸處，這樣的逕流已經打造出所謂的「死區」。目前，全球死區已超過一百五十處。

死區和溶氧極低層的差異在於，後者是指海岸及中洋環境日光能照射到的最大深度之下，氧氣不足的特定水層。溶氧極低層的縱深介於兩百至七百公尺，科學家測量後發現，過去五十年來，溶氧極低層的氧氣含量下降，垂直及水平的界線都已擴展。

至於日光照射最大深度的水層，又稱為深海散射層（deep-scattering layer），二十世紀海軍軍官發現，聲納探測碰到這一層有許多海洋生物聚集的水層時，會得到假性的海床迴聲。浮游生物聚集在這裡躲避看得見的捕食者，而浮游生物的食性會耗去水中溶氧，因此形成下方的溶氧極低層。

能夠在溶氧極低層生存的海洋生物實屬少數。不過，美洲大赤魷正好是其中之一。進入溶氧極低層的美洲大赤魷，新陳代謝速率會減緩，比起牠們在海洋表面活動時，耗氧量減少了百分之二十。特化的鰓使美洲大赤魷以更有效率的方式捕捉水中溶氧，追逐獵物時，美洲大赤魷的心臟也不需要狂跳，畢竟牠們的獵物因為缺氧導致行動減緩的程度，遠遠高於美洲大赤魷。「這可不像獅子追逐瞪羚，」吉利說道「牠們捕起魚來輕鬆多了。」

加州漁業的重要漁獲，一種體形較小的管魷（common market squid），恐怕無法在溶氧極低層生存。吉利研究這兩種魷魚已長達數十年，他相信，溶氧極低層的擴張會導致美洲大赤魷族群繼續擴大。對有鰭魚類而言，這是個壞消息，畢竟體形較大的魚類為了尋找氧氣含量較豐富的水層，早已集中在深度較淺的海域，導致牠們更容易成為商業漁船的戰利品。在秘魯和智利沿岸，洪保德洋流流經的區域，是全球商業漁獲量最豐富的地方，然而溶氧極低層的狀況正發生，使人不禁懷疑漁獲豐富的光景還能存續多久。

這齣正在上演的悲劇，最主要的凶手可能就是氣候變遷。溫暖的海水含氧量較少，氣候變得溫暖，能夠為表層海水攜來氧氣的風也變少了。導致海洋分層變得更明顯，海洋表層較溫暖的海水凌駕下方密度較高的冰涼海水，妨礙了水中溶氧的混合。洋流原本可以帶來太平洋和大西洋深層含氧較多的海水，但極區的海冰縮減可能減緩洋流循環的速度。兩億五千萬年前的二疊紀大滅絕，大氣層二氧化碳濃度增加，造成地球暖化，導致海中缺氧，九成海洋生物因此死亡。白堊紀大滅絕的主因同樣也是海水缺氧。

大目鮪、劍旗魚和鯊魚可以下潛至溶氧極低層之上，但是很少有魚類能夠長期待在溶氧極低層。抹香鯨、象鼻海豹和一些海龜是最常穿梭於溶氧極低層的生物，然而要能夠承受缺氧的生存壓力，生物必須經過極大的適應。對這些能夠穿梭於此的動物而言，溶氧極低層的上界可謂海中一處隱密的寶地，因為這裡海洋生物數量豐富。

跟著史坦貝克

為了讓世人瞭解過去半個世紀以來，海洋環境到底發生什麼變化，吉利先是參考約翰．史坦貝克（John Steinbeck）和海洋生物學家艾德．里凱茨（Ed Ricketts）留下的描述紀錄。里凱茨曾在一九四〇年從下加利福尼亞進入加利福尼亞灣，調查該處的海洋生物，史坦貝克則將這趟行程的經歷撰寫成《科爾特茲海探險紀實》（*The Log from the Sea of Cortez*）。科爾特茲海是加利福尼亞灣的舊稱，聽起來浪漫多了。史坦貝克在書中記敘他和里凱茨這趟行程的經歷，同行者還有一群來自加州蒙特里的漁夫。史坦貝克另外還在兩本小說《罐頭工廠街》（*Cannery Row*）和《幸福星期四》（*Sweet Thursday*）中描寫里凱茨。里凱茨的實驗室就位於罐頭工廠街上，他的工作是保存海洋生物標本，再把標本賣給學校生物實驗室使用，藉此維生。

一九四〇年，史坦貝克和里凱茨展開為期六週的探險之旅，目的是蒐集加利福尼亞灣沿岸潮池（tidal pool）的生物標本。探險隊從蒙特里的罐頭工廠街出發時，正值希特勒入侵丹麥，準備向挪威前進之際，「誰也說不準他何時進攻英國」史坦貝克如此寫道。不過，他們仍拋下這齣在世界舞臺上演的劇碼，登上著名的沙丁魚船西方飛行者號（*Western Flyer*），往墨西哥的下加利福尼亞半島前進。

三天後，晚間十點左右，他們抵達位於半島南端的卡波聖盧卡斯（Cabo San Lucas）燈塔。繞行岬角之後，船駛入漆黑的港口，除了燈塔，港口沒有其餘照明設施。如今，卡波聖盧卡斯到處都是徹夜燈火通明的大型度假村。史坦貝克和里凱茨卻在當時極為困乏的小村莊，花了整天的時間才找到能夠在他們簽證上蓋章的官方人員。

《科爾特茲海探險紀實》一書中，巴斯鎮（La Paz）是史坦貝克第一個詳加描述的墨西哥城鎮，這是位於下加利福尼亞半島南端的大型港口城鎮。去年夏天，我曾造訪巴斯鎮，親眼看到有關當局為了彌補漁獲量減少對漁夫家庭造成的損失，而做出的各種努力。

美、墨兩國的科學家及革新者，和在地漁業組織共同組成了Olazul團體，由法蘭克．赫德（Frank Hurd）擔當科學總監。他們的目的在發展具備永續性的水產養殖業，以應對過度捕撈造成海洋資源耗竭的事實。赫德邀我去看看他放在海裡的半流動式水產養殖箱。一天，我們在黎明來臨前就從城裡出發，前往位於巴斯鎮東北海岸的魚舍，赫德和他的助手在這裡試驗球形養殖箱的效果，球形養殖箱體積約兩百一十二立方公尺，距離海岸約五公里。赫德說道，加利福尼亞灣的洋流可以沖走海裡的廢物，為他試驗用的蝦子帶來營養物質和氧氣。養殖箱由回收並強化過的聚乙烯木材搭建，外面包覆著有鍍層的鋼網，赫德表示這樣可以「抵擋夏季和初秋時節，在墨西哥沿岸掀起巨浪的偶發颶風。」

史坦貝克記敘科爾特茲海的旅程時，曾提到他們在船尾綁上兩條魚線，一路下來幾乎總是能釣起黃鰭鮪、正鰹、東太平洋馬鮫、紅笛鯛和金梭魚。赫德提到，巴斯鎮的在地漁夫以前也用類似的方法，不過現在他們只能靠販售鱗魨、紅目鱸、鰹魚、鯖魚和其他史坦貝克那代人認為一文不值的魚過活。

七十年前，史坦貝克調查的科爾特茲海，和吉利團隊在二〇〇四年調查的水體已經大不相同。史坦貝克在書中描述旗魚和劍旗魚不時騰躍水面，四處彈跳的場景；然而吉利這群科學家在加利福尼亞灣巡梭的六週時間裡，只看到幾隻小魷魚，也沒有看到美洲大赤魷。

吉利甚至花了點時間翻找歷史資料，尋找有關美洲大赤魷的目擊紀錄。在一九三八年的科學文獻中看到幾起零星的相關紀錄，直到一九七〇年代末期，漁業開始捕撈美洲大赤魷之前，沒有任何報告指出這裡曾出現數量龐大的美洲大赤魷。他訪問了幾位加利福尼亞灣當地的老漁夫，沒有人記得曾經看過美洲大赤魷。早期耶穌會傳教士所撰寫的加利福尼亞灣自然史，也沒有美洲大赤魷的相關描述。一七九三至一七九四年間，英國皇家海軍軍官詹姆斯・寇內（James Colnett）曾如此形容加拉巴哥群島海面附近的魷魚：「體長十至十二公分」但他未曾在卡波聖盧卡斯南方海域看見美洲大赤魷。「這是一條漫漫長路」吉利這麼說。在寇內的時代之後，美洲大赤魷肯定遷徙到了加利福尼亞灣，只是相關細節目前仍不清楚。

看來，美洲大赤魷在東南太平洋隨著聖嬰現象（El Niño）演化。每四到十二年發生一次的聖嬰現象，造就全球異常的天氣形態。美洲大赤魷捕撈業的興起反映了聖嬰現象引發的天氣改變。雖然二〇一二年時，吉利和他的助手在加利福尼亞灣中部發現大量的美洲大赤魷，但牠們開始往遠離海岸的方向移動，而且體形也變小了。吉利認為，發生於二〇〇九至二〇一二年的那次聖嬰現象，導致海洋生物加速發育至性成熟階段，他稱之為更上一層樓的「及時行樂」生存策略，用來因應未知的以後。

美洲大赤魷（又稱為jumbo squid），有兩條可以捕捉獵物的觸手和八條負責包圍獵物的手臂。含套膜和觸手在內，美洲大赤魷體長可達二點四公尺，用觸手和手臂纏繞獵物使其窒息而死，再以如鸚鵡一般尖利的嘴喙肢解獵物，可謂包括魷魚、花枝和章魚在內的頭足動物中最凶猛的成員。

美洲大赤魷是出了名的肉食動物。墨西哥坎佩切南疆學院（El Colegio de la Frontera Sur in Campeche）的海洋生物學家烏奈・馬凱達（Unai Markaida）研究五百三十三隻美洲大赤魷胃中食物，發現有百分之二十六的美洲大赤魷胃裡有同類的屍體。追逐美洲大赤魷的漁夫告訴科學家，美洲大赤魷一旦上鉤，其他同類會開始攻擊上鉤的個體，吃掉漁夫的收穫。漁夫必須趕緊把上鉤的美洲大赤魷拉上船，避免牠們同類相殘。

美洲大赤魷在海中移動推進的速度飛快，彷彿搭載了一具噴射引擎。藉著把水吸進套膜中再噴出，美洲大赤魷可以像火箭一樣噴射出去。魷魚都具備快速變換體色的能力，有些魷魚還能模擬圖案，甚至模擬沙質海床或礁岩的質地。美洲大赤魷沒有模擬圖案的能力，但可以讓體色在栗色和象牙色之間快速變換，有如一顆閃光燈。對和海螺有親緣關係的生物而言，體色變換是一種高深莫測的溝通能力。根據吉利的說法「兩隻魷魚彼此抖一抖，變換體色，改變頻率，這肯定是某種溝通方式。」

白天時，聖羅薩利亞附近的科爾特茲海域，約有四百萬隻美洲大赤魷在陡然下降三百公尺的大陸棚邊緣悠晃。到了晚上，當深海散射層往上移，美洲大赤魷也跟著往上移動。就在這時，漁夫發動攻擊。憑藉手釣線，徒手拉起體重將近五十公斤美洲大赤魷是一項吃重的夜間工作，而且，清理過後的美洲大赤魷每公斤平均價格低於二十美分。

某個冬日，我和吉利約在蒙特里灣水族館（Monterey Bay Aquarium）旁，位於罐頭工廠街上的霍普金斯海洋實驗室碰面。大家都認為，吉利和陪著史坦貝克一起展開科爾特茲海之旅的里凱茨，有許多相似的地方，卻又有許多不同之處。

里凱茨位於罐頭工廠街的實驗室，曾經是作家、重要在地人士和街頭人士聚會的地方；吉利實驗室裡則都是史丹佛大學學生。根據史坦貝克的描述，里凱茨住處對面就是妓院，除非他的啤酒碰巧喝完了，而鎮上商店又都打烊，否則他從未在天黑過後造訪對門鄰居；至於吉利，他住在蒙特里灣水族館旁，而且經常泡在水族館裡。

史坦貝克為里凱茨撰寫的悼詞裡提到，他是個「什麼酒都愛喝」的傢伙；吉利只有偶爾喝點啤酒。然而，吉利和里凱茨都是深愛蒙特里、下加利福尼亞半島和加利福尼亞灣的生物學家，這是兩人最大的相似之處。還有，他們都愛笑。

當吉利宣布，他將重新追溯史坦貝克和里凱茨一九四〇年的旅程，穿越加利福尼亞灣的水域和潮間帶時，獲得一項意想不到的支持：北海岸釀酒公司的老闆打來表示願意提供啤酒。「你知道那趟旅程，船上的人喝掉不少啤酒，」老闆這麼說「而我就是那個可以幫你的人。」吉利臉上露出一抹微笑。

出發那日，吉利的團隊來到船邊，發現兩個放滿啤酒的棧板，而且還用塑料薄膜封包，寫著「致吉利博士」，塑膠薄膜封包內共有七十二箱啤酒。「在普林斯頓校友會會場以外的地方，我沒看過這麼多啤酒」吉利邊笑邊回憶這段往事。

最後，吉利的團隊大概只喝掉一千兩百四十二罐啤酒；史坦貝克一行人則是喝了兩千一百六十罐。「他們人比我們少，而且整個航程耗時也比我們短。」吉利語帶敬畏地說。

這兩趟探險旅程還有其他不同的地方，但說起來或許有點沉重。史坦貝克和里凱茨造訪許多潮間帶，史坦貝克並在書中反覆提到「數量龐大」的海星，和「糾結成團」的陽燧足，然而吉利團隊並未在他們造訪的潮池看見大量的海星或陽燧足。

史坦貝克和里凱茨在許多地點見識了「巨大」的海螺（conch）和蛾螺（whelk），以及數量繁多，外形如一具渦輪的蠑螺（*Turbo snail*）；吉利的團隊只在少數幾個地點發現體形嬌小的海螺和蠑螺，至於蛾螺，他們只見過一次，而且只是個空殼。一九三六年，來自美國，既是博物學家、探險家，也是海洋生物學家的威廉·畢比（William Beebe）在下加利福尼亞半島東岸中部的巴伊亞康塞普西翁（Bahía Concepción）北方，發現一處海灘，他稱之為「貝類學家的天堂」，然而吉利的團隊卻發現當地貝類數量已經大幅減少。

加利福尼亞灣最大也最令人擔憂的改變之一，是在水層上部活動的遠洋捕食性有鰭魚，而非近海或底棲生物。雖然吉利的團隊選擇和史坦貝克在同樣的季節出海，選用同類型的船隻，航程天數也相去不遠，他們卻目睹遠洋魚類族群的巨大改變。

史坦貝克和里凱茨曾寫道：「我們看見遠方有大群鮪魚騰躍海面，濺起水花。」他們還見到旗魚、劍旗魚，但吉利的團隊只看到少數幾種遠洋魚類。

吉利的團隊捕獲橢斑馬鮫（sierra mackerel）和鰤魚，但這些魚的數量及體形大小無法和史坦貝克和里凱茨報告中提到的數字相比。

在當時，史坦貝克和里凱茨其實就已經看見未來將發生的情景，只不過他們並未意識到這一點。他們在墨西哥本土鄰近加利福尼亞灣的瓜伊馬斯（Guaymas）登上蝦拖船，親眼目睹每一次收網，網中都有許多非目標魚類。雖然漁夫試著把蝦子和非目標魚類分開，並把這些魚丟回海裡，但牠們多數還是難逃一死，在海中翻肚。如今，蝦拖船被認為是加利福尼亞灣地區最具生態破壞性的漁業活動。

加利福尼亞灣中央的沉降島嶼（sunken island）或海底山附近，曾經有鯊魚巡遊，特別是大量的雙髻鮫（hammerhead），如今，牠們的體形和數量都已縮減。史坦貝克和里凱茨曾見到的前口蝠鱝（manta ray），也有相同命運，被體形較小的蝠鱝（mobula ray）所取代。史坦貝克曾描寫他們試圖拉起幾隻巨大前口蝠鱝的情景，然而即便厚度只有七點五公分左右的前口蝠鱝，總是能扯斷魚線。史坦貝克和里凱茨還注意到幾種魷魚，但牠們並非美洲大赤魷。

雖然吉利無緣見到史坦貝克眼中豐富的海洋生物，卻在前往加利福尼亞灣中的聖佩德羅馬蒂爾島（San Pedro Mártir Island）時目睹史坦貝克沒見過的情景。聖佩德羅馬蒂爾島附近海域因為有大量抹香鯨出沒而聞名，既然抹香鯨以美洲大赤魷為食，吉利心想那裡肯定有許多美洲大赤魷，所以決定動身造訪。他的搜尋目標是剛出生的美洲大赤魷，畢竟從來沒有人在加利福尼亞灣發現牠們的蹤影。根據衛星資料，他知道隨著潮汐變化，這個海域會出現可以把富含營養物質的深海海水帶往海洋表面的強勁湧升流，吉利推測，如此富饒的海域前緣可能就是美洲大赤魷幼體棲身的地方。果不其然，第二次撒網下水，就撈起兩隻體長六毫米左右的美洲大赤魷幼體。後來還出現了更多美洲大赤魷。

吉利的報告指出，這個海域「只有浮游生物、魚、魷魚和鯨魚。」團隊不斷受到魷魚的熱烈歡迎，美洲大赤魷像箭一樣，持續往船的方向飛射而來，下半身持續變換顏色，企圖吸引海面附近的小型魚群。這場表演在午夜後仍繼續上演。

這裡的海床深度約一千公尺，所以吉利的船並沒有下錨，就這樣漂漂盪盪過了一整晚。有那麼一刻，體形龐大的抹香鯨縱身躍出海面，露出胸鰭。有些抹香鯨成對出現，再度下潛時，不忘現出尾鰭。在此之前，吉利從未親眼見過抹香鯨，但他知道，牠們是受到數量豐富的美洲大赤魷吸引而來，美洲大赤魷是抹香鯨最愛的食物。

吉利說道：「我們造訪科爾特茲海的目的是想瞭解一九四〇年之後，這裡的環境如何變化。整趟航程下來，我們發現遠洋生態變化最為劇烈，顯然是因為兩種遠離礁岩，且在外海活動的捕食者出現，牠們都不是當初史坦貝克和里凱茨追尋的海洋生物。」

新的演化事件正發展至顛峰，七十年前史坦貝克和里凱茨所見的鮪魚、旗魚、鯊魚和其他魚類，已經被美洲大赤魷和抹香鯨取代。

低氧海水造成的生態變化，不只發生在加利福尼亞灣。二〇〇二年開始，北太平洋沿岸地區的低氧海水已經越過大陸棚，往近岸海域移動，導致加州、俄勒岡州和華盛頓州南部的底棲生物死亡。吉利和其他學者也持續關注著這些現象。這些低氧海水擴張的事件通常發生在夏末時節。

二〇〇六年，俄勒岡州外的太平洋海域出現無氧海水，奪走許多生物的性命。潛水設備記錄到海底魚屍遍野的畫面，調查結果發現底棲生物幾乎全數死亡。西北太平洋大陸棚海域延伸範圍介於三十至八十公里之間，位於加利福尼亞洋流之下。加利福尼亞洋流可謂全球最富饒的海洋生態系之一，然而倘若低氧海水事件規模擴大，發生頻率增加，這樣的海洋生態系將面臨危險。

在北半球，沿著海岸往南流動的洋流會向順時針方向偏移，在南半球則相反，這是地球自轉造成的效應。在美國太平洋外海，西北盛行風會將表層海水吹離海岸，由冰涼且富含營養的深層海水遞補空缺，如此一來將大大提升近岸處海洋環境的生產力。

雖然加州沿岸魚群數量減少，但海洋哺乳類動物卻在這裡混得不錯。一部分可能是因為牠們適應了在海域較深處，以美洲大赤魷和其他生物為食的生活。為了下潛至較深的海域，鯨魚、海豚、海豹和海獅都經歷了特殊的演化歷程。早在史前時代，這些動物的祖先以魚的姿態離開海洋，失去了鰓，演化出呼吸所需的肺。然而，當陸地上的動物數量增加，競爭變得更激烈，牠們又再次回到海洋中生活，只不過這次肺沒有變回鰓。目前，海洋哺乳動物利用一套優異的憋氣技術在海中求生，畢竟深海環境對呼吸空氣的動物而言並不友善。吉利提到，研究抹香鯨並不容易，於是科學家轉而研究其他會潛水的海洋動物。

深潛動物

一九六〇年代，科學家普遍認為海洋動物潛水的深度約在一百至兩百公尺之間，但聖地牙哥斯克里普斯海洋研究所（Scripps Institution of Oceanography）的研究人員發現，南極麥克默多灣（McMurdo Sound）的菱紋海豹（Weddell seal）可以下潛至六百公尺的深度。

自此以後，皇帝企鵝、革龜、北象鼻海豹、瓶鼻鯨和抹香鯨的紀錄持續緊追在後，甚至超越菱紋海豹。海洋中已經沒有足夠的氧氣支應用鰓呼吸的魚類生存，憋氣或許還能帶給海洋哺乳動物一線生機。

說到適應憋氣生活的哺乳類動物，象鼻海豹（elephant seal）可謂翹楚。象鼻海豹一年有兩次會長時間待在陸地上，這時候在牠們身上做標記、安裝發射器簡單得多，以便科學家追蹤牠們未來潛入海中的生活。北象鼻海豹（Northern elephant seal）曾經瀕臨滅絕，現在數量已經回復，北太平洋地區目前約有十萬隻北象鼻海豹。透過一系列獨特的演化適應，需要深潛的生活對牠們而言已經不是問題。在海面上時，牠們的心跳速率約每分鐘一百二十下；下潛時，牠們心跳速率可以降低到每分鐘三十至三十五下，甚至有每分鐘兩下的紀錄，換做人類，這已經是心跳停止的邊緣。象鼻海豹和人類不一樣，牠們下潛時，體內多數氧氣並非儲存在肺裡，而是儲存在肌肉的肌紅素（myoglobin）和血液中的血紅素（hemoglobin）中。比起多數哺乳動物，象鼻海豹血液中的血紅素濃度較高，全身血液量也較多。

象鼻海豹有流線形的身體，在海水中從容穿梭，就像滾珠在軸承上滑動。二〇一一年，加州大學聖塔克魯茲分校的生物學家在《自然》期刊發表一篇文章，指出一隻象鼻海豚潛水深度約達一點七公里，創下象鼻海豹的紀錄。相當於三座以上的帝國大廈堆疊在海面下，象鼻海豹從最上面一座帝國大廈的頂端開始，一口氣下潛到最下面一座帝國大廈的底部，之後再回到海面上換氣，往復的距離已超過三公里。

下潛到一百至兩百公尺時，象鼻海豹體內的空氣通道，包括肺部在內，都會塌陷呈現扁平狀態，沒有一絲空氣在內。既然沒有空氣，就沒有氣體交換的需求（尤其是氮氣），因此象鼻海豹不像人類一樣會遭遇潛水夫病（體內形成氮氣泡）和深水狂喜症（氮氣中毒）等血液中化學物質失衡的問題。

象鼻海豹下潛時，臉面看起來就像一顆洋李子。研究人員會替發泡膠製成的模型人頭畫個紫紅色的臉妝，塗上唇蜜後，把它們送到一百公尺深的海裡，這不失為一種惡趣味。把這些模型人頭從海裡拉起時，它們看起來活像南美洲原住民製造的乾燥首級。不過，加州大學的生物學家伯尼・勒柏夫（Burney Le Boeuf）認為，對象鼻海豹而言，潛水是值得一試的生活方式，他說：「位於溶氧極低層之上的深海散射層，是海洋生物量最集中的地方，象鼻海豹就是下潛到這裡。」

不過，這裡一片漆黑。研究人員在象鼻海豹身上安裝的攝影機，總是傳回黑暗無比的畫面。燈籠魚這類具有生物發光特性的魚類，是柯爾特茲海美洲大赤魷最喜歡的食物。白天時，鯨魚和海豹會在獵物活動範圍以下的海域巡遊，藉著剪影辨別獵物，這些海洋哺乳動物非常適應這樣的環境。象鼻海豹有一雙大眼睛，有助於在黑暗中看清周遭；至於鯨魚，恐怕有比海豹更厲害的招數：內建可以定位獵物所在的聲納系統。抹香鯨的鼻子，重量是體重的四分之一至三分之一，裡面搭載了可能是自然界最強大的聲納系統。

這些能夠深潛的海洋哺乳動物壟斷了該海域的獵物，而且還能躲開一生中經常得要留心的兩種致命殺手：大白鯊和虎鯨（killer whale）。象鼻海豹每年兩次登陸島嶼，冬季時上岸繁殖，為期一或兩個月；夏季時上岸脫皮，時間至多一個月，進出海中是象鼻海豹最容易遭受攻擊的時刻。其他時間，象鼻海豹都待在海裡，展開往北的長途遷徙，距離可達兩萬公里。遷徙途中，象鼻海豹持續下潛，每次可至少可維持二十分鐘，接著浮出海面，花兩至三分鐘的時間呼吸換氣，以便再次下潛。對於用肺呼吸的動物而言，這真是驚為天人的演化適應。

少了各種威脅，潛水幾乎就像自動駕駛一樣輕鬆愜意。抹香鯨和象鼻海豹還能一邊潛水一邊睡覺，睡覺時只閉一隻眼，半邊的腦子休息，半邊的腦子持續活躍，兩邊來回切換。此外，在這樣的深度，獵物的逃跑反應也變得慢多了，這些海洋哺乳動物猶如參加一場任你吃到飽的盛宴。

另外，令人驚奇的美洲大赤魷還有一項特殊的演化適應。吉利和生物學家茱莉亞．史都華（Julia Stewart）合作研究，發現加利福尼亞灣和蒙特里灣的美洲大赤魷有時會直接穿越溶氧極低層，俯衝至一點六公里的深度，並在那裡待上一陣子，有時甚至待上一整天，然後再快速往上浮起。美洲大赤魷之所以具備這樣的能力，是因為越過溶氧極低層，水深超過一千公尺的水域，有深海洋流帶來的氧氣，所以溶氧量又開始上升。「成群的海洋哺乳動物到處覓食，可能是觸發美洲大赤魷展現潛水絕技的原因。牠們往深處下潛，在那兒耗上幾個小時，希望再次回升時，捕食者已經離開」吉利如此說道。似乎只有美洲大赤魷能夠如此輕鬆地在這些低溶氧的海域穿梭，海豹和鯨魚都必須浮出海面呼吸空氣，但美洲大赤魷不用這麼做就能在海裡上下移動。

然而，許多魚類只能在淺海域活動，因而成為海洋哺乳動物及人類的目標，漁業蕭條的現況，人類才是罪魁禍首。世界自然基金會（World Wildlife Fund）的資料指出，墨西哥每年漁獲量有百分之七十五來自加利福尼亞灣，然而不論是依賴工業化的設備或是徒手幹活，過度捕撈已經導致鯊魚、鱝魚和有鰭魚類數量遽減。全球漁獲量的衰退，加上市場需求量的增加，已然引發全球性的漁業危機，不僅威脅著加利福尼亞灣，也威脅著世界各地。

對於那些菜單上常見的魚類，人類不會停止對牠們的衝擊。異國的海洋生物，從海龜到前口蝠鱝，都已陷入被人類捕撈至將近滅絕的境地。鯊魚的數量已經減少八成，有三分之一的種類面臨滅絕危機。海洋裡的頂尖捕食者早已不是鯊魚，而是人類。

一萬年前，多數人類過著狩獵採集生活。野生動物中，遭到人類大量獵捕的正是魚類，然而，這樣的濫權可能已經走到末路。平均而論，如今每個人吃下肚的魚類數量，是一九五〇年的四倍。一九八〇年代末期我和攝影師喬治・休伊（George H. H. Huey）曾前往下加利福尼亞半島南端，拍攝捕鯊魚的漁夫和他們的故事。這些漁夫抱怨鯊魚的體形愈來愈小，數量愈來愈少。我曾在訪問幾位海洋科學家時提起這個現象，當時無人能想像這些大型的遠洋魚類竟然會有數量遽減的一天。就連瑞秋・卡森（Rachel Carson）都無法想像魚群會變少。然而，這一切都已改變。

相較於其他海洋生物，美洲大赤魷有可能克服這道關卡。牠們的數量正在擴張，而海洋魚類的族群正在縮減。在相對短的時間裡，美洲大赤魷已經學會適應氣候變遷和海水溶氧濃度的變化，但對許多動物而言，這些變化是致命危機。

吉利對美洲大赤魷懷抱崇高的敬意「如果有人想要設計未來的海洋捕食者，那肯定就是美洲大赤魷。」

至於人類，想要繼續生存下去的話，我們又需要怎樣的演化適應？

無人之境

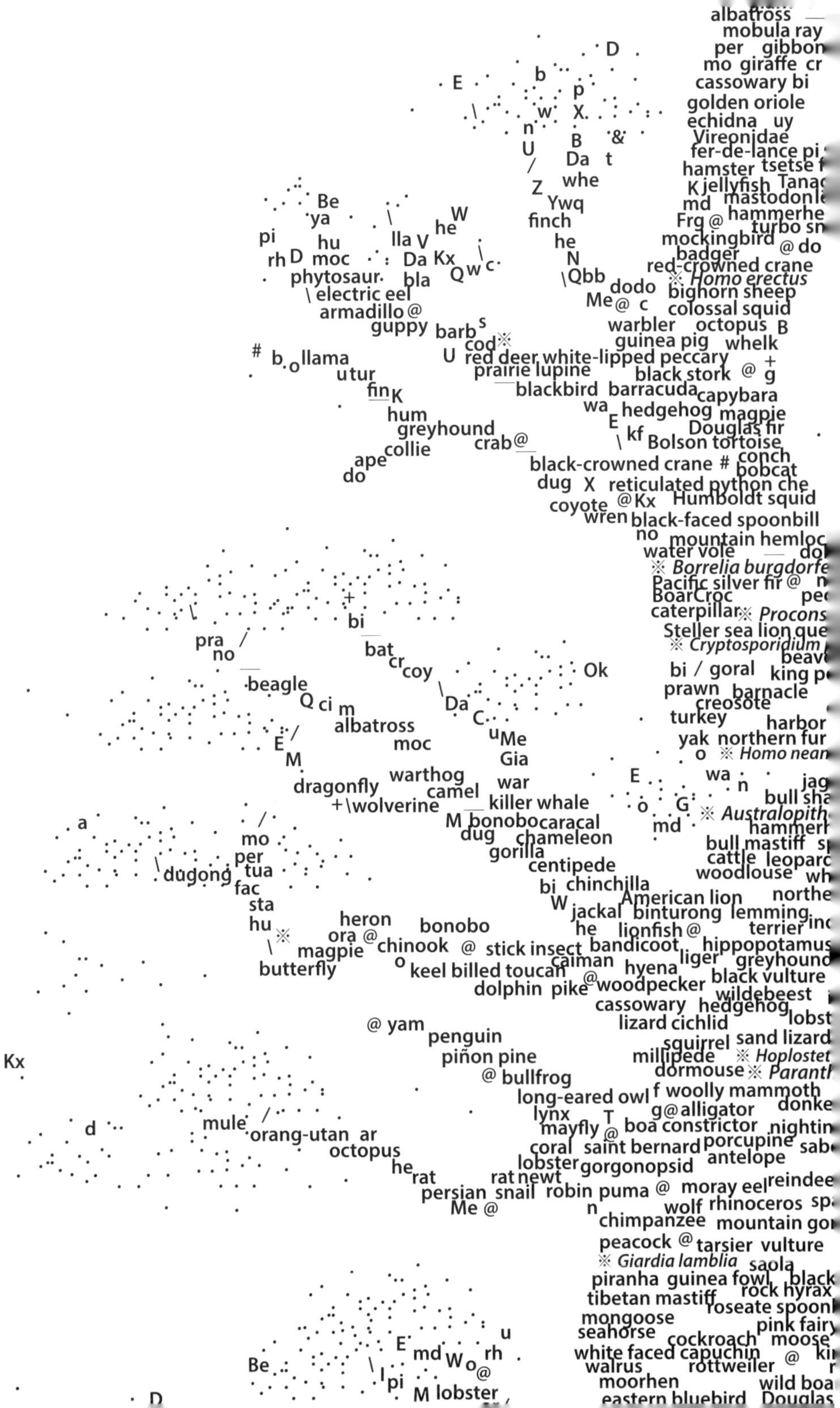
albatross
mobula ray
per gibbon
mo giraffe cr
cassowary bi
golden oriole
echidna uy
Vireonidae
fer-de-lance pi
hamster tsetse
K jellyfish Tana
md mastodon
Frg @ hammerhe
turbo sn
mockingbird @ do
badger
red-crowned crane
※ *Homo erectus*
bighorn sheep
colossal squid
warbler octopus B
guinea pig whelk
red deer white-lipped peccary
prairie lupine black stork @ g
blackbird barracuda capybara
hedgehog magpie
Douglas fir
kf Bolson tortoise
conch
black-crowned crane # bobcat
dug X reticulated python che
coyote @Kx Humboldt squid
wren black-faced spoonbill
no mountain hemloc
water vole
※ *Borrelia burgdorfe*
Pacific silver fir @
BoarCroc
caterpillar ※ *Procons*
Steller sea lion que
※ *Cryptosporidium*
beave
bi / goral king p
prawn barnacle
creosote
turkey harbor
yak northern fur
o ※ *Homo nean*
D
E b p
w X
n B &
U Da t
/ whe
Z Ywq
finch
he
N
\Qbb dodo
Me @ c
Be
ya W
pi hu lla V he
rh D moc Da Kx
phytosaur bla Q w c
\ electric eel
armadillo @
guppy barb s
cod ※
b o llama U
u tur
fin K
hum
greyhound
crab @
ape collie
do
+
bi
pra /
no bat
cr coy Ok
beagle
Q ci m Da
albatross C
E M moc u Me
Gia
dragonfly warthog war
camel killer whale
+\wolverine
M bonobo caracal
dug chameleon
gorilla
centipede
bi chinchilla
W American lion
jackal binturong lemming
he lionfish @ terrier
bandicoot hippopotamus
caiman hyena liger greyhound
@ woodpecker black vulture
wildebeest
cassowary hedgehog
lizard cichlid lobst
squirrel sand lizard
millipede ※ *Hoplostet*
dormouse ※ *Paranth*
f woolly mammoth
g@ alligator donke
T
mayfly @ boa constrictor nightin
coral saint bernard porcupine sab
lobster antelope
gorgonopsid
reindee
robin puma @ moray eel
wolf rhinoceros
n chimpanzee mountain go
peacock @ tarsier vulture
※ *Giardia lamblia* saola
piranha guinea fowl black
rock hyrax
tibetan mastiff roseate spoon
mongoose pink fairy
seahorse cockroach moose
white faced capuchin @
walrus rottweiler
moorhen wild boa
eastern bluebird Douglas
E o jag
wa n bull sha
G
o md ※ *Australopith*
hammerh
bull mastiff
cattle leopard
woodlouse
northe
a /
mo
per
\ dugong tua
fac
sta
heron
hu ※ ora @ bonobo
\ magpie chinook @ stick insect
butterfly o keel billed toucan
dolphin pike
@ yam
penguin
Kx piñon pine
@ bullfrog
long-eared owl
lynx
mule /
d orang-utan ar
octopus
he rat rat newt
persian snail
Me @
u
E md rh
Be \ Wo @
pi
M lobster
D

第八章　末路

我們似乎總忽略一件事：生物多樣性減少，會對人類造成衝擊。哺乳動物、爬蟲動物、鳥類、兩棲動物和魚類為我們提供「生態系服務」（ecosystem service），牠們是自然界和智人維持健康的關鍵因素。牠們的損失就是我們的損失，少了牠們，我們的生存也成了問題。許多科學家認為，碰上大滅絕，我們將失去所有的生態系服務，人類不可能捱得過去。

前面我們已經提過，森林動物的多樣性有助保護人類免於感染疾病。不過，自然界給人類的饋贈可不只這樣。植物、昆蟲和微生物等其他生物，也在我們的生活中扮演要角，其中一項任務就是製造乾淨的飲水。舉例來說，從新英格蘭森林地區流入紐約市兩百公里的過程中，紐約市的飲用水已經完成自然淨化。許多生態系的最佳淨水器就埋在森林之下：樹木纖細的樹根可以濾水，土壤中的微生物可以分解汙染物。因汽車排放廢氣、人類使用肥料和糞肥而進入水道的氮，有半數可被集水區的自然淨水過程吸收。當水道行經濕地，香蒲（cattails）和其他植物也能濾除水中的沉積物和重金屬，有助於將營養物質留在水中。

紐約的水道系統之所以存在，一部分得歸因發生於一八三二年的亞洲霍亂，當時紐約市居民每五十人就有一人因此死亡，半數以上的居民選擇離開。紐約市的政治人物迅速啟動主要飲用水系統的建設工作：在威斯特徹斯特和普特南兩郡北方約六十五公里處，也就是克羅頓河（Croton River）的東、西分支上建造水壩，再打造水渠把水運回位於曼哈頓中心的蓄水庫。

然而，這麼做還是解不了紐約客的渴。紐約市供水局於是把目光投向更遠處的卡茲奇山脈（Catskill Mountains）。如今，紐約市的水源就是來自卡茲奇／德拉瓦集水區（Catskill/Delaware Watershed），整個二十世紀，卡茲奇河與德拉瓦河是紐約市的主要水源。卡茲奇／德拉瓦集水區供應將近一千萬人的飲用水，長久以來，自然過濾一直是水質潔淨的保證。但是在一九八六年，美國國會修正了安全飲用水法案（Safe Drinking Water Act），這原是美國國會在一九七四年通過的法案，旨在制定規章規範全美的公眾飲水供應系統，進而保護人民健康。修正案通過後，為了因應規範，紐約市必須建設造價六十億至八十億美元的飲水過濾系統。此時，紐約市提出另一套方案：購買土地做為河流緩衝區及自然淨水區，並改造汙水處理廠，這樣同時可以保護珍貴的集水區。

但住宅開發案卻因此受阻。卡茲奇／德拉瓦集水區開始出現道路和住宅，紐約市的政治人物因此擱置購買集水區土地的計畫。為了讓這件事能夠順利進行，已故參議員之子小羅伯特．甘迺迪（Robert F. Kennedy Jr.），同時也是紐約淨水提倡團體「河流保護者」（Riverkeeper）的律師，他找來一位房地產經紀人進行分析，結果發現，買下卡茲奇／德拉瓦集水區所有土地，花費大約只要十億美元，比起打造濾水系統，足足省了幾十億美元。甘迺迪接受記者訪問時說道「真正的答案就是停止開發，這才是該做的事，只是沒有人想說出口。」

甘迺迪持續推動紐約市購買卡茲奇集水區土地的計畫，甚至帶著攝影團隊進入一家有缺失的醫療廢棄物處理場，讓大家看看汙水和廢水究竟如何滲入紐約市的飲水系統。

根據《紐約郵報》（*New York Post*）的報導，克羅頓水庫（Croton reservoir）因為受到汙水汙染而關閉。但一位紐約市的發言人卻表示，蓄水庫關閉是因為受到「有機物質」汙染。深夜秀電視節目主持人大衛·賴特曼（David Letterman）曾經拿這件事來開玩笑，說這個故事讓他「聽到有機物質就害怕。」

此後，紐約市開始對集水區的房地產開發案、汙水處理廠建造案、路面鋪設、農業活動施以嚴格限制。這引起當地居民反彈，甚至提起訴訟，他們認為自己被迫承擔紐約乾淨飲水的代價。在紐約市政府承諾會投注十五億美元的資金買下集水區的土地，並建造、修復必要的雨水排水系統和汙水處理系統後，這場政府與人民之間的抗爭才算告終。美國環保署也因此把紐約市的飲水過濾系統申請案推遲五年。

如今，為了保障飲水安全，紐約市竭盡一切努力，甚至追蹤兩種痢疾藥物Pepto-Bismol和Imodium的銷售紀錄，幫助監測水質。水質檢測人員在供水系統中搜尋兩種會造成疾病爆發的單細胞寄生蟲：梨形鞭毛蟲（*Giardia lamblia*）和隱孢子蟲（*Cryptosporidium parvum*）。梨形鞭毛蟲會導致痙攣和腹瀉；隱孢子蟲光是一個孢囊就會導致免疫系統虛弱的患者產生嚴重病症，甚至死亡。

大自然孕育出能適應環境的植物、森林、香蒲、蚯蚓和土壤中的細菌，避免疾病透過水源進入紐約。但是，倘若我們繼續摧毀其他物種的生存空間，造成各生態系之間失去平衡，那麼我們也就會失去對抗疾病的第一道防線。

人類如何消滅生存在濕地的物種？方法可多了。光臘瘦吉丁蟲（emerald ash borer）、舞蛾（gypsy moth）以及來自亞洲的天牛，正威脅著新英格蘭地區的樹木。逕流受汙染的程度超出濕地濾除沉積物和重金屬的能力。如果森林和濕地消失了，植物根系的濾水能力也將一併消失。氣候變遷導致美國東北地區降雪減少，沒有積雪覆蓋地面，植物樹根暴露在更冷的環境之中，將導致集水區樹木數量下降。如此的景況又代表著地面下方的微生物群落也會變少。

為了生態系服務而保護自然環境，不是僅限於紐約市的時尚風潮。位於麻薩諸塞州的波士頓，同樣提出和紐約市相似的計畫，取代環保署建造過濾系統的命令。計畫內容包括購買土地、野生動物控管以及支流沿線的開發規範。在哥斯大黎加，政府每月會跟自來水用戶多收幾分錢，付給居住在河流上游的農夫，作為他們保護、整修熱帶雨林的報酬；歐盟則要求成員國對林地集水區進行保護，確保水質潔淨。

一九八〇年代末期，位於法國東北方，著名的沛綠雅瓶裝礦泉水公司擔心水質會受到殺蟲劑和肥料的汙染，開始著手保護萊茵／馬士集水區。到了一九九〇年，沛綠雅礦泉水因為被檢測出含有汽油成分中的苯——這是一種致癌物質——因此暫時下架。不過，沛綠雅公司沒有選擇遷廠，而是花了九百萬美元買下著名礦泉附近六百英畝的土地，並且和在地農夫達成長期協議，請他們在附近四千多英畝的土地上，多多使用對環境友善的農法。

自然界的生態系統對人類經濟活動的重要性，已經有大量相關知識存在，然而這些想法尚未進入公眾和政治人物的意識當中。生態系和生存其中的物種，支持著人類的生存，這就是生態系服務，提供我們海鮮、糧草、木材、生質燃料、天然纖維和藥物等等。

生態系的關鍵服務包括淨化水源和空氣、減緩洪水及乾旱的爆發程度、分解廢棄物、形成土壤、幫助作物授粉、控制農業害蟲、幫助植物傳播種子、保護生物免受陽光直射的傷害、調節氣溫和風浪。此外，生態系還提供令人賞心悅目的美景。

生態系的重要功能可見一斑。除此之外，有些生態系涵養著許多生態尖兵。在丹麥的草地上，一點三平方公里的面積裡大約有五萬隻蚯蚓、五萬隻昆蟲和蟎類，以及將近一千兩百萬隻蛔蟲。光是一克的土壤，就有三萬隻左右的原生動物、五萬株藻類、四十萬株真菌，和數十億的細菌。這些生命形態執行著複雜的自然循環，對人類生存至關重要。

少了鳥類和其他昆蟲捕食者，光靠殺蟲劑並無法控制農業害蟲；少了授粉者，植物無法產生食物。然而，許多生態系的尖兵目前正面臨麻煩。地球上將近有兩萬種動植物正陷入滅絕的高度危機當中。一篇刊載於《自然》期刊的文章指出，如果所有受到威脅的物種將在二十一世紀滅絕，且物種滅絕速率沒有減緩的話，到了下個世紀，地球將失去四分之三以上的物種。國際自然保護聯盟（International Union for Conservation of Nature，簡稱IUCC）已針對五萬兩千種動植物的生存能力進行評估，而他們的結論是：百分之二十五的哺乳動物、百分之十三的鳥類、百分之四十一的兩棲動物、百分之二十八的爬蟲動物及百分之二十八的已知魚類，現正受到威脅。

問題是，人類的生存必須仰賴這些物種。容納多種物種的生態系與周遭環境及其他生態系之間產生交互作用，正是人類生存重要的關鍵。生態系象徵著生命的遺傳多樣性，提供原料讓人類研發新型的藥物，並培育新的作物和牲畜種類。

森林中樹木的種類愈多，森林儲碳的能力就愈好；溪流中微生物的多樣性愈高，溪流就愈乾淨。魚類的多樣性增加，代表人類的漁獲量會更豐富；植物的多樣性一旦提升，對入侵種植物的抵抗能力就愈好。捕食者、寄生生物和疾病病原組成的天敵大軍，能夠更有效地控制農業害蟲族群。生物多樣性愈高的生態系，愈能抵擋高溫等的環境壓力。

相反地，生物多樣性愈低，森林儲碳能力愈差；溪流汙染程度愈高、魚類數量變少；入侵種變多、農業害蟲增加，面臨環境壓力時，將有更多物種便無法好好生存。

生態系服務也與文化有關。來自位於邦加羅爾印度科學研究所（Indian Institute of Science）的馬迪夫．加吉爾（Madhav Gadgil），以及波士頓麻薩諸塞大學的卡瑪吉．巴瓦（Kamaljit Bawa）將全世界的消費者分為兩類，一類是所謂的生態系居民，包括森林居民、牧人、漁夫和農夫，他們只需要依賴在地的生態系就能滿足大部分的生存需求；另一類是所謂的生物圈居民，為了滿足商業目的，他們以大型國際性的規模搜刮生態系的資源。這兩類人獲得的報酬並不相等。即便生態系居民為了生物圈居民搜刮在地的生態系資源，他們獲得的工資通常很低，因為土地不是他們的，他們也沒有貨車、火車和飛機可以把在地產物送進商業市場。

依賴在地生態系資源過活的人，通常較有保育意識，因為他們希望這些資源可以永續存在。然而，加吉爾和巴瓦表示，實際的狀況卻是：住在生態系附近的人並不擁有對生態系的控制權，對於生態永續性的涉入或投入程度也不高。印度有近五千萬人居住在森林附近，並且主要依賴森林生態系的資源為生，然而他們通常不是土地或這些產物的所有權人。

在加吉爾和巴瓦看來，如果環境復原是人類經濟決策中最重要的考量，那麼生物圈居民勢必要接受在地生產、在地使用的觀念。能夠在隆冬季節吃到藍莓好像不錯，但那並不表示選購來自地球另一端的農產品是個有益生態系的好主意。下一次，當你發現送到餐桌上的食物已經經歷一百多公里的運送路途，想想那些在冬天把食物送到你面前的貨車或飛機排放了多少空汙廢氣吧！某些公司、某些生物圈居民或許能從中獲益，但這種商業行為對在地經濟或當地生態系的健康毫無助益。再者，氣候變遷持續加劇的前提下，在地經濟及生態系的健康，其實和國際間的經濟及全球生態息息相關。

訓練自己享受在地、當季的食物，對全體人類而言是更健康的選擇，北卡羅來納州立大學（North Carolina State University）的園藝學家茱莉亞．卡內基（Julia Kornegay）如此說道「一年三百六十五天都想吃到草莓和覆盆子，並且期待它們有好滋味實在沒有道理。」

另外，物種豐富的熱帶植物所提供的生態系服務，讓我們從中獲得研發新型藥物的原料。所有的藥物有百分之五十源自於動植物，其中包括鎮靜劑、利尿劑、止痛劑和抗生素等等。阿司匹靈就是從柳樹中提煉出來的藥物；避孕藥的成分原本來自一種生長在墨西哥的野生薯芋（yam）。生長在美國西北太平洋地區的短葉紫杉，樹皮中含有紫杉醇（Taxol）這種會攻擊癌細胞，且對其他藥物沒有反應的化合物。一九六〇年代，初診斷為白血病孩童的緩解率為十分之一，在馬達加斯加島上長春花製成的兩種不同藥物問世之後，緩解率提升為二十分之十九。

每一年，從植物衍生而來的抗癌藥物，約拯救三萬人的性命。就拯救性命、減少病人痛苦和縮減醫護人員工時的面向來看，相當於省下三千七百億美元。近來，許多抗癌新藥的原料都來自熱帶，只可惜，多數已經滅絕的植物，同樣也是熱帶植物。

來自牛津的諾曼·梅爾斯（Norman Myers）指出，以長春花為原料研發出兩種抗癌藥物的跨國製藥廠禮來公司（Eli Lilly），自一九六〇年代起，每年銷售額超過一億美元，但作為原料產地的馬達加斯加並沒有從中獲得一分一毫。因此，即便馬達加斯加可能蘊藏著有助開發其他重要藥物的原料，這個國家卻沒有任何意願保護僅存的熱帶雨林。智人的祖先過著打獵生活，每進入一個新的地區，便開始獵殺大型動物、濫採當地植物。雖然科技發展迅速，但我們的本能仍停留在石器時代，沒有與時俱進。

森林本是蘊藏自然資源的寶庫，可以提供眾多生態性服務，卻遭到人類無情的對待。如果道路兩旁，或我們居住的社區裡林蔭成群，那再好不過。然而道路兩旁、其他州，或其他國家都開始砍伐森林，這只會削減人類抵抗災變的能力。我們正逐漸失去美景與森林。

中美洲的森林就是個好例子，可以一窺人類的選擇性價值觀。在瓜地馬拉北部貝登省（Petén）的弗羅雷斯（Flores），我遇見來自丹麥馬克斯－普朗克奧登色中心（Max-Planck Odense Center）的助理教授達莉亞・康德（Dalia Amor Conde）。這座城市位於貝登伊察湖（Lake Petén Itzá）北方，就在以馬雅遺跡和野生動物聞名的提卡爾國家公園（Tikal National Park）之外。康德出生於墨西哥，在杜克大學取得博士學位後，開始研究中美洲熱帶森林裡美洲豹的出沒行跡，以便界定牠們的棲地，並探究道路和其他預定開發的基礎建設，可能會對牠們造成何種影響。

她的目標是拯救足夠面積的土地，好讓彼此隔離的美洲豹族群得以交流。基因庫的混合對動物而言至關重要，同時也能保護並保障生態系中其他動植物的生存，這就是保護傘效應（umbrella effect）。康德希望藉著保護令人傾心的美洲豹，從而使許多動物、植物和鳥類一併獲得庇護。

在一個霧氣繚繞的熱帶早晨，她帶著我造訪位於貝登伊察湖中央的地方動物園，裡頭有一隻身上布滿斑點的美洲豹，牠的表情和那渾身肌肉的身軀，散發著王者風範。我們都蹲了下來，和牠保持相同的視野高度，然而牠對我們沒有半點興趣，漫步走回牠的圈舍。美洲豹是貓科動物中體形第三大的成員，僅次於老虎和獅子，同時也是西半球最大型的貓科動物。康德多次深入熱帶森林探險就是為了捕捉美洲豹，替牠們戴上無線電項圈後再加以釋放，藉此追蹤牠們的行跡。

康德告訴我，有一回，她前往位於猶卡坦半島的卡拉克穆爾（Calakmul），進入環抱馬雅遺跡的雨林，空氣中迴盪著鳥類的鳴叫聲，樹頂傳來吼猴的咆哮。她乘坐的帆布篷卡車上還有另外四位生物學家、兩位追蹤人員、五隻狗，和一位負責檢查卡拉克穆爾國家公園內泥土路上沿途餌盒狀況的獸醫。誘餌是消毒過的大塊山羊肉，裡面塞入足以使動物行動變得遲緩的藥物。沿著這條泥土路，他們大約每一點六公里就放置一個餌盒，總共設置了七處。

湯尼．李維拉（Tony Rivera）是其中一位追蹤人員，過去曾是美洲豹獵人的他，如今是生態旅遊公司（EcoSafaris）的總監。他走下貨車檢查餌盒，宣布已經有美洲豹吃了誘餌，車斗上的狗兒們瘋也似地叫著，提醒我們美洲豹就在附近。這群凌晨三點就起床的人此時精神一振，接連下車，準備捕捉美洲豹。

李維拉鬆開繫繩，狗兒立刻深入叢林，後頭的生物學家只能盡力追趕。當狗發出有別先前的吠叫，李維拉加快腳步，找到在樹下尋求庇護的美洲豹。他端起槍，瞄準，將麻醉針射入美洲豹的體側。不久後，藥效發揮，生物學家開始評估這隻美洲豹的健康狀況，替牠戴上無線電頸圈，以便追蹤牠的行跡。

同樣的過程曾大大地改變了康德。「當我第一次直視美洲豹的眼睛，我的一生就此轉變」康德這麼說。

康德與墨西哥的非政府組織「美洲豹保育」（Jaguar Conservancy），以及墨西哥國立自治大學（National Autonomous Dniversity of Mexico）合作，一同拯救巴拿馬至墨西哥的中美洲森林。這裡是除了亞馬遜雨林，西半球最大的雨林遺跡。美洲豹在拉丁美洲有許多象徵意義，他們正透過保育美洲豹，保護這片雨林。

康德想試著在這片森林中找出美洲豹族群數量較大的區域所在，確保牠們有機會和其他較小的族群互通基因。乘著船離開動物園時，康德說道：「森林剩餘的面積這麼少，不同族群之間的連通性相當重要。人類的土地利用活動就像一片海洋，而美洲豹族群就像海上孤島。」

美洲豹的棲地範圍曾經從美國南部邊界一路擴及至巴西，卻在過去一個世紀中縮減了八成。馬雅森林是中美洲森林中一片面積約一萬平方公里的熱帶雨林，和墨西哥、貝里斯及瓜地馬拉接壤，是康德主要的研究地區。這裡仍有美洲豹出沒，但牠們的生存備受威脅。馬雅森林內有許多國家公園和保護區，想要拯救美洲豹，必得拯救森林。

康德的研究工作隸屬於一個大型的計畫之下，計畫的目標是建立中美洲生物廊道（Mesoamerican Biological Corridor），讓美洲豹和其他動物能夠從巴拿馬遷徙至墨西哥南端。除了中美洲各國給予的支持，這項計畫還獲得來自美洲開發銀行（Inter-American Development Bank）四億美元的資金贊助。然而說來諷刺，美洲開發銀行也同樣拿出四億美元資助至少三百三十二個水壩的興建，以及面積達一萬平方公里的道路開發，這恰恰抵銷了科學家建設生物廊道的努力。

康德之所以深受美洲豹吸引，不只因為牠的高貴風範，還因為牠是頂級捕食者的生態角色。倘若拯救美洲豹的任務成功，等於同時拯救了食物網裡位階在美洲豹之下的所有物種，而食物網正是生態系的一部分。

這個地區至少有三百三十三種鳥類，大自然保護協會（The Nature Conservancy）估計，北美洲的候鳥至少有四成會把這裡的森林和濕地當成旅程的中繼站。自然界的生態系往往互相關聯。

眾所周知，美洲豹會獵捕許多中型哺乳動物，像是白尾鹿、體形較小的赤短角鹿、野豬、中美貘、蹄鼠、犰狳和長鼻浣熊。美洲豹是突擊型的捕食者，沿著林中小徑打獵，主要在夜間出沒，用強而有力的爪牙制伏獵物。同時，美洲豹等於幫助獵物族群淘汰病弱的個體，讓獵物族群變得更強壯。在獵物演化的過程中，捕食者扮演重要角色，有助野生動物保持生存適性和族群健康。

通常，美洲豹懂得遠離人類。然而牠們確實偶爾會獵捕牛、山羊或雞，這可能使美洲豹成為農場主人和農夫的眼中釘。康德和其他生物學家試圖說服墨西哥、貝里斯和瓜地馬拉的政府單位建立一套美洲豹保險制度，付費給生物學家，請他們帶走擾民的美洲豹，把牠們送回較不容易受到人類傷害的地區。

可惜，一個要價四千至七千美元的美洲豹無線電項圈限制了康德研究經費和研究範圍。不過，項圈回傳的資料讓她對美洲豹所需的棲地類型有了重要的瞭解。雖然美洲豹確實會穿越次生林（secondary forest）和開發過的土地，但那些戴上項圈的美洲豹多數時間都待在原生林和原始的森林裡。康德表示，這意味著美洲豹需要未受人類干擾的棲地。

墨西哥、貝里斯和瓜利馬拉的伐林行動造成毀滅性的後果。貝登省位於瓜地馬拉北疆，在一個雨季期間的陰天，我和康德，以及自然捍衛者（Defensores de la Naturaleza）的保育主任露奎西亞・瑪沙亞（Lucrecia Masaya）前往貝登省的提格瑞潟湖國家公園（Laguna del Tigre National Park）。瑪沙亞說，她的團隊對許多環境因子的研究很感興趣，而且「我們付出的努力到底有沒有成效，美洲豹族群的健康程度是唯一答案。」

我們行經的泥土路，是兩年前才開闢的新道路，然而刀耕火種的傳統農法已經毀掉沿途兩岸的大片熱帶森林，來到聖佩德羅河（Río San Pedro），一行人登船前往金剛鸚鵡生物中心（Macaw Biological Station）。那附近有個圓丘，丘上有座塔，傍晚時分，我們爬上這座塔凝視周遭的雨林，看著熱帶鳥類飛過眼前，聆聽附近樹上傳來的猴子叫聲。隔天早上，我和康德在瑪沙亞面前攤開地圖，指出瓜地馬拉政府預定開發的新道路位置，那是一條寬達十二公尺的大馬路，為了吸引觀光客從猶卡坦半島來到位於瓜地馬拉的馬雅遺跡。康德回想我們進入國家公園時一路看到的伐林景象，說道：「鋪設道路竟是造成毀滅的開始，很難想像吧！」

過去五十年，瓜地馬拉的原始森林少了三分之二，其中蘊含的生物多樣性也一併消失。根據聯合國的統計數字，自一九九〇年起，瓜地馬拉每年喪失的森林面積達五萬四千公頃。

森林的重要性，及其和人類相牽連的命運，從一九九八年襲擊中美洲的米契颶風（Hurricane Mitch）便可窺知。十月底，米契颶風在大西洋海面上生成，往加勒比海中部移動，接觸了溫暖的海水之後，颶風強度很快增強到五級，風速達每小時兩百九十公里，在宏都拉斯的北海岸外滯留。颶風在緩慢向南行進靠近海岸的過程中，威力漸減，接著向西橫越中美洲。最後，雨量達九十一毫米的大雨，在宏都拉斯的卓路提卡（Choluteca）引發洪水和山崩，造成至少一萬九千人喪命。宏都拉斯的公共建設全毀，尼加拉瓜、貝里斯、薩爾瓦多也有部分地區傳出災情，滾滾洪水和泥流橫掃村莊、吞噬居民。

在為了農業發展而清除地面植被的山坡上，山崩的程度尤其嚴重。少了森林固定土壤，快速流動的雨水很快形成滾滾泥流。相較之下，保有植被的土地很少發生山崩。就連位於樹冠層下方，種植咖啡或可可等作物的土地，表現都比植被遭到清除殆盡的土地來得好。自然多元的地景樣貌，絕對比修整過後的景觀強得多。

面對狂風暴雨帶來的傷害，紅樹林可謂自然界最佳的緩衝地帶，且比堅固的水泥堤防更有效。海平面上升時，紅樹林能固定水中的沉積質，於是在紅樹林的根系周圍堆疊成土丘。然而，自一九五〇年代起，瓜地馬拉失去了約兩萬六千五百公頃的紅樹林，根據大自然保護協會的資料，瓜地馬拉原有的紅樹林面積減少了七成。

紅樹林可以穩定海岸地帶的土地，對發生於海岸的風暴，乃至於颶風，都能提供強大的緩衝效果。整體而言，大自然有隨著環境變動而演化的能力，但人類總是不懂得欣賞這一點。

許多人認為，像拉斯維加斯這樣霓虹燈光閃爍、到處都是游泳池和華麗飯店的地方，大自然的重要性可能居於人類之後，但事實並非如此。我曾經開了一整天的車，穿越沙漠來到拉斯維加斯，只為了看看這座霓虹城市是否真的隔絕於自然之外？或者，它的命運其實和自然界有更緊密的交織？入住位於主要街道的飯店之後，我走向拉斯維加斯大道，那天是星期四，時間是晚上十一點，這座城市依然生氣蓬勃。

拉斯維加斯大道兩旁林立著看起來有如遊樂場的飯店。紐約—紐約賭場酒店（New York-New York Hotel & Casino）是一棟三層樓的建築，外觀仿照紐約的天際線，樓頂立著一座自由女神像；拉斯維加斯巴黎酒店（Paris Las Vegas）前有一座稍稍傾斜的巴黎鐵塔；百樂宮酒店（Bellagio）散發著威尼斯的氣息，門前一片面積約三點五公頃的人工湖中，設置了一千兩百座隨音樂搖擺的水舞噴泉。

這趟拉斯維加斯之旅成行的幾個月前，我曾拜訪加州大學柏克萊分校的生態學家查爾斯・馬歇爾（Charles R. Marshall），他說：「拉斯維加斯壯觀華麗、狂放不羈、偏激極端，是我最喜歡的地方，雖然我知道這麼說常嚇壞很多人。」馬歇爾在澳洲長大，來到美國後在拉斯維加斯結婚，他的父親也是如此。

在這裡，賭博才是重點。家父曾在凱薩宮酒店的雙骰賭桌上連贏十一把，繞著賭桌圍觀的人大概有四、五圈。但他們面對大自然的時候可沒這麼興奮。

即使許多觀光客來到這裡只是為了一睹拉斯維加斯的人造景色，然而這裡也蘊含著自然歷史。十九世紀末，這裡因為有兩處淡水泉而成為聖塔菲古道（Santa Fe Trail）往來旅人的中途驛站，「Las Vegas」在西班牙語中意指「草原」。一九〇〇年，人口數約成長至三十人，當年甚至沒有這裡的人口普查記錄。

不過，到了一九〇四年，拉斯維加斯被選為鹽湖城至洛杉磯聯合太平洋鐵路路線的最佳中停站，隨後便開始蓬勃發展。長久以來，內華達州的開放風氣盛行，拉斯維加斯也承襲了這樣的風格，容許博弈、性交易和閃結閃離的速食婚姻。

一九二八年耶誕節前四天，美國總統卡爾文・柯立芝（Calvin Coolidge）批准撥原本用於建造巨石水壩（Boulder Dam，後改名為胡佛水壩）的一億七千五百萬美元的經費，拉斯維加斯因此陷入瘋狂。內華達州的議員讓他們的家鄉成為全美唯一廣泛開放合法賭場式博弈事業的州，接著，他們將該州的離婚居住要求從六個月降為六週，因而引起好萊塢明星的注意。

一九四〇年代，猶太黑幫的首領，畢斯．西格爾（Bugsy Siegel）來到拉斯維加斯。立刻為此處成為「罪惡之城」的遠景深深著迷，他打造了火鶴飯店（Flamingo hotel），結交好萊塢明星，其中包括他的謠傳「老友」喬治．拉夫特（George Raft）。後來，西格爾在黑幫內部惹上麻煩，於一九四七年遭人開槍射中眼球而斃命。

一九五一年一月二十七日，美國原子能委員會（Atomic Energy Commission）在拉斯維加斯城外首次進行一連串的原子彈試爆。許多士兵被刻意安排暴露在充滿輻射的環境之下，藉此評估輻射對人類的影響程度。第一次試爆過後，城內到處都是震碎的玻璃，然而拉斯維加斯似乎不以為意，後來，美國不再進行地面的原子彈試爆試驗，而將場所移到地底下。多年來，拉斯維加斯的賭場總是閃爍著霓虹燈，或許是為了彌補再也見不到原子彈爆炸強光的缺憾吧！

隔天早上，我沿著主街開了幾公里，駛進內華達大學拉斯維加斯分校，和生態學家史坦．史密斯（Stan Smith）碰面。史密斯向我展示他辦公室門外著名的沙漠校園景觀。占地約一百三十五公頃的校園彷若一座植物園，是這所學校的主打特色。史密斯在此研究植物如何適應壓力環境，同時也觀察氣候變遷如何影響沙漠景觀及沙漠生態系的結構與功能。

史密斯在新墨西哥州拉斯克魯塞斯（Las Cruces）長大，來到拉斯維加斯之前，他分別在內華達州雷諾（Reno）和亞利桑那州鳳凰城待過一段時間。為人親切的他，有著一頭銀色捲髮，身懷許多有趣的故事。他對美國西南部的沙漠非常熟悉，不過他認為大部分拉斯維加斯的居民對賭博更感興趣。「吃角子老虎機無所不在，機場、雜貨店的貨架走道盡頭都有。亞利桑那州人和加州人把沙漠當成娛樂場所。有一回，我出任陪審團成員，發現其他成員正在比較不同賭場的折價券，看看哪一家給的回饋最划算。這裡確實也有戶外運動愛好者，但大部分民眾對戶外運動沒有太大興趣」他說。

拉斯維加斯的賭場總是把窗簾拉上，賭客因此看不見外面的景色。賭場裡也沒有時鐘，室內燈光讓你難以分辨外面到底是白天或黑夜。像凱薩宮這樣的酒店，精心設計了美輪美奐的移動式人行道，導引你走進賭場，然而一旦進了賭場，你會發現很難找到出口標誌。等你下定決心要走，賭場的動線設計會讓你走進停車場或走向路邊，那感覺跟迎接你進來的移動式人行道相比起來，簡直是天壤之別。

多數居民和想來這裡發大財的旅客對拉斯維加斯的戶外景色可能沒什麼深刻印象，但大自然才是這裡真正的寶藏。雖然，沙漠灌叢僅占了兩成左右的沙漠面積，卻是蜥蜴、蛇、老鼠和鳥的重要棲地。鳥類和蝙蝠是重要的種子傳播者，雨季時，牠們吃下沙漠植物的果實，透過糞便傳播植物種子。對有遷徙習性的鳥類和猛禽來說，沙漠花朵對牠們來說很重要。拉斯維加斯周遭山區有山貓、郊狼、山獅、沙漠陸龜和大角羊出沒。有天中午，我來到拉斯維加斯城外，位於科羅拉多河上的米德湖（Lake Meade），親眼看見二十隻大角羊，其中幾隻頂著巨大的捲曲頭角，來到距離我大約一百公尺的水窪喝水。

許多人並沒有注意到，覆蓋大部分西南沙漠之上的生物土壤結皮（biological soil crust），是這裡最重要自然資源之一。空曠沙漠上，藍綠藻、苔蘚和地衣形成高度特化的群落，就是所謂的生物土壤結皮。通常，生物土壤結皮會覆蓋所有未被植物占據的土壤空間，最多可覆蓋開放空間七成的面積。

在猶他州莫亞布（Moab）工作的美國地質調查局（Geological Survey）生物家潔恩・貝內普（Jayne Belnap）指出，生物土壤結皮和礦物質組成的地殼有助於穩固土壤。發展良好的生物土壤結皮幾乎可以完全抵抗風的侵蝕作用。「就像把土壤牢牢釘著，抵抗各種風勢攻擊，」內普如此說道「在國家公園未受干擾生物土壤結皮上進行風洞試驗，結果顯示生物土壤結皮可以抵擋每小時一百六十公里的風速。」

然而，生物土壤結皮一旦遭到破壞，便成為沙塵的來源，引發威力強大的沙塵暴，而且，沙塵可以傳播相當遠的距離。生物學家追蹤發現，非洲的沙塵暴可一路擴展到位於南美洲的亞馬遜地區；中國的沙塵暴可一路往大西洋移動，前進至美國。

氣候變遷會對美國西南部造成什麼影響？倘若模型預測正確，美國西南部的沙漠氣候會變得更溫暖、更乾燥。空氣中少了濕氣，生物土壤結皮無法形成，沙塵暴將會變得更頻繁。藍綠藻、苔蘚和地衣是形成生物土壤結皮的關鍵要素；雖然民眾不太懂得感激生物土壤結皮貢獻的生態系服務，但生物土壤結皮之於居民的重要性並不亞於博弈事業。

除了生物土壤結皮，科羅拉多河提供的水源也是拉斯維加斯這座城市得以興盛的重要因素。如同紐約市的集水區，科羅拉多河發源自上游開發程度較低的森林區。科羅拉多河始於洛磯山脈中部的積雪場，向南行進兩千三百三十公里，注入一片廣闊、乾燥，範圍涵蓋美國七州和墨西哥兩州的地區。

科羅拉多河是美國西南各州，以及墨西哥西北地區仰賴的重要河流。在歐洲殖民者來臨之前，科羅拉多河進入墨西哥後先是形成一片大型的三角洲，接著才注入加利福尼亞灣。然而，過去半個世紀以來，上游水源的大量消耗導致最後幾百公里的河道水量減少，除非遇上有豐富逕流的年分，否則水量已經不足以讓科羅拉多河注入海灣。雖然科羅拉多河是美國第七長的河流，但是它的水量極低。更糟糕的是，過去二十年，這條水量緊張的河流沿岸人口成長數量居全美之最。

科羅拉多河的近景黯淡就罷了，長期的遠景更是無光。科羅拉多河有八成五至九成的水量主要源自於科羅拉多州與懷俄明州境內洛磯山脈的融雪。內華達州及美西其他各州，如加州和亞利桑那州，本就因為州內融雪減少，供水緊張，轉而向科羅拉多河尋求供水支援。氣候變遷將導致美國西南部降雨減少，洛磯山脈積雪量下降。氣候變暖導致提早融雪，意味著冬季和春季的供水或許足夠，然而到了夏秋兩季河流將乾枯見底。

拉斯維加斯和科羅拉多河之間的供水問題，因為鳳凰城和洛杉磯等其他沙漠城市的加入更顯嚴重。當初，美國興建胡佛水壩的主要原因之一，就是要讓洛杉磯和加州南部其他供水永遠不夠的城市，能更向科羅拉多河分一杯羹。

卡瑞研究所的水生生態學家艾瑪．羅希—馬歇爾（Emma Rosi-Marshall），以科羅拉多河中的原生魚種為研究對象。拉斯維加斯附近的胡佛水壩，以及位於猶他州鮑威爾湖（Lake Powell）下游的格蘭峽谷水壩（Glen Canyon Dam）對科羅拉多河中的生物和魚類有重大影響，這兩座水壩改變了生態系的自然面貌，淹沒了這些生物原本的棲地，也改變了水域的溫度。

一九六三年，位於亞利桑那州北方的格蘭峽谷水壩興建完成，是美國史上最大型的水壩之一。為了提供發電所需的壓力，格蘭峽谷水壩抽取鮑威爾湖深處的冰冷湖水，導致一年之中從水壩流出的水，水溫多數時候比自然狀況低。這樣的水溫變化對水生物種產生巨大影響，導致蠕蟲、螺類和許多水生原生物種消失，原生於湖中的魚類因此缺乏重要的食物來源，導致大峽谷生態系（Grand Canyon ecosystem）的魚類也因此少了一半。

羅希—馬歇爾研究模樣古怪又饒富魅力的隆背骨尾魚（humpback chub），牠是科羅拉多河的原生魚種之一，也是原生水生環境中的重要成員，在全美各地都已陷入瀕臨絕種的危機當中。水壩建造之前，科羅拉多州境內洛磯山脈的春季融雪造成科羅拉多河的水位漫過河岸，在周遭形成濕地及河灘，隆背骨尾魚因此受惠。受到來自環保團體的壓力，如今州立水利機構會在一年中的不同時間點讓水壩洩洪，試圖仿效自然界的逕流，然而這個策略是否有益於水生生物，目前仍在評估當中。格蘭峽谷水壩和胡佛水壩對於河流生態系造成的改變，恐怕已經超過調節水壩洩洪量來仿效河水自然流動所能彌補的程度。

水量迅速減少是科羅拉多河和周遭自然環境未來將面臨的最大問題。依賴科羅拉多河維生的動植物，包括人類在內，幾乎都受到影響。米德湖的水量大概只剩下四成。目前，拉斯維加斯有兩條主要的抽水管，負責抽取米德湖的湖水，但仍不夠支應這座城市所需的水量。科羅拉多河位於米德湖之下的河段正在逐漸乾涸，加州南部的農業發展是科羅拉多河主要的用水大戶，內華達大學拉斯維加斯分校的生態學家史密斯想要知道，這些農場到底有多重要，而它們的生產力又是如何。倘若放棄在地農業，你必須移動更遠的距離才能獲取食物，食物運送過程中免不了增加二氧化碳的排放量，導致洛磯山脈的冰帽減少，美國西南沙漠地區的降雨量減少，造成科羅拉多河的水位更低。就像在附近賭場雙骰桌上的情況一樣：到頭來還是輸。

拉斯維加斯山谷，包含拉斯維加斯市在內，人口將近兩百萬，占了內華達州總人口的三分之二。內華達州北部農場有一百四十五座巨大水井，散布範圍達該州二成面積，水利工程師建議汲水這些地下水，再以總長一千六百公里的管線運輸。這樣的情形早在一百年前左右就發生過，當時的洛杉磯希望從北方約五百公里處，位於內華達山脈東側的歐文斯谷（Owens Valley）引水。洛杉磯政府向歐文斯谷的牧場經營者購買水權，這些牧場經營者誤以為賣出水權多少可以換來洛杉磯政府幫他們興建水庫，沒想到洛杉磯政府拉了一條水管，把所有的水送往南方。

歐文斯山谷的水源逐漸乾涸，農人和牧場經營者轉往其他地方謀生。這項為了洛杉磯居民用水所進行的北水南調工程，導致歐文斯湖在一九二〇年完全乾枯，沙塵也開始隨風飛揚。到了一九九〇年代，歐文斯乾涸後的乾荒盆地成為北美洲大氣中PM10懸浮微粒的最大來源，這種微粒小到足以進入人類肺部。法院強迫洛杉磯政府必須將一些水釋回湖中，生態學家也持續要求水源和土地利用的方式必須有所改變。加州大學洛杉磯分校的地理學教授葛瑞格·歐金（Greg Okin）表示：「氣候變遷預測模型指出，美國西南部會變得更溫暖乾燥，到了二〇五〇年，這裡的土壤含水量會比黑色風暴（Dust Bowl）期間更低。」

一九三〇年代，位於美國中西部的大平原區發生黑色風暴事件。大平原區曾有一段水分異常豐沛的期間，因而吸引民眾來此定居，降雨更是許多人決定在這片草地上耕犁的誘因。然而，這些作為破壞了可以在乾旱、強風發生時，負責固著土壤、涵養水分的草原，於是一九三〇年代的乾旱來襲時，能夠固著表土的草原所剩無幾。一九三〇年，一場為時良久的嚴重乾旱造成作物歉收，耕地暴露在風蝕作用之中，細微的土壤顆粒隨風飄向東方。

塵暴開始襲擊，帶來毀滅性的後果。一九三四年五月，兩場沙塵暴攜著大平原上的大量表土，一路向東行進，在芝加哥市落下重達約五百五十噸的沙塵。兩天後，沙塵暴抵達東岸，同樣在波士頓、紐約市和華盛頓特區傾洩大量沙塵，有些地方的能見度甚至只剩下一公尺，這是美國有史以來最嚴重的一場乾旱。

拉斯維加斯是人類打造出來的非凡奇蹟，所有令人咋舌、充滿未來感的基礎建設幾乎都是過去一百年間出現的。一九〇〇年，拉斯維加斯谷裡大概只住了三十個人，如今人口已達兩百萬，如果發展至此只需要一百年的時間，那麼，距離水源供應不足、沙漠生物土壤結皮消失、沙塵暴開始興起、觀光客敗興而歸，又還有多久？一百年？兩百年？還是三百年？

想要一窺拉斯維加斯充塞著沙塵的乾旱未來，只要到美國邊界以南約八十公里處，科羅拉多河的盡頭瞧瞧就知道。那兒的河床上只剩一灘又淺又窄，由含有鹽分和殺蟲劑的農業灌溉逕流匯集而成的沼澤。

美國的生態學家、森林學家、環保人士，奧爾多·李奧帕德（Aldo Leopold），同時也是《沙郡年紀》（*A Sand County Almanac*，一九四九年出版）一書的作者，曾形容科羅拉多三角洲是一處「豐盛富饒的荒野，白鷺聚集的盛況有如一場暴風雪，美洲豹悠閒漫步，野瓜四處蔓生。」然而如今，美洲原住民可可帕人（Cucapá Indians）只能在滿是雜草、垃圾和偶有汙水淤積成沼澤的河口勉力維生。

或者，從距離拉斯維加斯北方約兩百公里，位於加州南部的沙爾頓湖（Salton Sea），可以預見這座城市未來的樣貌。一九〇五年，科羅拉多河的河水暫時性的湧入沙爾頓湖。有一段時間，來自農場的逕流雖汙染了湖水，但也有助沙爾頓湖維持水位。雖然位居加州第一大湖，沙爾頓湖的水位卻敬陪末座，而且湖水比太平洋還鹹。

一九五〇年代，沙爾頓湖曾是度假勝地，西岸有沙爾頓市、沙爾頓海岸、沙漠海岸等度假村；東岸的有沙漠海岸、北海岸和孟買海岸度假村也開始動工，榮景似乎指日可待。然而因為地處偏遠，缺乏就業機會，所以一直發展不起來。汙水無法排出導致湖水汙染程度日益嚴重。到了一九七〇年代，湖岸附近多數建築物已成了廢墟。紀錄片影集《人類消失後的世界》（*Life After People*）其中一集〈假日地獄〉（Holiday Hell），就是以沙爾頓湖為例，指出若少了人類的勉力維持，棕櫚泉或拉斯維加斯等度假勝地將如何衰敗。

在冬季飛抵沙爾頓湖南岸的候鳥，依然吸引賞鳥人前來，不過這是因為帝王谷（Imperial Valley）一帶除了沙爾頓海，所有的沼澤地都已被農業占據，鳥兒無處可去。

沙爾頓海東岸曾有一處遊艇俱樂部，如今那裡多得是老舊廢棄的拖船架和各種攝影師喜愛造訪的廢墟，他們或許是為了緬懷過去，又或者是因為能在老舊殘敗的光景中發現藝術的存在。

有朝一日，拉斯維加斯也可能落得這等下場。如果土壤中的水分含量低於黑色風暴時期，生物土壤結皮將會崩解，沙塵可能因此隨風遠颺。倘若水源耗竭，過不了多久，這座城市裡的高爾夫球場、噴泉和游泳池將再也無法展現魅力。如果沙漠氣候變得更溫暖、更乾燥，過去五十年來，人口移入、建設蓬勃的榮景可能就要落幕。

未來的藝術家，或許會來到這曾經極其繁榮的罪惡之城，在鏽跡斑斑的建築物裡大肆狂歡；到附近的垃圾場尋找吃角子老虎機的沒落身影，為某些博物館蒐集霓虹燈管。或者，他們會翻閱陳年的舊書和雜誌，蒐羅那些述說罪惡之城如何屈服於乾旱、沙塵暴和天價電費的故事，以及緬懷最後一盞霓虹燈熄滅的慘澹光景。

人類的好運可以持續多久？全看大自然賞不賞臉。

第九章　漫長的復原

現在我們已經知道，人類並無法自覺我們對地球造成的各種傷害。如果，我們繼續各種毀滅地球的行徑，如人口過剩、疾病、氣候變遷、濫伐森林、破壞土壤、消耗各種自然資源，其中終有一項會導致人類滅絕，或者，各種因素加總的結果致使人類走上末路。人類終會滅亡，這是物種興衰的自然過程，只不過，這個過程通常沒這麼快。目前，人類已在地球上存在了二十萬年，對物種的壽命而言，這段時間並不長。拜訪史密斯古脊椎動物館館長蘇斯時，他說道：「平均而言，哺乳類物種的存活時間可能有一百萬年，貝類可能有一千萬年。」當我告訴他加州大學柏克萊分校的巴諾斯基教授認為，未來三百年內可能就會出現大滅絕事件，史丹佛大學的傑克森教授也認為未來幾百年是關鍵時期時，蘇斯靠向椅背，臉上掛著堅定的笑容說道：「沒有什麼事物是永恆的。」

就現實面而言，物種滅絕的過程很簡單——物種的死亡率超過出生率。如果人口過剩、疾病叢生和各種前面提到的情況繼續以這樣的速率發展下去，未來五百年、五千年或是五萬年，人類將迎來滅絕命運。如果發生核子戰爭、小行星撞擊地球（觀察地球的地質歷史就知道這種事情經常發生），或者超級火山噴發（二疊紀和白堊紀滅絕事件的主因）之類的狀況，更會加速人類滅亡。這些事件只要發生其一，就能導致人類滅亡，不過各種狀況的交相衝擊會讓人類消失得更徹底。

人類的問題在於：當我們檢視自己發展出來的先進文化，以為從中看到了不屈不撓的力量，但那其實只是幻覺罷了。人類跟病毒沒兩樣，再怎麼發展也有結束的時候。在我造訪加州大學聖塔克魯茲分校龍恩海洋實驗室（Long Marine Lab）期間，生物學家吉姆．埃斯特斯（Jim Estes）告訴我：「從來沒有任何事物永恆不滅，實在沒道理認為人類是個例外。」

如果，人類從地球上消失？如果那些我們曾經出沒的地方，再也沒有人類的蹤影，大自然會受到什麼影響？智人的滅絕就像一名士兵大喊「停火」，而飛越他頭上那颼颼作響的子彈也停了下來。大自然會暫時得到喘息，最後恢復平靜，不過要從人類二十萬年來的肆意破壞中復原，的確需要一點時間。

二疊紀大滅絕過後，地球大概花了一千萬年才恢復過來；白堊紀大滅絕過後，昆蟲用了九百萬年的時間回復生機。面對其他滅絕事件，地球則恢復得較快。我們目前面臨的狀況，將如何演變成一場大滅絕？從地球過去的災難史中可以看出答案。

一九八〇年五月十八日早晨，大自然同時展現了毀滅和復原的力量。當岩漿從火山口內部向外噴發，華盛頓州聖海倫火山（Mount St. Helens）的北面山丘完全塌陷，奪走五十七條人命，其中包括了聖海倫火山度假小屋的老闆兼管理人包括亨利．杜魯門（Harry Randall Truman）。度假小屋就坐落在山腳下的靈湖（Spirit Lake）附近，儘管接獲許多事前警告，杜魯門仍頑固地堅守家園不肯撤離。

在一處所謂的「樹倒區」，岩漿連根拔起了大多數的樹木，並向北蔓延超過三百七十平方公里。樹木就像連排倒下的士兵，樹冠一致地倒向岩漿流動的方向。高溫的熔岩和蒸氣以兩百公里的時速從火山口向外噴出，燒焦樹倒區邊緣的樹木，溫度達攝氏六百五十度的岩漿炙燒大地，地面上堆疊高達四十公尺的浮石（pumice），綿延將近十公里。

火山噴發影響的範圍內，大部分都是私人土地或森林遊樂區，因此想要樹木在五年內恢復生長，勢必要進行大規模的整理伐採的作業。但聖海倫火山保護區（Mount St. Helens Volcanic Monument）的情況並非如此。美國國會在一九八二年通過成立面積近四萬五千公頃的聖海倫火山保護區，希望讓經歷過火山噴發的森林能夠自然回復。研究人員表示，聖海倫火山是當今世上受到最多研究的一座火山。我在火山噴發事件過後十年，造訪了這個保護區，大部分時間都在追逐幾群麋鹿的行蹤，想要知道牠們究竟如何回歸這裡。火山噴發過後，經過火勢清理一番的大地出現許多讓青草和矮小植物得以進駐的空間。保護區外那些沒有被火山灰掩埋的麋鹿，則循著食物移動至此。

最近，保護區剛結束成立三十週年的慶祝活動，保護區內的生物學家和地質學家也正在記錄大自然的復原活動。一九八〇年五月十八日早上八點三十二分過後，這裡的野生生物確實蕭條了一陣子，這樣的沉靜卻也加速了大自然復原的速度。那年，山上的春天來得晚，積雪保護著下方的灌叢、森林幼苗和動物；結凍的湖泊之下，有許多魚類和兩棲動物存活著。火山噴發時正值春季，候鳥和鮭魚尚未回歸；而火山噴發的當下，夜行性動物早已安睡，有些正在地道裡睡得香甜，牠們可比那些黎明即起的動物幸運得多。

火山噴發過後沒幾年，植物率先回歸。遭火山灰掩埋，或隨著動物再度踏上這片焦土而散播至此的植物種子冒出芽來。風也扮演了重要角色，吹來了蜘蛛、昆蟲和種子。兩年之內，開著紫色或藍色花朵，柔軟綠葉散發銀色光澤的羽扇豆（prairie lupine）昂立在浮石之中。植物可以固定空氣中的氮，替其他植物打造微型的棲地。

新生的草原和植物為鳥類、小型動物和大型草食動物提供了食物來源。火山噴發後十年，這裡最常見的大型動物包括麋鹿、黑尾鹿、山羊、黑熊和山獅，其中又以麋鹿和其他種類的鹿最為普遍。火山噴發當下，體形太大無法閃躲或來不及藏匿至地下洞穴的動物逃不過殘忍的死劫。然而，火山噴發所打造出來的空曠棲地和新生的植物，卻引來了原本生存在保護區之外的動物。

拓殖到這裡的植物展開了興衰週期。最先出現的物種面對毫無競爭的環境，青綠鮮草成為最初的植物界主宰。青草蓬勃生長，然而一旦捕食者、寄生動物和競爭回歸到環境中，物種之間也經常為了生存而發生衝突。漸漸地，愈來愈多物種在這裡立足，生物多樣性也開始回復，隨著物種建立了穩定的群落，放慢演替消長的速度，整個生態環境也開始穩定。

聖海倫火山噴發後的三十年，我再度造訪這片保護區。在當初受到積雪或岩石保護的區域，植物已發展成森林，而許多森林地帶的物種結構組成也已發生變化。像美國西部鐵杉（mountain hemlock）等比較耐陰的下層植物，在火山噴發過後，已經取代樹型高大的花旗松（Douglas fir），成為森林的主要樹種。火山噴發當天，自天空緩緩飄落的火山灰在地面上積累，甚至在幾年後仍能導致太平洋銀杉（Pacific silver fir）死亡。

然而，在聖海倫火山所屬的喀斯開山脈（Cascade Range）之中，曾為優勢樹種的針葉樹尚未從災難中復原。針葉樹對乾旱極為敏感，又需要土壤中的特定真菌幫助其生長。大火或火山噴發事件過後，森林生長的演替就是一連串的植被改變，灌木或較不穩定的樹木先出現，最後出現較穩定，較具有優勢的樹種，也就是所謂的極相（climax）樹種。再過幾十年，會結毬果的針葉樹，如花旗松、加州鐵杉（western hemlock）、小幹松類（lodgepole pine）和太平洋銀杉將會繼之成為優勢樹種，但要等到真正的老生林（old growth forest）出現，還要幾百年的時間。

一八八三年八月二十七日，介於蘇門答臘和爪哇之間的印尼克刺卡多島（Krakatoa）火山噴發事件，是另一起說明大自然喜歡毀滅復原這般循環的例子。這起火山噴發事件常被指稱為現代世界第一起嚴重的自然災害。當時，海洋中才剛布設電報線，這起事件立刻成為以電流速度傳送的國際性新聞。

火山噴發前火山灰、浮石翻攪，爆炸聲響不絕於耳的時間長達兩個月。附近島嶼的居民以近乎慶祝的態度面對這些自然現象。沒有人料想得到接下來竟會發生這起現代最大型的火山噴發事件。

八月二十六日午時起，一連串毀滅性的噴發事件持續至隔天，最終迎來這場近代最大型的自然災難。二十七日，克刺卡多島北部三分之二的陸地陷入海平面之下，巨大的噴發事件仍持續不斷，引發襲擊周圍島嶼的海嘯，巨浪將船隻高高捧起，將村落橫掃入海，死亡人數超過三萬六千人。

有如「海軍砲火」般的巨大爆炸聲響，讓遠在四千七百七十公里外，羅德里格斯島（Rodriguez Island）上的警察局長都能聽見火山噴發，相當於發生在美國巴爾的摩的爆炸聲傳到倫敦。噴出的火山灰和浮石高度將近四十八公里，大量浮石落在周遭海域。有些島嶼附近的浮石較晚才被人發現，這些在海面上的浮石積載著骨骸。火山噴發過後一年，克剌卡多島上寸草不生，然而不到一個世紀的時間，島上自海平面到海拔八百公尺的最高峰之間，已經覆滿濃密的熱帶雨林，這是多麼令人振奮的故事。如今，這裡的植物種類超過四百種，還有蜘蛛、甲殼動物及昆蟲（包括四十四種蝴蝶）等數千種節肢動物，超過三十種的鳥類、十八種陸生軟體動物、十七種蝙蝠、九種爬蟲動物，許多動物甚至要橫越四十四公里的海域才能抵達這座島嶼。火山噴發前，這座島嶼上沒有任何物種統計的相關資料，不過現在這裡的動物數量已經趕上鄰近地區。

澳洲拉籌伯大學（La Trobe University）的榮譽教授伊恩・索頓（Ian Thornton）發表過許多和火山有關的期刊論文，他指出，克剌卡多島給我們上了一堂「樂觀的課：只要給它時間，不要干涉，熱帶雨林生態系有能力從極端創傷中回復。」

不管是聖海倫火山或是克剌卡多火山，兩者的後果和二疊紀大滅絕都無法相提並論。但我們可以在其中發現相同的準則。

二疊紀大滅絕過後，大地一片貧瘠。形成西伯利亞玄武岩涵蓋了相當於美國本土的面積。所有陸塊聚集形成的盤古大陸，阻撓了洋流循環，導致深海生物開始缺氧。靜水開始取代流動的洋流，釋出致命的二氧化硫。海洋酸度逐漸提高，貝類和珊瑚無法長出堅硬的外殼。和聖海倫及克剌卡多火山噴發事件不一樣的是，二疊紀大滅絕並非起源於單一火山爆發事件，而是一系列為時數千年的噴發事件所累積的結果。

地球並不會馬上復原。三疊紀初期的岩層是出了名的缺少化石，所以研究人員才說，很難說服研究生研究這個時期的岩層。厄文在他的著作《滅絕》中將三疊紀初期比擬為《被縛的普羅米修斯》（*Prometheus Bound*）劇中，埃斯庫羅斯筆下（Aeschylus，古希臘劇作家）賽庫提人被劫掠一空的窖藏：「我們已經來到世界的盡頭，賽庫提是一片杳無人跡的荒涼國土。」

聖海倫火山和克剌卡多島的復原，源自逃過死劫的動物和從附近移入的動物：鳥類、魚類、小型哺乳類和爬蟲類。在聖海倫火山，麋鹿、鹿、郊狼和山獅等大型動物則是稍後才出現。在這樣的生物真空狀態下，演化就像對待第一批飛抵加拉巴哥群島的雀鳥一樣，讓新物種擴散、增殖，藉此造就生機。

二疊紀大滅絕的毀滅規模更大，地球復原的過程更長。史密森尼研究院的古生物學家厄文把二疊紀大滅絕過後的地球比喻為一方空空如也的西洋棋盤，每一個格子代表獨特的生態棲位。滅絕過後的空曠環境，為各種生命形態提供不同的機會，物種快速種化，個體也大幅拓展領域，這遠比聖海倫火山或克剌卡多島的狀況更複雜，畢竟這兩起火山噴發事件並沒有造成新物種出現，而二疊紀大滅絕之後，地球上的物種結構有了大規模的變化，復原時間長達一千萬年，而不是一百年。

二疊紀大滅絕對地球造成的傷害，不僅僅是失去動物物種而已。許多支配生態關係的規則都已不復存在，根據厄文的說法，這就像棋盤完全崩壞，棋局只能重新開始，成了一場「半西洋棋，半雙陸棋，並沿用一些撲克牌規則的遊戲。」二疊紀期間，地球上大部分螺類或蛞蝓在水裡或泥濘中尋覓有機碎屑為食，有些甚至是以藻類為食的刮食者，以捕食者角色存在的動物只有十種。然而，二疊紀滅絕事件過後，一切都變了，蛞蝓和螺類成了凶猛的捕食者，有些種類為了捕捉獵物，甚至發展出高毒性的毒液。

全新物種

三疊紀開始的前三百萬年，地球就像一座鬼城。少數存活下來得以繁衍的物種零星分布，那時牠們在地球上已經存在幾百萬年，接下來的幾百萬年，地球上可能也只有牠們。大滅絕來臨前，地球上的優勢物種多屬被動族群，然而大滅絕過後，能夠主動出擊的動物族群接管地球。環境已經發生變化，坐等食物上門不如出門打獵。史密森尼研究院的古生物學家蘇斯認為，此時的地球已經開始進入復原期。相較於海洋，陸地上失去的物種數量較少，逃過一劫的動植物從藏身的安全天堂重新探出頭來，熱帶地區可能就是這樣的天堂。

在這些在大滅絕時期充當生物避難所的地方之中，最極端的例子就在智利北方的弗賴霍爾赫國家公園（Fray Jorge National Park）裡。驅車前往此處的路上，沿途只見無垠的沙漠，這裡的年均雨量不到一百五十毫米，相較於蒼翠繁茂的亞馬遜，沙漠灌叢組成的景觀顯示美洲西南部簡直是一片惡地。然而，在鄰近太平洋的海岸山脈上，海拔四百六十至六百公尺處，竟有一片生機蓬勃、占地達十二公頃的雨林。三十公尺的樹木昂然聳立，還有蕨類、苔蘚和蘭花科植物妝點樹冠。下車之後，走上乾燥的沙漠小徑，發現周遭景觀從沙漠灌叢變成森林，而且步入森林之後還突然下起雨來，這真是最大的驚喜。

然而，這雨水並非來自空中的雲朵，而是瀰漫樹冠層的霧氣凝結所致。樹木捕捉空氣中水分的效率極佳，樹木生長所需的水分有四分之三取自霧氣。弗賴霍爾赫國家公園的霧氣還提供了養分。卡瑞生態研究所的生物地球化學家凱瑟琳·威瑟斯（Kathleen C. Weathers）和同事發現這些霧氣源自於地球上最豐饒的近岸海域，挾帶著生物生存不可或缺的氮和其他化學物質在空中飄蕩，像這樣奇特的地方，很可能在二疊紀大滅絕期間成為生物的避難天堂。

三疊紀早期，盤古大陸內陸多數地區是炎熱且乾燥的沙漠。當時，組成盤古大陸的板塊正在互相結合，然而當盤古大陸正式形成之時，板塊之間又開始分裂。到了三疊紀末期，北美洲板塊已經遠離歐洲和非洲，地殼下陷處形成大西洋，至於板塊南端仍保有熱帶森林，例如智利的迷霧森林就是生物的避難天堂。

物種以前所未見的速度開始發展。被稱為投機主義者的雜草物種，是率先在三疊紀早期的地球、聖海倫火山以及克剌卡多島立足的物種。厄文在《滅絕》一書中提到「這樣的生態形同春天的草地上蒲公英恣意綻放。」所謂的雜草物種未必是植物，而是指像雜草一樣率先進駐空曠領域，並且在其中增殖繁衍的生物。猶他州南部的沼澤松林（piñon pine forests）生長所賴的土壤中含有三疊紀早期雜草物種——克氏蛤（*Claraia*）留下的鈣化遺骸。三疊紀時，美國西部多數地區為一片汪洋，如今，克氏蛤和無數曾在這裡興盛繁衍的軟體動物所留下的遺骸，已然成為道路基石。

在其他地區，蕨類是主要的外來雜草（colonist）。它們形成有如莽原或草原的環境。最先在三疊紀出現的大型樹種可能是針葉樹，亞利桑那州化石森林公家公園中的石化樹多數都是針葉樹。針葉樹、樹蕨，以及和針葉樹有親緣關係的銀杏，組成了當時地面上的植物景觀。如今，銀杏屬之下只剩下一種銀杏，學名為*Ginkgo biloba*，是中國人使用了幾百年的中藥材。銀杏葉形如扇，日本人有時稱之為「*I-cho*」，意指「長著鴨掌狀葉子的樹木」。

毫無植被的荒蕪土地逐漸消失。爭奪生長空間引發的競爭，導致植物開始向低處移動，形成沼澤，煤炭因此重新出現在地球上。然而，一直要到三疊紀末期，地球才再度恢復綠意。

二疊紀大滅絕過後，動植物經歷了相似的演替過程。某個春日，蘇斯領著我進入史密森尼研究院的密室，讓我見識一些重要的動物化石。二疊紀大滅絕過後，地球環境徹底改變，這些動物在其中興盛繁衍。密室裡的金屬架上堆滿了許多盒子，蘇斯帶著微笑，走向其中一個盒子，拿出存放在其中的動物頭骨。「這是水龍獸，」蘇斯這麼說時，彷彿在跟一位老友打招呼「雖然其貌不揚，但牠們是三疊紀早期地球上最重要的動物成員。」這副頭骨呈現圓形，鼻腔形狀像哈巴狗的鼻子，還有供獠牙生長的骨窩。要找牠來當啤酒或牙膏的代言人恐怕不適合。

動物重新回歸大地的時間跟植物差不多。三疊紀早期，地球上動物種類相當少，但這些動物遍布全球。二疊紀大滅絕過後，岩層中就屬水龍獸的化石數量最多。水龍獸和早期的哺乳動物有親緣關係，光滑的皮膚有如河馬，帶角的嘴喙可能覆蓋住上頜及下頜。有些水龍獸的近親物種體重將近一千公斤，但牠們依然能散布至世界各地。三疊紀早期，水龍獸是南美洲、印度、南極、中國和俄羅斯最主要的脊椎動物。

三疊紀早期，地球上的捕食者很少。畢竟多數動物不復存在的狀況下，捕食者根本沒有足夠的食物。唯一真正主動攝食的，只有受到動物屍體吸引而來的真菌。這時，蘇斯拉出另一盒化石，裡面是麗齒獸（gorgonopsid）的頭骨，這種窮凶惡極的捕食者嘴裡有巨大的犬齒。麗齒獸是二疊紀末期的主要捕食者，但越過二疊紀——三疊紀界線之後，就再也沒有牠們的化石蹤跡。

滅絕事件的強勁力道，加上地球含氧量減少、氣候暖化，以及其他種種危機，在二疊紀滅絕事件過後的五、六百萬年間，持續對生物造成致命打擊，推遲了地球本該在三疊紀早期出現的復原時程。即便二疊紀滅絕事件已經過了一千萬年，地球上仍然生機黯淡。河流的水系形式說明災難過後地表上嚴重缺乏植被，這對草食動物來說是一大隱憂。全球暖化、酸雨、海洋酸化和海洋缺氧的狀態仍持續好一段時間，可想而知溫室氣體也不會缺席，而且，溫室氣體短期內不會消失。當時地球上確實有生命存在，但生命之光非常幽微，直到兩億四千萬至兩億三千萬年前，事情才開始有了變化。

那時，地球上開始出現恐龍以及隸屬鱷形超目（crocodylomorpha）的動物。海洋中，螃蟹和龍蝦的祖先，以及最初的海洋爬蟲類動物構成了最初的海洋生態系。不過，當時鱷形超目的動物是陸生動物，不像鱷魚、短吻鱷、凱門鱷、恆河鱷等後代是半水生動物，鱷形超目是當時世上最強大的捕食者，是陸地上的主宰，也是地球上最凶猛的捕食者。

蘇斯和尼可拉斯．弗拉澤（Nicholas C. Fraser）的著作《三疊紀的陸地生物：巨大轉變》（*Triassic Life on Land: The Great Transition*），曾有一幅能讓讀者想像三疊紀末期的鱷形超目動物到底有多凶猛的畫面。場景在北美洲西部，一隻身形如柴油貨車的巨大植蜥（phytosaur），拖著粗長的尾巴，張著鱷魚般的大口，站在淺水處。牠的身旁圍繞著五隻有著修長細腿，模樣像狗，但同樣長著一張鱷魚臉的動物。光看插圖，植蜥的樣子就已經夠嚇人，但牠身旁那些隸屬鱷形超目的動物已經團團圍住植蜥，絲毫無懼植蜥的龐大體形。

這些動物多數是旱地動物，體形和頷部的肌肉線條讓牠們和其他動物有所區別。三疊紀期間，鱷形超目的成員在陸地上四處分布，從體形纖細，四肢細長，模樣如狼的動物，演化成凶猛的龐然大物，成為食物網中的頂級捕食者。

兩億年前左右，三疊紀進入尾聲，大西洋中部的火山活動變得更加頻繁，提升了大氣中二氧化碳的含量，造就一些與二疊紀相似的情況，許多和鱷魚有親緣關係的大型動物在劫難逃，鱷形超目的動物於是把優勢寶座拱手讓給了恐龍。少了競爭對手的恐龍開始拓展勢力範圍，演化出各式各樣不同的種類，就此接管地球。

不過，鱷形超目的動物並非完全失去了凶猛的特質。芝加哥大學的古生物學家保羅．賽雷諾（Paul Sereno）發現，一億年後，在古撒哈拉的濕地中，仍有一群鱷形超目的動物和恐龍共存，牠們還是一樣凶猛。

帝鱷（*Sarcosuchus imperator*），又稱超級鱷魚（SuperCroc），體長約十二公尺，體重八噸。而賽雷諾稱之為「豬鱷」（BoarCroc）的動物，體長六公尺，口中有三排毒牙，號稱「恐龍切片機」，相較於現今鱷魚那粗壯笨重且貼地的四肢，豬鱷的四肢細顯得細長而靈活。現今的鱷魚捕食時，會水邊靜靜等待，一旦時機成熟便躍出水面咬住獵物，而豬鱷還可以奔上河岸，追著恐龍跑。

二疊紀大滅絕之後的五千萬年間，模樣如鱷魚的動物是地球上主要的捕食者。隨著草食動物發展出更強大的防禦方式，新出現的捕食者也得發展出更新穎的攻擊策略。鱷形超目的動物確實統治地球一段時間，但後來恐龍出現了，過去六億年來，恐龍大概是地球上最成功的生物。在恐龍主宰地球的期間，哺乳類動物躲藏在灌叢中，等待接管地球的時機到來。

以上我提到的一連串動物，證明了兩件事：最強壯的動物一樣有弱點；以及，生物或物種的特色也許會改變，但生命仍生生不息。

大滅絕或許對某些包括人類在內的物種造成重大影響，但生命不會因此止息。生命自會在植物、動物、鳥類、爬蟲類、魚類、真菌和細菌身上找到存在的方式，而且終會適應人類、天擇或整個宇宙條件給予的生存條件。過去三十億年來，事實證明演化未曾停歇。就算在戰場上，大自然也有辦法存活。只要給它時間，大自然終會找到存續的方式。

涼爽的冬日午後，橘郡山獅合作研究中心（Orange County Cooperative Mountain Lion Study）的研究員戴夫・裘特（Dave Choate）和我站在加州聖安娜山脈（Santa Ana Mountain）一座高丘丘頂，聽著追蹤裝置發出的嗶嗶聲，表示他研究的山獅就在附近。周遭是彭德頓營海軍陸戰隊基地

（Camp Pendleton Marine Corps base），每年有十七萬五千名人員在此受訓。頭頂上，一列噴射戰鬥機中隊正接近轟炸範圍，耳裡不時傳來迫擊炮、機槍和火箭爆炸的聲響。

儘管環境如此嘈雜，幅員遼闊、大小相當於羅德島州的彭德頓營，有百分之七十五的面積是野生動物保護區。軍事基地需要遼闊的空間以利訓練服役人員，畢竟火砲和飛彈武器除了投擲區以外，還需要有緩衝區。此時若能從空中俯瞰，必會看見一片被軍事活動炸得坑坑巴巴的區域，也會看見基地周圍由平民住宅、購物中心組成一片有如棋盤的景觀。

山獅、山貓、郊狼和獾在這片空中有鷹隼盤旋的區域獵捕鹿、兔子和齧齒類動物，此外，這裡還有許多野鴨和海鳥，基地甚至還有一群水牛。由於軍事基地有嚴謹的巡邏制度，所以盜獵情況非常少見，況且違法軍法者會受到更嚴厲的處罰。一位美國空軍上校曾說過：「你一旦違反規定，會發現我們就像嚴厲的特種部隊。」沿著五號州際公路，也就是海岸公路往南開，通過彭德頓營，離開都市蔓延區（urban sprawl）之後，眼前只見被金色草叢包圍的遼闊山脈，綿延的沙質海灘上點綴著海岸灌叢。高大的橡樹枝條落滿一地，因為缺乏食草動物，許多區塊長滿了香草植物和野花。如果沒有軍事基地駐紮於此，眼前所見恐怕盡是住宅、加油站和小型購物中心。

朝鮮半島非軍事區（The Korean demilitarized zone）則是另一個例子，說明就算處於最糟糕的狀況，大自然也能堅持下去。南北韓經過連年戰爭後，於一九五三年建立非軍事區，這是一條位於北緯三十八度，長兩百三十八公里的界線，將朝鮮半島一分為二，象徵南北韓的停戰邊界，三公尺高的鐵絲網柵欄上端有鐵絲刺網，防止兩邊人員互相攻擊。

一九五三年七月二十七日，九十萬名士兵和兩百萬名平民因戰傷亡，停戰邊界雖阻止了大屠殺繼續發生，卻無法平息衝突，兩韓實際上可說仍處於戰爭狀態。兩支人數多達數十萬的大軍和超過三萬名美國士兵駐紮在南韓，荷槍實彈進行巡邏，坦克車、火砲和彈道飛彈全都處於警備狀態。

然而軍備並無法奪走無人之境之於大自然的價值。五條河流衍生的濕地，鬱鬱蔥蔥的太白山脈（Taebaek Mountains），使這裡成為完美的野生生物保護區。

占地約一千平方公里的朝鮮半島非軍事區中有麝香鹿、黑熊和山貓生存其中。全世界的丹頂鶴（red-crowned crane）族群，有三分之一以朝鮮半島非軍事區為棲地；全球九成的黑面琵鷺族群（black-faced spoonbill）以朝鮮半島為繁殖地；每年約有一千五百隻全球最大型的禿鷲——黑美洲鷲（black vulture）在此越冬。

根據賓州州立大學教授及非軍事區論壇共同創始人金俊渠（Ke Chung Kim音譯）的說法，倘若沒有非軍事區，模樣如山羊的中華斑羚（Amur goral）、西伯利亞麝鹿（Siberian musk deer）和其他生存在朝鮮半島的動物族群將會毀滅，非軍事區論壇主張在非軍事區成立和平公園，當成野生生物保護區。如今，這處可謂世上最大型、軍備最精良的軍事保護區正保護著大自然，世界上其他國家之間的衝突，也造就了像這樣的區域，如伊拉克與科威特之間的聯合國緩衝區、南北越之間的非軍事區，都是說明大自然在無人之境可以有所作為的例子。

真要舉出能夠說明大自然長期生存力的例子，恐怕不能略過烏克蘭車諾比核電廠周遭的禁區。車諾比核電廠的四號反應爐爆炸至今已經超過二十五年，當時，危險的放射性物質擴散範圍之廣，連烏克蘭、白俄羅斯和俄羅斯都受到波及。如今，這座城鎮依然如廢墟一般，附近民眾的罹癌率還是居高不下。然而四號反應爐附近占地達兩千八百五十平方公里的禁區，野生動物的數量和多樣性竟然高得驚人。

麞鹿和野豬在荒廢的村落間漫步；蝙蝠在空屋中飛進飛出；野豬喜歡這些村莊；罕見的山貓、普氏野馬（Przewalski's horse）和鵰鴞（eagle owl）在無人的廢墟中興盛繁衍，就連狼也重新回到這裡。

然而，這裡也不是毫無問題、無須擔心的完美環境。南卡羅來納大學的生物學家，詹姆士・莫里斯（James Morris）在紅色森林（Red Forest，反應爐爆炸後，這裡的松葉全部變成紅色，因而得名）進行研究。他見過姿態奇異、扭曲的樹木，顯然輻射破壞了植物判別上下空間的能力。《動物生態》（*Journal of Animal Ecology*）曾刊載一篇論文，指出車諾比地區的鳥類繁殖率遠低於對照組。另一篇刊載於《公共科學圖書館》（*Public Library of Science, PLOS*）期刊的論文則表示，車諾比地區的本土鳥類腦部大小比平均值低了百分之五，可能會對牠們的生存造成負面影響。在其他地區，家燕（barn swallow）每年的回歸率為約為百分之四十，但在車諾比地區，家燕每年的回歸率為百分之十五，甚至更低。

不過，英國朴次茅斯大學教授，吉姆・史密斯（Jim Smith）近來的研究發現，多數動物族群已經從一開始由輻射造成困境中恢復過來，少了人類的干擾，牠們的生存狀況甚至比之前更好。基輔當地的生態學家相信，隨著時間，輻射造成的影響會慢慢消退，車諾比如何恢復生機才是真正的故事主軸，他們希望未來這裡能成立國家公園。

相似的核能問題，並非只有車諾比一例。二〇一一年三月十一日，日本東北地震引發海嘯，巨浪吞沒了位於東京北方兩百四十公里處的福島第一核電廠，中斷了反應爐冷卻系統的電力，造成史上第二嚴重的核災。直至今日，福島第一核電廠仍未走出核能毒害的陰霾。

針對福島進行的野生動物普查結果發現，鳥類、蝴蝶、蟬的豐度下降；熊蜂、蝗蟲和蜻蜓的豐度不受影響；蜘蛛的豐度還增加了，可能是因為蜘蛛經常獵捕的昆蟲變得虛弱，導致蜘蛛可以輕鬆打獵。最後，昆蟲終會開始下降，小型哺乳動物、爬蟲動物和兩棲動物的數量依然很低。但是，像這樣空曠的禁區不久後仍會吸引牠們回來。科學家相信，經過更多世代之後，昆蟲和動物身上會發生突變。

有些科學家擔心的是那些被沖入海洋的輻射物質。北太平洋中，鮪魚、海龜及許多海洋動物的遷徙路線都會經過日本。目前，福島核災的事故地點仍有較強的輻射早期效應，釋放有放射性的短壽命同位素（short-lived isotope），而在車諾比，一些輻射早期效應已經不復存在。

對於野生生物而言，槍枝、炸彈和放射性廢料並不是最重要的事情，這些遠不比竊據大自然每一寸空間，而且不斷成長的人類族群來得嚴重。沒有人、混凝土和瀝青的地方，植物於是有了生長空間。不過，人類還是用了許多不那麼明顯的方式破壞著野生生物的棲地，看看海洋就知道了。

第十章　深陷麻煩的海洋：海洋的未來

海洋覆蓋地球百分之七十一的面積，蘊含地球百分之九十七的水分。洶湧的海波之下蓄積著巨大能量，偶以風暴和地震的形式釋放出來。海洋是生命的起源之處，翻攪的海域仍提供生物一處可以優雅演化的寶地。只不過，在人類發明船隻航向海洋之前，海洋裡的物種更豐富。

儘管海洋對人類如此重要，我們對海下世界的瞭解並不比火星多。海洋是一處無人之境，只受到國際協議的放任式處置。海洋是地球最後的疆界，是最後一處可以任人類大量獵捕野生動物的地方，卻也是對其極限僅有初步瞭解的地方。

說到海洋，過度捕撈不是唯一令人兩難的困境，我們還要面對海洋汙染日漸惡化的問題。全球海洋開始吸收大氣層中濃度逐漸提高的二氧化碳，導致海洋酸性提升，不利於磷蝦生存，但偏偏許多在南北兩極高緯度海域出沒的鯨魚最愛的食物就是磷蝦。除此之外，生物學家相信，海洋酸性提升會導致鯨魚聽取同類間求偶叫聲的能力下降，這些都會為鯨魚族群帶來毀滅性的影響。

我跟著夏威夷大學希洛分校的副教授亞當．派克（Adam Pack）一同前往位於夏威夷群島外海的大翅鯨（humpback）交配繁殖海域時，親眼目睹了人類對海洋環境的重大影響。我們乘坐的柯霍拉二號（*Kohola II*）剛出了茂伊島（Island of Maui）的拉海納港（Lahaina Harbor）沒幾分鐘，就看見一隻巨大的大翅鯨躍出海面，牠的身軀在空中短暫停留了一會兒，才又落入海中，濺起的水花噴濕了船上所有研究人員。

不過，派克並沒有把注意力放在這隻騰躍海面的巨獸身上，他觀察著遠方一群造成海面騷動的大翅鯨。不久，我們的船隻就來到一群環繞著一隻母鯨的公鯨身旁。

派克穿著防寒衣，抓著攝影機跑到船側。我和幾位學生則在高處觀察動靜。每年，至少有一萬隻大翅鯨會從遠在阿拉斯加和北太平洋邊緣區的冬季攝食場遷徙至夏威夷海域。圍繞著母鯨的公鯨用頭互相撞擊，用胸鰭甩打彼此，爭搶為母鯨護航的重要位置，這樣才能成為母鯨願意交配時的優先選擇對象。

派克和同事們的研究結果顯示，體形愈大的母鯨會偏好和體形較大的公鯨交配。我們眼前這群在危險漩渦中打轉的公鯨，未成年公鯨似乎不到一半。想到牠們為了長途跋涉至此要做出許多犧牲，卻只獲得不成比例的報酬，實在有夠辛苦。未成年的公鯨來到這裡只是觀摩，根本沒有接近母鯨的權利。牠們游了將近一萬公里，從阿拉斯加東南方來到夏威夷，因為沒有進食，體重幾乎減少三分之一，只能說為了觀摩交配行為，牠們付出的學費非常高昂。

生物學家無法確定這些大翅鯨長途跋涉的原因。有可能是因為夏威夷海域比較溫暖，剛出生的幼鯨不需要具備那麼厚的脂肪層就能生存。或者，因為夏威夷海域的捕食者較少，尤其是虎鯨。約翰・克蘭博凱迪斯（John Calambokidis）和位於華盛頓州奧林匹亞的卡斯卡迪亞研究團體（Cascadia Research Collective）合作研究發現，經過他們的調查，有超過四分之一的個體身上有遭受虎鯨攻擊而留下的齒痕。不過，為了爭取交配機會，大翅鯨仍甘願冒險。

除了向母鯨展示自己的體形之外，公鯨還會展示牠們的歌喉，這是大翅鯨繁殖的重要儀式。未成年的公鯨雖然沒有交配權利，但仍會唱歌。一九九〇年代，澳洲海洋哺乳動物研究中心（Australian Marine Mammal Research Centre）的科學家在某一年記錄到兩隻公大翅鯨唱著和其他八十隻公大翅鯨不同的曲目。隔年，哼唱這曲特殊曲目的公鯨變多了，再過一年，所有的公鯨都改唱這首曲目。這兩隻公鯨引領了音樂潮流，形成一種文化。然而海洋酸化除了影響大翅鯨的歌唱曲目，可能也影響了牠們的食物。

大翅鯨是能夠適應環境變化的動物。阿拉斯加鯨魚基金會（Alaska Whale Foundation）的研究人員曾目睹大翅鯨潛到磷蝦群或魚群的下方，在牠們周遭不斷吐出氣泡，讓獵物形成更緊密的群體，再游到牠們上方張大嘴巴，盡量能吃多少就吃多少。

曾經，科學家以為，陸地上那些不斷增加的二氧化碳最合理的去處就是海洋。有些科學家甚至想盡辦法提高海洋的二氧化碳吸收率，卻發現海洋早已吸收夠多的二氧化碳。海洋中的二氧化碳會和水發生反應形成碳酸，導致海洋酸性提升。如今海洋的酸性較以往增加了三成，這是要付出代價的。海洋酸化不利於磷蝦生存，而磷蝦又是許多鯨魚最愛的食物。澳洲南極署（Australian Antarctic Division）的研究顯示，暴露在二氧化碳濃度百萬分率為兩千的高度酸性環境中，磷蝦胚胎多數無法發育，成功孵化的數量為零。和溫度較高的海水相比，溫度較低的海水可以吸收更多二氧化碳。南冰洋中，到了二一〇〇年，二氧化碳的百萬分率可高達一千四百，是現今赤道海域中二氧化碳濃度的三點五倍之多，對海洋生物而言是具有毀滅性的威脅。

蝦、蛤和珊瑚等具有外骨骼的海洋生物，其外殼會因為海洋酸性提升而溶解。磷蝦外骨殼就像一層有保護作用的薄盔甲，讓磷蝦免受環境變化的傷害，然而海洋酸化破壞了這層保護。

此外，海洋酸化也干擾了鯨魚的聽力。加州蒙特里灣水族館的研究人員發現，海洋酸化降低了海洋吸收低頻音的能力，進而放大了來自洋流、動物和人類活動的環境噪音級（ambient noise level），而鯨魚歌聲的頻率和環境噪音相似，這麼一來，想要聽見鯨魚的歌聲就變得更困難。相較於工業時代來臨前，海洋吸收聲音的能力至少減退了百分之十二，到了二〇五〇年，這個數字將躍升至百分之七十。聲音是鯨魚交配系統中的重要角色，但當海洋環境的噪音愈來愈多，卻可能掩蓋了鯨魚發出的聲音。

大翅鯨及其他鯨魚，和綿羊、鹿的祖先都是同一種陸生動物。大約在六千萬年前，這種陸生動物重回海洋，慢慢演化出可以喝鹹水的能力，鼻孔也慢慢往額頭移動，最後形成噴水孔。重回海洋的陸生動物演化出許多不同的海洋哺乳動物，鯨魚也是其中之一。有些鯨魚，如虎鯨，獵捕不同的海洋哺乳動物為食；有些鯨魚，如大翅鯨，則在口中演化出鯨鬚（baleen）這種精緻的纖維齒梳狀結構，以濾食蝦子、磷蝦和其他在海中成群巡游的生物。

重回海洋的陸生動物雖然源自海洋，但已無法重新擁有鰓。我拜訪蘇斯的時候，他說「演化不走回頭路」，所以鯨魚得學著浮出海面來呼吸。牠們逐漸失去了四肢，雖然有些鯨魚在尾巴附近仍留有後肢的微小遺跡。經歷如此大規模改變的動物，也證明了演化雕塑生物的驚人能力。

二十世紀頭七十年的商業捕鯨活動，導致海洋中的鯨魚數量減少超過百分之九十九。據估計，在人類從事商業捕鯨之前，海洋中有二十五萬隻鯨魚，大翅鯨曾經瀕臨滅絕的境地，數量大概只剩下兩千隻。一九七〇年，大翅鯨登上了瀕危物種名單，此後數量開始慢慢回升，如今超過兩萬隻。不過，海洋酸化可能改變大翅鯨數量回升的速度，更別說若因二氧化碳而起的海洋酸化和全球暖化一起發揮效應的話會是什麼景況。

暖化會造成極冰減少。有些生物學家稱之為北極的「大西洋化」（Atlantification）。喪失海冰會影響原生於北極的鯨魚，像是一身象牙白的白鯨和有如獨角獸的獨角鯨。這兩種鯨魚不像魚類和某些海洋哺乳動物一樣有明顯的背鰭，讓牠們更容易在海冰底下打獵。然而，當海冰開始融化，虎鯨會接替北極的原生鯨魚，成為北極海域的主宰，不過目前看來，虎鯨明顯的背鰭依然影響了牠們在冰帽的打獵活動。虎鯨可能會獵捕未成年的弓頭鯨，而小鬚鯨的出現則提高了食物競爭。

對於極區沒有海冰的未來，許多研究人員憂心忡忡。加州大學聖塔芭芭拉分校的海洋生物學家葛瑞琴．霍夫曼（Gretchen Hofmann）每年前往南極的麥克默多工作站研究海洋酸化帶來的影響。她喜歡趁著南半球的春天前往工作站，她說：「那裡二十四小時都是白天，但海冰依然夠堅實，可以承受我們的體重，讓我們在上面走來走去。」

麥克默多工作站是位於羅斯島（Ross Island）南端的海岸工作站，距離南極北方約一千三百六十公里。白雪靄靄的羅斯島邊緣盡是嶙峋的山脈，周圍海域都已結冰，年均溫為攝氏零下十八度，若加上風寒因子的作用，氣溫將更往下探。許多科學家穿著一身又厚又大、覆蓋全身的「冰淇淋裝」，不過霍夫曼更喜歡有層次的穿搭法：一件羽絨外套，外加兩件刷毛外套，再套上一件擋風的大衣。

在霍夫曼眼裡，麥克默多工作站最糟糕的東西就是食物。她說：「全部都是罐頭。我在聖塔芭芭拉吃慣了新鮮蔬菜，來到這裡，沒有任何新鮮的食物，而且飲食習慣會變得愈來愈糟糕。突然之間你會發現『我竟然靠洋芋片過活！』」

霍夫曼每年有一、兩個月的時間做研究和教課。她認為南極洲是一片特別的冰雪大地，不過因為海水溫度較低，二氧化碳也比較多，導致極區受到海洋酸化和全球暖化的影響遠比其他地區嚴重。霍夫曼的工作地點還包括南太平洋的木雷亞島（Island of Moorea）及加州海岸地帶。

霍夫曼和工作夥伴發現，溫室氣體排放雖然造成南極洲外海和太平洋中部的帕邁拉環礁（Palmyra Atoll）周遭海水酸性增加，但在海水酸鹼值還算是在自然波動的範圍內。然而，在其他地區，如蒙特里灣艾克杭沼澤（Elkhorn Slough）的出海口，以及位於聖地牙哥灣北方的拉荷雅（La Jolla）海岸，海洋的酸性早已來到科學家預期在本世紀末才會達到的程度。霍夫曼相信，遠洋的酸化程度，可能還在海洋生物能夠容忍的範圍內，但對於生存在潮間帶、河口和湧升流處的生物而言，海洋酸化的程度可能已經接近牠們生理功能正常運作的極限。

《深入未來：未來十萬年的地球生命形態》（*Deep Future: The Next 100,000 Years of Life on Earth*）一書作者，同時也是保羅史密斯學院（Paul Smith's College）教授的柯特．史戴傑（Curt

Stager）曾研究始新世（Eocene）的氣候最適期（climatic optimum），那是一段大約始於五千萬年前的間冰期。這段期間，全球平均溫度比今日高出了攝氏十至十二度，維持時間長達數百萬年。

不過，史戴傑真正感興趣的地方在於溫度上升趨勢中短暫出現的高峰，也就是所謂的古新世—始新世氣候最暖期（Paleo-Eocene thermal maximum，簡稱PETM），這股力量迫使地球進入將近十七萬年的極端溫暖狀態。在此之前，當時地球的暖化程度，已經接近現今氣候模型模擬溫室氣體排放量達到極端值的後果，然而，進入最暖期之後，溫度又再提升攝氏五至六度。打從人類開始燃燒化石碳（fossil carbon）至今，已經排放三千億噸的溫室氣體到大氣層中。在古新世—始新世氣候最暖期期間，大氣層中至少有兩兆噸的溫室氣體，原因為何，目前仍不清楚。

隨著大氣層中溫室氣體濃度上升，海洋深處變暖、變酸的程度足以使底棲生物全數覆滅。檢視沉積物岩芯（sediment core）可以發現，最糟糕的狀況需要經過幾千年才能平息。古新世—始新世氣候最暖期可能減低了植物的營養價值，阻礙哺乳動物的生長，並引發昆蟲以更凌厲的方式攻擊植物。古新世—始新世氣候最暖期期間，哺乳動物非常嬌小，跟最暖期前後時期的同類相比，體形只有一半。

血液中二氧化碳含量增加，會降低動物血球與氧氣結合，以及輸送氧氣的能力，這可能是導致古新世—始新世氣候最暖期動物體形嬌小的其中一個原因。

大氣中二氧化碳含量居高不下，對現今的珊瑚礁產生巨大影響。珊瑚礁是魚類的繁殖地，然而海洋酸化之後，珊瑚無法聚集或形成堅硬如石的結構，導致其他海洋生物沒有可以附著的地方，或藏身的縫隙。對許多南太平洋的島嶼而言，珊瑚礁是天然的防波堤，然而海洋酸化和海平面上升正威脅著它們。

義大利拿坡里安東督宏動物研究站（Stazione Zoologica Anton Dohrn）的瑪麗亞・甘比（Maria Cristina Gambi），研究那不勒斯灣中伊斯嘉島（Island of Ischia）外海排放二氧化碳的天然火山道（volcanic vent）。她和同事發現，愈靠近火山道附近酸鹼值極低的海域，動物族群愈少，生物量也愈低。雖有少數可以適應海洋酸化的小型物種蓬勃發展，但物種數量減少是不爭的事實。

二疊紀期間，海洋酸化在沉積層中留下了獨特的遺產，及所謂的「拉撒路分類群」（Lazarus taxa）。有些似乎在二疊紀末消失於地球上的物種，在幾百萬年後又重新出現，有如聖經中死而復生的拉撒路。

這些生物之所以重新出現，可能跟海洋酸化有關。少了外殼或外骨骼，許多生物無法留下化石遺跡，或其他可以證明牠們曾經存在的證據。這些生物可能「光溜溜地」活了一陣子，等到海洋酸性降低，適合外殼生長時，牠們才又能留下化石。

加州大學河濱分校的古生物學家，瑪莉・卓瑟（Mary L. Droser）相信，拉撒路分類群可能並非是舊有生物死而復生的象徵，反倒代表了其他動物的趨同演化（convergent evolution）。換句話說，牠們已經演化成不同以往的物種，只是填補了相同的生態棲位。好比許多不同的動物都演化出有如鱷魚一般的顎骨和身體特徵，但牠們並非全都是鱷魚，只是在當時，鱷魚某種程度上可謂演化成功的物種，而演化偏愛贏家。卓瑟倒喜歡稱拉撒路分類群為「貓王分類群」（Elvis taxa），因為這些動物的形態多數相仿。不過，牠們種類繁多，在二疊紀中期至三疊紀中期的某個時間點，所有的動物族群中，有三成屬於拉撒路分類群。

失去珊瑚是海洋酸化帶來的重大麻煩之一。隨著時間積累堆疊的珊瑚礁，為小型魚類和其他生物提供棲身之所。全球珊瑚礁的總面積不過只有半個法國大小，但有四成的海洋物種以珊瑚礁為家。全球暖化和海洋酸化早已導致珊瑚白化程度增加，也消除了生存其中的藻類。珊瑚和許多不同藻類之間存有共生關係：珊瑚提供棲地給藻類，藻類則提供重要的營養物質給珊瑚；若珊瑚白化造成藻類死亡，珊瑚也將隨之挨餓。

所有珊瑚種類中，大約有三分之二以冰冷深海的珊瑚礁為家，數量遠超過那些生長在印度洋、太平洋、加勒比海近岸淺海域珊瑚礁的珊瑚，即使近岸的珊瑚礁是較為人熟知的浮潛名勝。深海珊瑚礁和淺海珊瑚礁一樣，也為許多體色鮮豔的海洋生物提供棲身之地。不管是寒冷的深海珊瑚礁，或溫暖的淺海珊瑚礁，以珊瑚礁為家的魚類占據了亞洲每年四分之一的海洋捕獲量，為大約十億人提供食物。

環繞著南極洲的南冰洋也受到影響。海洋酸化導致海螺的外殼溶解。英國南極調查局（British Antarctic Survey）的傑里安・塔林（Geraint Tarling）捕捉到可以自由游泳的海螺，也就是所謂的翼足類動物（pteropod）。透過電子顯微鏡發現，牠們的身體都受到嚴重腐蝕。實驗結果顯示，珊瑚和軟體動物利用水中的碳酸鈣來製造牠們的外殼，然而海洋酸化程度上升，使海水中有更多碳酸，破壞了軟體動物外殼的形成。

有些具有碳酸鈣外殼的浮游生物，可能因為海洋酸化而喪命。在礁岩地帶生存的浮游生物更是受到雙重打擊，因為海洋酸化會摧毀珊瑚，而溫度上升將超過礁岩動物可容忍的範圍。

接下來會怎樣？大氣中的氧氣有兩種主要來源，一是熱帶雨林，一是海洋植物，如巨藻、浮游藻類，以及浮游植物。伐林和海洋酸化可能會直接影響我們呼吸所需的空氣。

海洋酸化之雖不如因過度捕撈造成的傷害那般顯而易見，但海洋酸化加上過度捕撈，無疑是在今日的海洋環境中投下一枚炸彈。令人驚訝的是，人類開始捕撈海洋魚類的時間並不長。考古學家在全英國一百二十七處考古地點研究魚骨，發現大約在公元一〇五〇年左右，人類的海洋捕獲量才有了顯著改變。英國約克大學海洋保育教授，亦是《獵殺海洋：一部自我毀滅的人類文明史》（*The Unnatural History of the Sea*）作者的卡倫．羅伯茲（Callum Roberts）指出，直到一千年前左右，習慣以能在淡鹹水間遷徙的種類（如鮭魚）及淡水魚類為食的人類，才開始以海洋魚類為主食。

在公元七至十世紀的考古地點，出土的魚骨主要來自溪流和池塘的魚類，如梭子魚、鱒魚和鱸魚，以及洄游性的魚類，如鮭魚、香魚和海鱒。然而，自十一世紀起，從英國出土的魚骨判斷，可發現人們所吃的魚類變成了鯡魚、鱈魚、牙鱈和黑線鱈等海洋魚類。乍看雖像新穎的漁撈技術和更大型的船隻興旺了捕撈業，但事實卻是因為內陸魚類已經不夠供應持續成長的英國人口。

十四世紀末，拖網出現。這種捕撈技術雖是海洋捕撈業者的福音，卻對海洋環境極具破壞性，垂放到水下的漁網拖過每一寸海底，無顧魚體大小，全數一網打盡。

手釣漁具在十八世紀蓬勃發展，長長的漁線上掛了無數魚鈎，取代魚鈎數較少的手釣線。不過，捕撈漁業真正的轉機出現在一八七〇年代中期——蒸氣拖網漁輪登場之際。過去的捕撈效率受限於潮汐和風力，但蒸氣拖網漁輪已完全擺脫天氣的束縛，於是很快取代了搭載底拖網的帆船。一九二〇年代，冷凍食品業的發展，又為捕撈漁業提供進一步的巨大動力。

即便如此，經歷過一九四〇至一九五〇年代第二次世界大戰期間的環保人士，如著有《寂靜的春天》（*Silent Spring*）的卡森，仍無法想像沒有魚類存在的世界會是什麼模樣。許多海洋專家認為，海洋是永無耗竭之日的資源，然而他們錯了。

接下來幾十年間，密集捕撈業發展成全球性的龐大產業。愈來愈大的漁船、愈來愈長的釣線和更大型的拖網以前所未見的效率在海中作業。醫生開始談論魚肉比牛肉更有益健康的話題，又助了捕撈業發展一臂之力。一九八〇年代，全球漁獲量達到顛峰，每年有八千五百萬公噸的漁獲量。規模愈加龐大的捕撈船隊，搭載更先進的設備，人類的漁獲量始終居高不下。

華盛頓大學的古生物學家，彼得．沃德（Peter Ward）表示，根據某些估計，全球大陸棚每隔兩年，每平方哩（相當於二點六平方公里）的面積就被拖網掃過一次。隨著大陸棚的漁獲量減少，漁民開始向深海區前進，探索海洋世界最後的荒野。深海區的海床多為泥濘覆蓋，但海底山（seamount）無處不在，且山峰淺淺突出海表的海底山脈周遭，居住著大量且種類繁多的魚類。在海中上下移動的大規模環流，為海底山脈的山峰帶來浮游植物。

一九六〇年代末期，蘇聯的漁民在夏威夷外海的海底山脈附近發現大群五棘鯛（armorhead

fish）的蹤跡，於是展開捕撈作業。海底山脈周遭生存的魚類要應付強勁的大洋環流，因此肌肉較發達，吃起來的口感也比海岸魚類要好。其他國家跟隨俄羅斯的引領，開始在夏威夷外海的海底岸山脈附近密集捕撈，然而好景不常。到了一九七六年左右，該區域的漁獲量從三萬噸銳減至三千五百噸。事實證明，夏威夷外海的漁獲大獎只是曇花一現，但沒關係，海底山脈多得是。

接下來的大獎是在一九八〇年代早期，蘇聯漁船來到紐西蘭外海的查坦海隆（Chatham Rise），在八百至一千公尺深的海域進行捕撈。那兒有大量體色亮橘鮮豔的魚類，科學家稱之為大西洋胸棘鯛（*Hoplostethus atlanticus*）。隸屬於棘鯛科的大西洋胸棘鯛活動海域相對較深。不過，「棘鯛」聽起來似乎不容易勾起主婦的購買欲，於是漁民給牠起了個新名字「粗皮橘魚」（orange roughy）。如今，世界各地的炸魚排、魚餅和魚柳條的原料，仍以大西洋胸棘鯛和其他白肉魚為主。

紐西蘭和澳洲的漁民很快地也加入行列之中，對海洋展開全面性的攻擊。一九八九年，澳洲漁民艾倫．巴聶特（Allan Barnett）在塔斯馬尼亞島大陸棚邊緣的聖海倫山（St. Helen's Hill）遇見大發橫財的機會。頭一年，他竟然在這裡捕撈了一萬七千噸的大西洋胸棘鯛，然而隨著其他漁民開始在相同海域捕撈，漁獲量開始遽減。大西洋胸棘鯛壽命很長，達到性成熟至少要二十年的時間，因此特別容易遭到過度捕撈的傷害，而且族群回復速度非常慢。

至此，過度捕撈尚未畫下句點。我曾前往位於北卡羅萊納州達蘭的國家演化綜合研究中心（National Evolutionary Synthesis Center），拜訪科學助理主任克雷格．麥克蘭（Craig R. McClain）。這位高大、年輕又親切的海洋生物演化學家專長研究深海魚類以及體形巨大的海洋動物，好比大烏賊。

「在淺海域過度捕撈的人類，開始向更深的海域邁進，打算重蹈覆轍」麥克蘭如此說道。他認為，深海區接下來要面臨的巨大壓力將來自想要在海床開採稀有礦物的礦業公司。已有礦業公司準備探勘巴布亞新幾內亞外海的深海熱泉，畢竟其中蘊含許多珍貴的礦物，可以用來製造電腦，以及豐田汽車公司的油電混合車（這還真諷刺）。目前，為了獲取稀土金屬，中國正在考慮開採深海沉積層。

含有氮肥、磷肥的農業逕流，自內陸農場沿著河流進入海洋，是我們要面對的另一項海洋問題。拜訪麥克蘭時，他告訴我「這就像是對海洋施肥，徹底改變了海洋動植物的組成」，他還提到，目前海洋中的鯊魚以及遷徙性的海洋動物，種類嚴重減少，而牠們都是海洋中的頂級捕食者。麥克蘭認為這個狀況已經不只是深海域的損失，他說：「我們正在失去整個海洋。」

生物學家接近海洋的方式也因此有所改變。夏末時節，我造訪Olazul團體的科學總監赫德時，注意到即便海水還算溫暖，所有的潛水人員都穿著長袖上衣和緊身長褲，也就是他們所稱的長袖連身防寒衣，我還因此開他玩笑，說他竟然在加利福尼亞灣找到了冰冷海水。「這麼穿不是為了保暖，」赫德說道，「而是防止被水母螫傷。」

根據赫德的說法，近年來，美、墨兩國的近岸海域出現大量水母。位於蒙特里灣中央的北美洲沿岸最大型的海底峽谷——蒙特里海底峽谷（Monterey Canyon）就是其中一處。

美國國家科學基金會（National Science Foundation）在一份篇名為〈水母也瘋狂〉（Jellyfish

Gone Wild）的特別報告中指出，蒙特里灣的生物總重量有三分之一來自水母和相似的膠質生物。這裡同時也是美洲大赤魷出沒的主要海域。

少了魚，來了水母。水母對低溶氧環境和海洋酸化的容忍度較高。到菲律賓東方近九百公里的帛琉群島走一遭，或許能窺看海洋環境的未來。每年造訪帛琉的觀光客約有九萬人，當地人稱之為「Ongem'l Tketau」的水母湖是他們不可錯過的景點之一，從帛琉首都科羅（Koror）乘船出發便可輕易抵達此處。帛琉一共有五個由陸地包圍的海湖，各有不同種類的水母生存其中。帛琉珊瑚礁研究基金會（Coral Reef Research Foundation）的科學家相信，帛琉所有陸封海湖中的水母，都是自斑點水母（spotted jellyfish）演化而來，隨著時間逐漸演變成各個湖中的獨特物種，就像加拉巴哥群島上的達爾文雀一樣。

水母湖中的水母體形各異，小如藍莓至大如哈密瓜者都有。在此浮潛的觀光客非常享受在數百萬隻水母中穿梭的感覺。每一天，這些水母都要橫越水母湖。早晨，陽光照射在環湖生長的紅樹林上，水母便沿著紅樹林投影在湖面上的陰影往東移動，接著再原路折返，到了下午時便聚集在湖面西邊的陰影之下。這些水母雖有螫刺，但主要以湖中體形大小跟蜜蜂差不多的甲殼動物為食。被牠們螫到話，皮膚可能會有些麻，但並不會有刺痛感。

然而，要是被出沒在印尼和澳洲海域的箱型水母螫到，三分鐘內就能置成年人於死地。切薩皮克灣（Chesapeake Bay）是美國大西洋岸最大的河口，由馬里蘭州和維吉尼亞州包圍。在這裡，每年約有五十萬人遭水母螫傷，不過美國沒有像箱型水母這般致命的水母出沒。箱型水母每年奪走二十至四十條人命。

水母大量繁殖的季節，日本海約有五億隻大小如冰箱的越前水母（Nomura's jellyfish）漂浮其中。越前水母體寬可達近兩公尺，體重可達兩百二十公斤。雖然通常出沒在中、韓兩國的海域，但越前水母也會出現在日本海域，用有毒的螫刺捕殺魚類，同時造成漁民的魚線糾結成團。

英國南安普敦大學的海洋生物學家，凱西．盧卡斯（Cathy Lucas）的研究指出，水母聚集現象受到每十年一週期的影響，二〇〇〇年代的水母大發生現象，其實算是水母數量正常起伏的狀態，上一次達到顛峰的時間在一九七〇年代。然而，另一項由法國高等發展研究院（Institut de Recherche Pour le Développement）進行的研究則認為，過度捕撈才是水母大發生的肇因。該研究院的研究人員對沿著非洲西南岸流動的本吉拉洋流（Benguela Current）途經的兩處重要生態系進行比較。在納米比亞外海海域，由於捕撈業者受到的規範並不嚴格，近岸海域到處都是水母；不過，到了南非南部外海約一千公里處，捕撈業者受到嚴格規範的時間已長達六十年，水母的族群就顯得相當穩定。

研究水母的荷賽．艾坤拿（José Luis Acuña）來自西班牙奧維埃多大學（Universidad de Oviedo），他認為在地中海某些海域，水母是個愈來愈嚴重的問題。他表示，儘管隨波逐流的水母移動速度緩慢，又不具備打獵所需的視力，然而牠們因為新陳代謝速率較低，不需要進食太多食物，所以生存表現並不亞於一些具有視力，而且可以快速移動的魚類。再者，水母還有一副含水量巨大的龐大身軀。

水母是非常古老的生物，六億至七億年前就已經出現在地球上，足足比恐龍早了三倍時間。艾坤拿推測，未來世界裡水母不會缺席，族群還會更加茁壯，並演化出更大的體形，如此一來便能捕到更多獵物。雖然較大的身體移動效率較差，但一邊隨波逐流一邊搜刮獵物的方式，還是比主動出擊來得節省能量。有些人認為，過度捕撈促使海洋中水母數量增加，這一點艾坤拿也表示贊同。比起魚類，沒有眼睛的水母似乎更能適應遭受人類汙染的海洋環境。

水母適應環境的能力，恐怕還超過人類。人類的生存策略是窮極能力追求食物、金屬和燃料，水母則發展出一種被動的策略：在水中緩慢漂浮、只取所需，並節制能量消耗。人類消耗可用資源的同時，水母正在海洋中滑行，小心翼翼地節省能量成本。這兩種生存策略，究竟何者的未來展望比較好呢？身處在結構化競爭的環境中，很難想像我們能活得比水母長久。

未來的海洋裡，難道就充滿了水母和魷魚嗎？也許是的。這兩種動物就是所謂的雜草物種，可以在大滅絕過後快速興起。牠們就像聖海倫火山噴發後，在樹木倒伏區冒出的嫩綠草芽；或像二疊紀大滅絕後，在三疊紀早期興起的克氏蛤。牠們有能力快速接掌受擾區域，生存其中並大量繁殖。但是，這種爆炸性的族群增長並不能持久。

如果，人類造成的環境壓力持續以現今的速率增長，將會摧毀海洋。全球漁業早已經來到極端狀態，近來，在一場美國科學促進會（American Association for the Advancement of Science）所舉辦的研討會中，我聽到一位歐洲科學家的建議，他認為我們應該只在重要節日才能吃魚「就像美國人只在感恩節才吃火雞一樣。」

儘管許多環保團體如世界自然基金會，已經盡了最大努力，但只要有人類存在，地球的未來就不會太樂觀。然而，如果我們暫時消失或提早退場，海洋環境會隨著時間逐漸復原，再者，我們並非僅僅希望海洋復原到歐洲人開始探索世界之前的狀態而已。倘若希望海洋生機恢復鼎盛時期的榮景，還得回到更久之前。

Olazul的科學總監赫德說道：「許多漁業管理人員試圖重現五十年前的海洋生態系樣貌。然而，如果你想知道美洲最原始的大自然是什麼樣子，不能只回溯五十年、一百年，必須回溯到人類出現之前。」

沒有人類的大自然是什麼模樣？人類已經徹底改變海洋，導致我們難以想像這個問題的答案。《獵殺海洋》的作者羅伯茲就曾在書中擷取了一七九八年，艾德蒙・范寧（Edmund Fanning）船長初次造訪太平洋帕邁拉環礁時，竭力試圖描寫眼前景色的文字。當時，范寧正在智利外海的胡安費爾南德斯群島（Juan Fernández Islands），準備前往中國廣東，船上滿載著海豹生皮。范寧帶著船員從康乃狄克州的斯托寧頓（Stonington）出發，花了四個月的時間在智利處理海豹皮。坐落在太平洋中央的帕邁拉環礁，剛好是這段航程的中點站。

炎熱的六月天，某日深夜，船員看見前方海片出現破浪，因為擔心水面下有看不見的障礙物，所以叫醒了船長。不過，他們看到的其實是被海灣環繞的環礁島，海灣周圍則因為長浪撞擊下方的珊瑚礁而形成浪花。范寧和船員好不容易在環礁的下風處找到可供下錨的平靜海域。隔天早上，他們醒來之後，看見大約五十座小島環繞著三座潟湖。椰子樹點綴著海岸，人跡從未涉足的沙灘上落了一地椰子。范寧和幾位船員操著小艇前往探查，划進海灣時，數量龐大的魚群令范寧為之一驚。飢腸轆轆的鯊魚硬是咬住小艇的船舵和船槳，「在上面留下尖牙利顎的痕跡」。進入海灣後，出現眼前的是沒有鯊魚那般貪嘴，但數量更為豐富的魚群。

船員上岸收集椰子的同時，范寧留在小艇上捕魚。不一會兒，他就用魚叉收獲了五十隻體重介於二至五公斤的烏魚。范寧就此打住，可能是擔心吃不完的烏魚會腐壞，或者害怕全員到齊加上這些烏魚的重量，終會導致小艇翻覆。

二〇〇〇年，大自然保護協會買下距離夏威夷南方一千六百公里的帕邁拉環礁，在此之前，邁拉環礁已經受過許多國際管制。除了多出一座由大自然保護協會經營的小型私人機場，島上環境和范寧在一七九八年造訪時相去不遠。珊瑚礁圍繞著古老的海底火山口生長，因而形成環礁。在這些面積遼闊的沉水礁岩之上生長的珊瑚數量，是加勒比海域和夏威夷海域的三倍之多。

帕邁拉環礁周遭是地球上僅存幾處仍由頂級捕食者主宰的海域。潛入水中便有鯊魚環繞著你，這是其他地方難以出現的場景。比起其他已知的珊瑚礁區，這裡的頂級捕食者數量也比較多，有石斑魚、鯵魚和鯊魚等大型魚出沒。潛入這獨特的生態系，彷彿回到尚未遭受漁業破壞的海洋。珊瑚礁支撐著複雜的生命網，除了鯊魚以外，這裡還有成群的海豚、前口蝠鱝、海龜和無數的熱帶魚。

想要窺看沒有人類之後，海洋會是什麼模樣？走一趟帕邁拉環礁吧！未來，這裡的物種組成或許會改變，但其他狀況可能維持不變。上升的海平面可能淹沒這座環礁，但只要地球上少了人類擾事，環礁終有一天會重新露出海面。

在范寧造訪帕邁拉環礁之前，沒有任何證據顯示曾經人類涉足此處。對於眼前所見，范寧或許不知感激，但在今日看來，那的確是難能可貴的畫面。

這個神秘的遺世境地最大的寶藏，或許就是為數豐富的海洋捕食者，畢竟目前牠們幾乎在世界各處飽受攻擊。

第十一章 捕食者難關

過去六億年來，多數滅絕事件發生過程中，植物、草食動物、捕食者依序走向死亡，捕食者都是撐到最後才消亡的動物。以造成恐龍滅亡的白堊紀大滅絕為例，撞擊地球的小行星掀起了遮蔽陽光的漫天煙塵，植物最先死亡，接著是草食動物，然後才是以草食動物為食的捕食者。不過，這一次，人類同時從這個序列的兩端發起攻擊：人類正讓植物走向死路，植物是食物鏈——生物學家喜歡稱之為食物網——最底層的成員；另外又一邊攻擊著食物網最頂端的捕食者。我們之所以先攻擊捕食者，是因為牠們身上有珍貴的附肢，如鯊魚鰭、犀牛角、象牙或因為牠們傷害人類飼養的動物，又或是只因為我們擔心牠們偶爾有危及人命的可能。

造訪加州大學聖塔克魯茲分校龍恩海洋實驗室期間，我在校園碰上了生態及演化生物學家埃斯特斯，他認為，這種自食物網由上而下的消亡順序會帶來想像不到的後果。一九七〇年，他就曾目睹這樣的景況。當時的他還只是個研究生，被派往阿拉斯加和俄羅斯之間的阿留申群島（Aleutian Islands）研究海獺。他的一位指導教授鼓勵他描述海獺在阿留申生態系中扮演怎樣的捕食者角色。

「我從沒想過這會是個如此有趣的問題」埃斯特斯如此說道。

阿留申群島是火山島形成的島鏈，自阿拉斯加半島往堪察加半島（Kamchatka Peninsula）的方向延伸，形成白令海與北太平洋的分界。由於風暴發生頻繁，在這裡幾乎看不到遊艇、鄉村旅店或觀光客。位於島鏈中的安齊特加島（Amchitka Island）是二戰期間的機場，但目前島上無人居住。十九世紀末，北方海獺（Northern sea otter）幾乎被毛皮獵人趕盡殺絕，不過一九一一年的國際條約阻止這場劫掠繼續下去。一九七〇年代，雖然還不到完全收復失土的程度，但北方海獺已在過去曾出沒的地點再次出現。這也讓埃斯特斯有了絕佳的優勢，藉著觀察有海獺和沒有海獺的島嶼，來瞭解身為捕食者的海獺在海洋生態系中存在的價值。

第一週的研究，埃斯特斯划著船繞行安齊特加島，通過暗礁，進入霧氣瀰漫的水灣，潛入冰冷的海水中四處觀察，到海面下一探究竟。沿著海面下崎嶇的島嶼輪廓移動，他發現海中滿是扎根於海床上的巨藻，許多海洋生物在此休息、育幼和覓食。巨藻是地球上生長速度最快的植物之一，一天的生長可達六十公分，幾個月之內就能長到五十公尺高。海面下的巨藻猶如一片海中森林，隨洋流搖擺的細長莖柄上著生巨大的金黃色葉片。

有了捕食者的存在，安齊特加島可謂一處健康穩定的生態系。不過，為了比較，埃斯特斯前往位於安齊特加島西方三百多公里處的申雅島（Shemya Island）。申雅島的海獺也曾因人類的捕殺而幾近絕跡，海獺數量回升後，如今尚未重新出現在申雅島上。來到這裡，埃斯特斯發現一處和安齊特加島截然不同的世界。首先，這裡沒有巨藻，就算有，數量也相當少，取而代之的是海床上大量的海膽，這是海獺最愛的食物，讓人一眼就明白海獺扮演的角色。有海獺出沒的區域仍有海膽存在，但牠們會躲藏在隱密的礁岩縫隙裡，不至於占據海床影響巨藻生長；沒有海獺出沒的區域，海床上滿是海膽，而沒有巨藻森林的蹤影。此後，埃斯特斯的職業生涯中便投注了許多時間企圖瞭解箇中關聯。

少了海獺，海膽不必承受被捕食的壓力。海膽開始大量生長，但問題是，數量繁多的海膽從巨藻根部發動攻擊，巨藻無以生存，就更別提海中森林。

為了瞭解如何減少海域裡的海膽，埃斯特斯造訪從來沒有海獺出現的紐西蘭。生物學家發現，南半球的海草發展出許多有毒的化合物，使自己成為海膽覺得難吃的食物。在阿留申群島外海、阿拉斯加和加拿大西部，因為有海獺存在，所以海膽數量受到控制。有了海獺的保護，生態系恢復平衡。在阿留申群島，海獺已恢復七成五的原始活動範圍，而這些海域的海面之下，有著濃密健康的巨藻森林。

然而，一九九〇年代初，海獺族群再次銳減。據一九八〇年代的估計，海獺數量介於五萬五千至十萬隻之間，到了二〇〇〇年，這個數字只剩下六千。一些海洋生物學家歸罪疾病；另一些歸罪於氣候變遷導致海水溫度升高；還有些海洋生物學家把矛頭對準捕撈業。一九九一年的某一天，和埃斯特斯共同合作，來自美國地質調查局的生物學家布萊恩．亥菲爾（Brian Hatfield）走進阿留申調查處，他說自己剛才似乎目睹虎鯨獵捕海獺的場景，「幾天後他又出現，」埃斯特斯一邊說著，「這一次，他有了肯定的答案。」

一開始，埃斯特斯對此有所懷疑。畢竟當時普遍認為汙染、漁業捕撈和疾病才是造成海獺數量減少的罪魁禍首。受到這些因素影響的海獺族群，倖存個體應該體弱多病，健康狀況不佳。但由於虎鯨的捕獵，造成海獺數量銳減，食物不再成為海獺生存的限制因子，倖存下來的個體才會因此健康強壯。

在阿留申群島，陷入麻煩的海洋哺乳動物不只海獺。北海獅（Steller sea lion）、北方海狗（northern fur seal）和體形較小的港灣海豹（harbor seal），牠們的族群同樣面臨崩潰，但倖存的個體同樣看起來十分健康。虎鯨的影響程度也愈見明顯。

阿拉斯加大學費爾班克分校的研究人員艾倫．史賓格（Alan Springer）在一場研討會上遇見埃斯特斯，和他討論到虎鯨原以大型鯨魚為食，但二戰過後興起的捕鯨業在北太平洋獵殺了五十萬隻大型鯨魚。捕鯨業蓬勃發展之前，北太平洋和白令海南部海域，估計有三千萬噸的鯨魚，一九八五年，國際捕鯨委員會（International Whaling Commission）宣布暫停捕鯨之際，存活下來的鯨魚總重只下三百萬噸。換句話說，北太平洋地區少了九成的鯨魚，食物匱乏的虎鯨只好瘋狂地尋求替代的食物。

二〇一一年，埃斯特斯、杜克大學的生物學教授約翰．特爾博（John Terborgh），以及其他二十二位來自世界各地的生物學家，在《科學》（*Science*）期刊上發表了一篇論文，指出數百萬年來，大型的頂級捕食者在全球生態系中扮演要角。大型頂級捕食者的消失，恐怕是人類留給地球的遺產中，影響最為廣泛，後果也最可怕一項。

少了頂級捕食者，草食動物增加，這對植物的豐度和植物種類之間的競爭有極大影響。當狼重新回歸黃石國家公園，並開始獵捕麋鹿時，遭麋鹿過量取食的柳樹和白楊也重新出現。

發生在委內瑞拉古里湖（Lake Guri）的情況正好相反，但同樣說明了捕食者如何影響森林整體呈現的特色。古里湖中有一座以水力發電的水壩，水位升高時，水壩猶如湖中一群與外界隔離的小島。水壩周遭曾是由美洲豹、角鵰等頂級捕食者主掌的熱帶茂林。然而，水位升高之後，捕食者紛紛避走到水壩小島之上，周遭的森林也開始發生變化。

杜克大學的特爾博教授是一位身形瘦高，吃苦耐勞的生態學家，在秘魯的叢林中管理杜克大學熱帶研究中心已有二十多年。他發現，在沒有捕食者的狀況下，獵物族群呈現爆炸性增長。在其中一座水壩小島上，鬣蜥的密度是正常值的十倍；另一座水壩小島的吼猴密度，是周遭森林的五十倍；再換到另一座水壩小島，島上切葉蟻的數量是正常值的一百倍。在這些動物的強烈攻勢之下，只有長著尖刺，體內含有致命化學物質的強韌植物能夠存活下來。相較於周遭蓊綠的濃密森林，水壩小島上的森林較為稀疏，呈現的整體色澤也較偏棕色。特爾博認為，捕食者的存在控制了草食動物的數量，間接打造了綠意盎然的環境。相形之下，不受控制的草食動物則會讓森林光禿一片。

蘇格蘭的拉姆島（Island of Rum）又是另一種例子。這裡的狼群已經消失了兩百五十至五百年之久。藉著拉姆島，我們可以窺看失去捕食者所帶來的後果：鹿和其他草食動物的攝食量可能因此提升。早在一九五七年，這裡就被畫定為國家自然保護區，由於長期缺乏捕食者，導致拉姆島原本森林繁茂的景觀轉變成一片毫無樹木生長的大地。

鯊魚是另一種脆弱的捕食者，不過真正的禍首是人類，不是虎鯨。加拿大戴爾豪斯大學的教授

鯊魚是另一種脆弱的捕食者，不過真正的禍首是人類，不是虎鯨。加拿大戴爾豪斯大學的教授波利斯．沃姆（Boris Worm）在近期發表的一篇論文中指出，人類每年獵殺超過一億隻鯊魚。鯊魚在地球上至少已經存在四億年之久，是地球上最古老的脊椎動物之一，但牠們正在急速消失。

亞洲人愛吃魚翅羹，是全球捕鯊業蓬勃發展的主要原因，也是鯊魚數量遽減的問題根源。過去，魚翅羹是中國帝王才能享用的珍饈。如今，魚翅羹的作用就跟香檳差不多：是婚禮、畢業典禮、商業午餐中常見的菜餚。然而，這樣的佳餚正威脅著自泥盆紀以來就以各種不同樣貌出現在地球上的鯊魚。據估計，為了滿足每年的魚翅交易量，三千八百萬隻鯊魚因此付出生命。

每一年，十五隻鯊魚之中，就有一隻因為人類的漁業活動而喪命。鯊魚、鯨魚和人類一樣，性成熟期來得晚，產下的後代數量少，因此族群特別容易受到傷害。

幾十年來，加州大學戴維斯分校的海洋生物學家，彼得．克林利（Peter Klimley）一直在下加利福尼亞半島的埃斯皮里圖桑托海底山（Espíritu Santo seamount）研究雙髻鮫族群。他相信，這裡就是雙髻鮫的交配繁殖場域，大群雙髻鮫會在海底山的頂端附近繞圈巡游，母鯊則彼此爭搶圓圈中心的優勢位置。

埃斯皮里圖桑托海底山附近的鯊魚成群巡游時不會進食，到了晚上才會移動到附近的覓食場大啖魷魚。克林利認為，牠們會沿著海床上的裂縫行進，這些裂縫有如輪輻，內部滿是岩漿，自海底山脈向四周散射。鯊魚具備勞倫氏壺腹（ampullae of Lorenzini）這種特殊的感覺器官，裡面的電子接收器就像羅盤一樣，可以讀取地球的磁場。目前，國際自然保護聯盟已將雙髻鮫列為瀕危物種，每一年，克林利在加利福尼亞灣看見的雙髻鮫也愈來愈少。目前，他正在追蹤雙髻鮫幼鯊的行蹤，想知道牠們是否也會在其他海底山脈出沒，希望藉此將這些遠洋海域列為保護區。

不過，承受最大捕撈壓力的鯊魚並不是雙髻鮫，而是大白鯊、低鰭真鯊（bull shark）和鼬鯊（tiger shark），這些都是曾經無端對人類發動嚴重攻擊的鯊魚。漁民追逐牠們一部份是為了取其肉和鰭，一部分是為了替人類報仇。

這三種鯊魚都有各自的棲地，彼此之間通常不會重疊，也不會和虎鯨狹路相逢，不過，漁民倒是挺喜歡看牠們不期而遇。鼬鯊是熱帶地區常見的鯊魚，佛羅里達州鯊魚研究計畫（Florida Program for Shark Research）負責人，同時也是國際鯊魚攻擊檔案（International Shark Attack File）管理員的喬治・博吉斯（George Burgess）表示「在鼬鯊的活動領域中，牠們多數時候都是頂級捕食者。虎鯨的領域確實和鼬鯊的領域邊緣稍有重疊；然而就我所知，沒有任何紀錄顯示兩者之間的互動。在我看來，鼬鯊（和大白鯊）同為頂級捕食者，而虎鯨則出沒在兩者領域重疊處的邊緣。三者都以魚類和甲殼動物為食，彼此不會互相殘殺。」

大型的鼬鯊體長可達六至七點五公尺，體重超過九百公斤。許多鼬鯊追逐的獵物都是防禦型的動物，如河魨、魟魚和板機魨（triggerfish）。這些魚類身上的刺、牙齒，甚至毒素，都是演化適應的結果，目的是為了嚇退鼬鯊之類的捕食者。然而，夏威夷海洋生物研究所（Hawai'i Institute of Marine Biology）的助理研究員，金・霍藍德（Kim Holland）則認為「鼬鯊顯然已經打定主意『管他的，吃就對了』我研究過的鼬鯊，到底有多少隻根裡扎滿魟魚的刺？根本數不清。」

只有低鰭真鯊是會吃人的鯊魚。雖然牠的聞名程度不比鼬鯊和大白鯊，但低鰭真鯊的危險性毫不遜色。佛羅里達州是全美鯊魚攻擊事件最多的地方，而且低鰭真鯊攻擊佛州人的頻率也比其他鯊魚高。世界各地的熱帶和亞熱帶海域，都可發現低鰭真鯊的蹤跡。短而鈍的吻部、好鬥的性情和發動攻擊前喜歡用頭部衝撞獵物的習性，讓牠們獲得了「公牛鯊」的稱號。低鰭真鯊體形中等，體長可達三點四公尺，體重可達兩百三十公斤，也是唯一能在淡水環境中生存的大型鯊魚。

母的低鰭真鯊會游入河口、海灣、港口、潟湖等地育幼，幼鯊則在這些環境度過生命最初的幾年。曾有人在亞馬遜河上游三千五百公里處，靠近秘魯伊基多斯（Iquitos）的地方，發現低鰭真鯊的身影；密西西比河上游接近伊利諾州的地方，也曾有過低鰭真鯊的目擊紀錄。

每年，遭人類捕殺的鯊魚約有四千五百萬隻，反觀每年遭鯊吻致命的不到四點五人，雖然這個數字不包括遭鯊魚拖咬溺水而死的人數。博吉斯認為，鯊魚攻擊人類的事件遭到過分誇大，但人類對鯊魚造成的傷害卻是不爭的事實。他說：「某些鯊魚的族群減少了九成以上。」

儘管如此，鯊魚仍是自然界最成功的物種之一。目前已知的鯊魚化石種有兩千至三千種，而恐龍只有六百五十至八百種。如今，地球上仍有一千一百種鯊魚，並非所有鯊魚都陷入險境，遭遇麻煩的都是體形大的鯊魚，特別是會吃人的那些種類。

大白鯊分布範圍遍及全球，但主要出沒在北美洲、南非和澳洲的近岸海域。牠們體長可達六公尺，體重可達兩千兩百六十八公斤。儘管聽來有些奇怪，但大白鯊已成為生態旅遊的響亮招牌，在澳洲海岸，潛水客可以把自己關在籠子裡下海和大白鯊見面。

這或許能為大白鯊提供更好的未來。英屬哥倫比亞大學研究人員的研究指出：目前為止，全球的鯊魚生態旅遊每年有超過三億一千四百萬美元的產值，未來二十年內，這個數字將會翻倍。雖然陸地上的鯊魚觀光業正在衰退，每年產值仍有約七億八千萬美元。英屬哥倫比亞大學的研究人員在四十五個國家共七十個地點，檢視捕鯊魚業及鯊魚生態旅遊的資料。加州州立大學長堤分校鯊魚實驗室的主任，克里斯．洛（Chris Lowe）認為，澳洲的生態旅遊業可以有效減少漁夫割取鯊魚鰭的行為。他發現「只要看見有人追逐大白鯊，生態旅遊業者會立刻回報，他們可不希望觀光客白白花錢。」

國際自然保護聯盟發布的瀕危物種名錄（Red List）上，大白鯊被列為「易危」物種。說來奇怪，南非、澳洲和加州經常傳出大白鯊目擊事件，但相較而言，眾人對大白鯊的生物學所知甚少。全世界各種管道捕獵的大白鯊數量究竟有多少，實在難以估計。大白鯊的性成熟期來得晚，產子數也少，所以族群一旦受到傷害，需要漫長的時間才能復原。

加州外海的大白鯊是突擊型的捕食者，潛伏在外海島嶼礁岩嶙峋的底部。許多海豹和海獅以這些島嶼為家，不過，大白鯊最喜歡的食物是加州最大型的海豹——象鼻海豹。

象鼻海豹未來的天敵

生物學家替在加州外海海峽群島（Channel Islands）活動的象鼻海豹安裝追蹤裝置，發現母象鼻海豹每年遷徙近兩萬公里，公象鼻海豹更是多出約兩千公里，牠們是地球上遷徙距離最長的哺乳動物。不過，象鼻海豹並非直接游向覓食場域，在移動過程中，牠們會持續下潛至深海獵捕深海魚類和魷魚為食，順便躲避大白鯊的攻擊。垂直下潛又為牠們的平均遷徙距離增添了八千公里。「基本上，牠們就是一直在移動」西雅圖國家海洋哺乳動物實驗室的生物學家，羅伯．迪隆（Robert DeLong）如此說道。

在北太平洋區，象鼻海豹的主要天敵就是大白鯊。冬季是象鼻海豹交配和育幼的季節，大白鯊會繞著海峽群島巡游，尋找離開海灘安全範圍，準備展開長途跋涉且落單的象鼻海豹。

倘若大白鯊滅絕了，有哪種動物能頂替大白鯊的位置，扮演象鼻海豹的主要天敵呢？加州外海的頂級捕食者又會是誰？答案可能是灰鯖鯊（Mako shark）。擅長游泳的灰鯖鯊穩定泳速可達每小時三十五公里，衝刺時甚至可到達每小時八十公里。然而，牠們的體形比大白鯊小，體長最多四公尺，二〇一三年六月四日，在加州外海捕獲一隻重達六百公斤的灰鯖鯊，是捕獲紀錄中最大型的灰鯖鯊。想要獵捕象鼻海豹，灰鯖鯊可能得採取團隊合作的策略，但這並不是鯊魚的打獵風格。

先前提過的生存勝利者——美洲大赤魷，可能就學會了合作打獵的招數。來自史丹佛大學的生物學家吉利，在美洲大赤魷身上安裝了攝影機，錄下牠們在太平洋裡合作打獵的畫面。通常，合作打獵是魚類的專長，在魷魚身上並不多見。灰鯖鯊會吃美洲大赤魷，但美洲大赤魷還不至於反過來攻擊灰鯖鯊。然而，灰鯖鯊身上經常布滿圓形排列，或是一排平行的傷口，那是美洲大赤魷帶有尖齒的吸盤在鯊魚皮膚上拖行的結果，證明美洲大赤魷的確奮勇抵抗了一番。

身兼作家和教授的羅伯茲曾指出，淺海和中海域裡所有的大型捕食者正在消失。大烏賊和大王酸漿魷（colossal squid）會離開深海，來到淺海域建立勢力範圍嗎？國家演化綜合研究中心（National Evolutionary Synthesis Center）的麥克蘭，在巴哈馬外海一處被喻為「海洋之舌」的深海槽，以及蒙特里灣大陸棚區的海底深谷進行研究。這兩個地方，以及紐芬蘭外海的深海區，都是大烏賊和大王酸漿魷棲身之處。科學家認為，深海峽谷是大烏賊的家園，而擱淺在紐芬蘭海岸的大烏賊，則是牠們從深海峽谷入侵溫暖海域所付出的代價。倘若極冰消失導致攜帶氧氣至深海區的深海洋流停擺，可能對大烏賊和大王酸漿魷造成強烈的演化壓力，致使牠們移動到較溫暖的淺水域。

神出鬼沒的大烏賊是地球上最大型的無脊椎動物，體長可達十八公尺，體重將近一噸。二〇〇四年，日本的研究人員首次記錄到一隻活體大烏賊的影像。二〇〇六年底，日本國家科學博物館的研究人員捕捉到一隻體長七公尺的母大烏賊。

大烏賊及其近緣物種——大王酸漿魷，兩者皆具有直徑約二十五公分的大眼睛，在動物界無人能出其右，因此即便是在無光的深海域，其他動物視力毫無用武之地的時候，牠們仍能看得一清二楚。

這兩種魷魚和其他魷魚一樣，有八條手臂和另外兩條長度較長，可以把食物送進嘴喙裡的觸手。牠們的食物包括魚、蝦和其他烏賊，不過有些人認為牠們有可能對小型鯨魚發動攻擊。科學家對於這些龐大魷魚的瞭解尚不夠深入，無法確切指出牠們的活動範圍，然而世界各地的海洋中，都曾發現大烏賊的遺骸。大王酸漿魷也同樣神祕，早期的捕鯨人曾在抹香鯨的胃裡發現大王酸漿魷的嘴喙，如此一來我們起碼知道有什麼動物會吃大王酸漿魷。就重量而言，大王酸漿魷是最大型的魷魚。相較於吸盤上有小齒的大烏賊，大王酸漿魷的手臂則配備了更高級的尖爪或利鈎。

大王酸漿魷每條手臂的中央都有兩列鈎爪，手臂前端同樣配備具有小齒的吸盤。一旦有獵物靠近大王酸漿魷那鸚鵡般的嘴喙，有如抓鈎的尖爪可以幫助攫抓獵物。目前已知最大型的大王酸漿魷捕獲於紐西蘭外海，體重為四百九十五公斤，總體長十公尺。

這種深海動物要是更大一些，或許更有機會取代大白鯊的地位。不過，大烏賊或大王酸漿魷還可以從牠們的頭足類同胞——烏賊和章魚——身上借點優勢來用用。

要獵捕體形比自己大的鯨魚時，虎鯨會採取團體合作的方式，不過，大烏賊和大王酸漿魷似乎比較喜歡獨來獨往。但對於大烏賊和大王酸漿魷的近親——烏賊來說，只要加強一點溝通技巧，合作無間不是問題，而且他們十分擅長團體打獵。烏賊的體長約六十至九十公分，看起來就像縮小的魷魚。不論是游經布滿黃色、棕色沙粒、各色礫石，或白色貝殼的海床，烏賊都能立刻變換體色和體表紋理，以模擬海床的顏色和質地，躲避捕食者的目光。

烏賊還有一套豐富的訊號詞彙，用以打獵、繁殖和警告。當烏賊身上出現如斑馬一樣的密集條紋，目的是在警告其他雄性個體閃遠一點。羅傑．漢稜（Roger Hanlon）來自麻薩諸塞州伍茲荷（Woods Hole）的海洋生物實驗室（Marine Biological Laboratory），透過電話訪談和實驗室的線上研討會，他提到許多烏賊常用的訊號詞彙和其中所代表的意義，如防禦捕食者、和其他烏賊進行溝通、吸引交配對象、嚇退或欺騙對手、對同伴發出警告等等。

北太平洋巨型章魚（giant Pacific octopus）也是魷魚的近親，擁有和魷魚類似的能力和絕頂聰明的腦袋。北太平洋巨型章魚體重可達近三百公斤，但多數不超過五十公斤，出沒在日本至加州之間的北太平洋海域。科學家相信，章魚的聰明程度雖不比多數哺乳動物，但絕對比任何一種魚類都聰明。

西雅圖水族館的志工，通常只會為章魚、海豹和海獺取名，因為牠們具備鮮明的個性。羅倫·安德森（Roland C. Anderson）曾任該水族館的駐館生物學家，他告訴我北太平洋巨型章魚肚子餓時，會翻過身來露出吸盤跟管理人員討食物。如果你送上食物，牠們會在水缸裡來回游動，體色變紅，安德森認為「這可能是無脊椎動物展現情緒的唯一案例。」

擁有像北太平洋巨型章魚一樣聰明的腦袋，再搭配烏賊的溝通能力，大王酸漿魷被認為有成為頂級捕食者的潛力。若再和近來科學家發現美洲大赤魷一樣能合作打獵，大王酸漿魷將有可能取代大白鯊，成為象鼻海豹的頭號敵人。前提是大王酸漿魷得先離開深海，然而為了捕魚和躲避頂級捕食者，象鼻海豹早已學會往深海前進。

話說回來，如果美洲大赤魷演化出夠大的體形，大自然也可以暫時忽略捕食者活動海域深度的問題。目前，美洲大赤魷的壽命大約是一年半，沒有任何紀錄顯示牠們有活到兩年的跡象。然而，透過指數型的生長速率，美洲大赤魷一天的生長比率可達百分之五。一年半之內，牠們的體重可達近五十公斤，吉利解釋道，如果牠們能活到兩年，體重將逼近三百公斤。要是牠們活到三年，體重恐怕有兩噸。「如果這些傢伙找出存活超過兩年的方法，那就可怕了」吉利如此表示。

就算大白鯊、鼬鯊和低鰭真鯊遭到人類趕盡殺絕，大自然也能夠順應狀況，未來海洋之王究竟由哪種動物來擔當，還需要演化作用和時間來決定。不論陸地或海洋，都曾經出現體形龐大的動物，在少了人類的地球上，牠們極有可能再度回歸。

第四部

接下來呢？

Y
pe
R
Q
&
Al
p
A
H
Gia
t
md
Q
sloth
pra
moc pelycosaur
X
※ *Lystrosaurus*
was
hum
deer
white-faced monkey
dhole
ar
moth
yucca
golden retriever
Kx
Pik
sant
warbler
hed
om
gjc
bison
dog bulldog
※ *Opabinia*
how
Cape buffalo
※ *Homo habilis* bustard
tubeworm crocodile
※ *Pikaia*
q
he
cr
Da
tu
saola
&
r
emu
b
M
ape @
budgerigar
axolotl
frigatebird
※ *Anomalocaris* @
gerbil
komodo dragon
spider monkey
bryozoan
creosote bush
giant clam
albatross
mobula ray
per gibbon
mo giraffe cr
cassowary bi
golden oriole
echidna uy
Vireonidae
fer-de-lance pi
hamster
tsetse fly
K jellyfish
md
mastodon lemur
Frg @
hammerhead
turbo snail
mockingbird
@ do
badger
red-crowned crane
※ *Homo erectus*
bighorn sheep
colossal squid
warbler
octopus
B
guinea pig
whelk
red deer white-lipped peccary
prairie lupine
black stork @
blackbird barracuda
capybara
hedgehog
magpie
Douglas fir
kf
Bolson tortoise
black-crowned crane #
conch
bobcat
dug X
reticulated python che
@Kx
Humboldt squid
coyote
wren
black-faced spoonbill
no
mountain hemlock
water vole
dolphin
sta
afa
Me
R
H
anaconda
coy
bi
wolf
K
no
jackal
gharial
pra
manta ray
anteater
pike
& California condor
grasshopper
hornet
flowerpiercer
aardvark
dormouse
jellyfish #
V
s
B
Z
R
ape
M
H
g
Q
ko
p
※
u
Y
O
J
no
Gia
ora
creosote
cattails @
cuttle
Qbb
magpie
#
war
#
camel
bla
O
md
q
penguin
Chinese tallow
ci
nor
S
D
E
D
b
p
w
X
n
&
B
U
Da
t
whe
Z
Ywq
finch
W
he
lla V
Da Kx
Q w c
bla
ric eel
adillo @
guppy
barb
s
cod ※
U
he
N
Qbb
dodo
Me @ c
ur
fin K
hum
greyhound
crab @
collie
ape
wa
E
kf
kf baboon
civet
beetle
Weddell seal
Tanager griffon vulture
D
crane
warbler
wren
guppy
cougar
yam
jaguar
dire wolf
swan
bi
bi
wa
ora
※ *Claraia*
koala
cat
g
he
beetle
mo
yak
Qqd
saola
n
moth
y
c
wombat
kingfisher
earwig
black vulture
/@
Q
bull shark
@
auroch
c
kangaroo
#
mo
weasel
bonobo
cora
ar
humpback
E

第十二章　大型動物群的衰退與回歸

六萬至八萬年前，智人離開非洲大陸，擴散至全球各地。人類是一股可以影響體形大小的生態力量，智人所到之處動物的體形愈來愈小。智人離開非洲之後，凡是與其遭遇的大型動物盡皆消失，因為大型動物通常是最容易獵捕，而且可以提供最多食物的獵物。在非洲，大型動物和各種不同的原始人類一同演化了幾百萬年的時間，牠們觀察人類的攻擊戰略，學著和這些既狡猾，又有致命風險的兩足動物保持距離。然而，澳洲、紐西蘭和北美洲的動物並沒有意識到人類的危險性。

人類大概在四萬年前登上澳洲，在接下來的五千年左右，澳洲失去了百分之八十五的大型動物。加州大學柏克萊分校的生態學家馬歇爾表示「這等於每五十年就發生百分之一的改變。一個人在二十歲時環顧周遭，到了七十歲的時候能發現這百分之一的差異嗎？恐怕看不出來。澳洲的大型動物完全消失總共花了五千年的時間，雖然就地質時間而言，這是一段很短的時間，但是就人類的生存時間來看，這是非常緩慢的改變。但現在，改變不再如此緩慢。有些在熱帶雨林工作的人，離開五年後再回來，便能發現有些森林竟已經完全消失。」

人類踏上紐西蘭之前，那兒有各式各樣的生物。《第三種猩猩》的作者戴蒙曾如此寫道：「假使人類真的踏上另一個有生命演化的富饒星球，很可能會出現非常相似的情景。」巨恐鳥（giant moa）曾是紐西蘭最成功的動物，這種模樣有如鴕鳥的動物站立高度超過三公尺，體重超過兩百五十公斤。紐西蘭有許多不同種類的恐鳥，巨恐鳥是其中體形最大者，取代了野牛的地位。此外，在紐西蘭，鳴鳥和蝙蝠取代了老鼠，巨雕取代了花豹。

直到大約一千年前，波里尼西亞的居民才首次登陸紐西蘭，而且只花了不到幾個世紀的時間，就徹底摧毀了在地的動物相。紐西蘭近半數的物種消失不見，包括所有大型的飛鳥和多數無法飛行的鳥類。人類獵殺恐鳥除了取肉為食，還連帶利用牠們的毛皮和骨頭，此外，恐鳥的蛋殼還可以做為盛水容器。科學家在紐西蘭的考古地點發現將近五十萬隻巨恐鳥的遺骸，這比任何時候活著的巨恐鳥數量還多出好幾倍，換句話說，在巨恐鳥滅絕之前，人類獵殺巨恐鳥的行徑已經延續了數代之久，巨恐鳥的命運和北美洲水牛的下場幾乎如出一轍。

一萬三千年至一萬年前，北美洲許多大型動物開始消失。有些科學家推測，發生在一萬一千年至一萬年前，造成地球氣溫驟降的新仙女木事件（Younger Dryas event），殺得地球上數百萬種物種措手不及；有些科學家則認為，新仙女木事件末期激升的氣溫導致毛茸茸的動物無法存活。

還有一些人認為，克洛維斯人（Clovis）才是凶手。畢竟在歷史約有一萬三千年左右的考古地點，有大量克洛維斯人的化石遺骸和他們留下的遺跡。北美洲和南美洲當然也有比這更久遠的人類居住遺跡，但這段期間之所以特別值得注意，是因為當克洛維斯人開始大量聚居，他們那特殊的工具——帶有凹槽的石製箭頭——也開始頻繁出現。

有些人相信，大型動物消失本身就是地球突然氣溫驟降的原因，可能因此阻斷了地球上最大型、也最重要的溫室氣體來源：就是胃裡有四個腔室的動物，藉著打嗝（而非放屁）排出溫室氣體。換句話說，早期獵人獵捕大型動物，阻斷牠們朝環境中排放甲烷，讓環境變得溫暖的溫室氣體暫時消失，進而引發了新仙女木事件。

加州大學的古生物學家布萊兒．瓦肯博許（Blaire Van Valkenburgh）雖然同意不能將發生在人類出現後的所有滅絕事件全歸罪在人類頭上，但在造訪她的辦公室時，她告訴我：「然而在平衡的生態系之中，人類的確是一股額外的力量。克洛維斯人出現之後，生態系很快失去平衡。」

克洛維斯人以全新的肉食者之姿出現，憑藉高超的打獵技術和劍齒虎（saber-toothed cat）及似劍齒虎（scimitar-toothed cat）競爭資源。大型的貓科動物會合作獵捕野牛或野馬，也有證據指出牠們會跟蹤猛瑪象，並對年幼的個體發動攻擊。對牠們而言，人類簡直就是不速之客，這麼多捕食者存在的環境裡，食物根本不夠吃。人類的出現就像個引爆點，當人類踏上北美洲大陸，大型動物的族群便開始消失。

瓦肯博許認為，從劍齒虎、似劍齒虎和大型恐狼（dire wolf）的牙齒狀況，可以看出人類和大型動物競爭的證據。比起今日的野獸，如山獅和灰狼，這些捕食者牙齒磨損斷裂的情形更為嚴重，雖然有些狀況在人類出現之前就已經如此，但智人的到來，加劇了原本就已經夠競爭的場面。

「大型捕食者如果更積極、更完整地啃食動物遺骸的骨骼，牙齒磨損的情形會更嚴重，牙齒斷裂的數量也會更多，」瓦肯博許和威廉．瑞波（William J. Ripple）在一篇聯名發表至《生物科學》（*BioScience*）期刊的論文中如此寫道「捕食者的數量遠多於人類，造成大型動物消失的主要原因應該是牠們，而非人類。」人類加入捕食者陣容，就像在駱駝背上多添了一根稻草，但並不是造成大型動物滅絕的主要原因。

然而，這些大型哺乳動物一開始究竟如何長出這般龐大的身軀？恐龍還在的時候，哺乳動物在這些巨獸腳邊匆忙走避，偶爾會在灌叢、樹洞或地道中尋找藏身棲所。不過，那顆造成恐龍滅絕的小行星撞擊地球之後，哺乳動物的體形就變得愈來愈龐大。

哺乳動物的體形大約從六千五百萬年前開始變大，在相當短的時間內成長了將近一億倍，但是卻花了三千多萬年的時間才達到顛峰。新墨西哥大學生物學教授費莉莎・史密斯（Felisa A. Smith）表示，當時陸地上隨處可見各式各樣體重達十七、八噸的哺乳動物。大約三千四百萬年前的歐亞大陸上，靈獸（*Indricotherium*）這種有如犀牛，但頭上無角的草食動物出沒。牠們體重約十七噸，肩高約五點五公尺，比如今的非洲象還要高大，是有史以來最大型的陸地哺乳動物。

氣候愈寒冷，動物的體形就愈大，這樣才能有效地儲存熱能。近來，洛杉磯自然歷史博物館的王曉明（Xiaoming Wang，音譯）和中國科學院的李強（Qiang Li，音譯）在西藏高原西南方，喜馬拉雅山山腳下發現了大型長毛犀牛的遺骸。這種長毛犀牛身高大約一點八公尺，體長三點六至四公尺左右，頭上有兩隻大角，一隻長在鼻尖上，長度約九十公分，另一隻頭角則長在雙眼之間。健壯的西藏長毛犀牛外形就像犀牛，只不過披著長而密實的體毛，和長毛象、地懶（giant sloth）及劍齒虎同為已經滅絕的大型哺乳動物。據判斷，這隻長毛犀牛大約出現在三百七十萬年前，比起之前最古老的長毛犀牛化石遺骸還多了一百萬年。

西藏長毛犀牛存在的年代，氣候溫暖多了。當時西藏北方的遼闊原野尚未成為進入冰河時期的冰封大陸。不過，生活在西藏高原上的動物也已經習慣高海拔地區的寒冷氣候，可說替未來做好了預先準備。因此，當冰河時期來臨，這些耐寒的犀牛開始離開高原往低海拔移動，逐漸遍布整個歐亞大陸。而冰河時期的大型哺乳動物，很可能把西藏高原當作繁殖場域。

土塚研究

我和史密斯見面的地點，是她位於新墨西哥大學的實驗室裡。踩著一雙牛仔靴的她比我還高，多年來一直以動物體形為鑽研目標，她相信，體形是動物面對氣候變遷時重要的適應方式之一。

目前，史密斯正在研究加州死亡谷國家公園內的林鼠（pack rat，也稱 wood rat），比較牠們現時和古時的體形差異。林鼠會將不需要的東西扔出巢外形成土塚，史密斯可以從中獲得許多和林鼠生活環境及生態有關的細節線索。光憑土塚中的糞便大小，她就能判斷林鼠的體形和其他與氣候有關的間接資訊。史密斯還在土塚中發現牙齒和骨骼，藉此判斷林鼠的種類。史密斯帶我見識了她實驗室裡的林鼠土塚樣本，甚至邀請我拿起來聞，我也確實小心翼翼地照做，她問我聞到了什麼味道，我如實地回答那樣本帶點甜味，她說：「你是研究林鼠土塚的天生好手！」那甜味來自林鼠的尿液，牠們用尿液將廢物碎片沾黏在一起。

根據史密斯的說法，動物身體質量和環境氣溫之間的關係，已證實可用德國生物學家卡爾・包曼提出的包曼氏法則（Bergmann's rule）加以預測：對廣泛分布的哺乳動物來說，體形較大的物種多分布於寒冷的環境，而體形小的物種常居住於溫暖的地區。

史密斯研究古老的林鼠土塚是因為它提供了許多詳盡說明當代環境的化石證據。林鼠會將樹枝、樹葉、小石頭、糞粒和任何能找到的東西堆在巢穴前形成土塚，土塚既能阻擋捕食者，又有絕緣的功能，也可以抵抗氣候變化。要是林鼠將土塚建造在岩石露頭上，這些土塚就能保存數千年之久，並可以用放射性碳定年追溯其年代。光是一座山上可能就有好幾十個林鼠土塚，且至少跨越三萬年的時間。

土塚中的糞粒大小，則是判斷林鼠體形大小和飲食組成的關鍵指標。研究人員可以藉此瞭解數千年來，林鼠族群因應氣候變化產生了怎樣的體形變化和遺傳差異。

如今，死亡谷是地球上最熱、最乾燥的地方，然而，在上一次冰河時期期間，死亡谷曾被寬達一百六十公里，深度近兩百公尺的曼利湖（Lake Manly）覆蓋，當時的氣溫比現在低了攝氏六至十度。當死亡谷的氣候逐漸變暖，林鼠適應環境的同時也逐漸往上坡處移動，來到海拔高度一千八百公尺的位置，但是，這裡顯然還不夠高，六千年前左右，死亡谷東側不再有大型林鼠出沒。

肉食陷阱

並非所有哺乳動物的滅亡都是因暖化或人類而起。加州大學的瓦肯博許指出，過去五千萬年來，外形如貓、狼、鬣狗的大型肉食性哺乳動物族群雖然不斷分化，但最後仍走上衰退和滅絕的道路。犬科（Canidae）之下曾經有三個亞科，其中兩個亞科已經滅絕。瓦肯博許認為有些滅絕是因為「肉食陷阱」（the meat trap）而引起。當肉食動物需要更多能量時，除了將飲食習慣轉換為純肉食之外，還會鎖定體形比自己更大的獵物，然而一旦走上這條道路，就很難回頭找體形較小的獵物了。

大約三千萬年前，犬科之下的三個亞科都達到顛峰狀態，但最後只有一個亞科留存下來，這個亞科的成員包括家犬、狼、狐和郊狼。其他兩個亞科的成員體形增加了四倍至六倍，但是當獵物愈來愈少，牠們卻已無法回頭找體形較小的獵物來果腹。牠們已經適應了純肉食的食性，而且只獵捕體形比自己大的獵物，換句話說，牠們根本沒有足夠的食物可吃。比起今日的七種，當時北美洲有二十五種犬科動物。只能說，以往的大自然確實豐饒富庶得多。大自然能回復過往那般繁榮的物種多樣性嗎？我們能回到過去嗎？

找回野性

多年來，北美洲環保人士經常提到的黃金時代，是一四九二年，歐洲人踏上美洲土地之前的日子。然而，二〇〇五年，康乃爾大學生物學家賈許．多倫（Josh Dolan）和一群聲譽卓著的科學家，在《自然》期刊上聯合表達了希望大自然可以回復到更久之前的願景。他們希望大自然可以恢復到克洛維斯人出現前的模樣，畢竟那是人類改變美洲大陸的真正起點。

多倫這群人認為，面對阻止地球繼續喪失多樣性的這場戰爭，西方世界的科學家只守不攻，只是勉力減緩多樣性喪失的速率而已。多倫的團隊希望藉著「滅絕管理」（managing the extinction）來扭轉局勢，主動地「回復生態和演化過程」。他們希望從其他大陸找來動物，替補原本生活在北美洲的大型動物，讓北美洲回歸到有馬、駱駝、大象，甚至獅子漫步其上的情景。

多倫的團隊首先提議讓美洲最大型的陸龜——黃緣沙龜（Bolson tortoise）——重新踏上美國西南區。我曾跟著已故的加州州立大學多明格斯山分校的爬蟲學家，大衛．莫拉夫卡（David Morafka），一同造訪致力於保護馬皮米盆地（Bolsón de Mapimí）黃緣沙龜及其獨特動植物相的馬皮米生物圈保護區（Mapimí Biosphere Reserve）。馬皮米盆地位於墨西哥市北方的奇瓦瓦沙漠（Chihuahuan Desert）之中，是一處大型的內陸盆地。黃緣沙龜的分布範圍曾經超出奇瓦瓦沙漠北界，擴及美國南端，那兒也是牠們在美國最後出沒的地點。如果黃緣沙龜能夠擴大在奇瓦瓦沙漠的分布範圍，或許這種美洲最大型的陸龜，有機會重新出現在美國。

野馬是另一種有機會野化（rewilding）的物種。大約五百年前，歐洲人將野馬重新引入北美洲，此後野馬回歸牠們早在一萬三千年前便穩穩占據的生態棲位。許多農場主人認為野馬和驢子是大型的有害動物，因為牠們不僅汙染水坑，還會和牛隻、北美洲原生的叉角羚羊、羚羊及大角羊競爭。然而，對多倫來說，這些野馬跟其他物種一樣，也是這片土地的原生物種。

問題在於，不能只是重新引入像馬這樣的大型草食動物，也得重新引入捕食者來控制牠們的數量。一九七一年，野生自由馬驢法案（*Wild Free-Roaming Horses and Burros Act*）通過，騷擾、捕捉或殺害野馬都屬違法行為。此後，美國大盆地沙漠（Great Basin Desert，大部分坐落在內華達州境內，與周圍各州接壤）的野馬數量一飛沖天。不過，蒙哥馬利隘口野馬區（Montgomery Pass Wild Horse Territory）的情形就不是這樣，蒙哥馬利隘口橫跨加州與內華達州邊界，科學家在這裡研究山獅，而山獅就是可以有效控制野馬數量的捕食者。

用天敵制衡的方式，或許能為普氏野馬提供一線生機。相較於多數已被人類馴養的馬，普氏野馬體形較小，原生於亞洲中部幅員遼闊、位於半乾燥氣候區的草原（steppe）。普氏野馬和亞洲野驢（Asiatic wild ass）都是自由生活且被列入極危狀態的馬科成員，引入美國或許能讓牠們獲得免於滅絕的機會，同時又能讓馬回歸演化發源地。許多科學家認為這個做法的重點在於必須同時引入捕食者，才能控制馬的族群數量。

說了怕各位不信，駱駝其實起源於北美洲，三百萬年至四百萬年前，牠們從位於亞利桑那州的沙漠開始往北遷徙，橫越白令陸橋。目前，國際自然保護聯盟將雙峰駱駝列為極危物種，中國約有六百隻野生雙峰駱駝，蒙古則有四百五十隻，牠們才是真正的野生駱駝。至於單峰駱駝，除了澳洲有少數的野生個體，其他皆為人類馴化。上個冰河時期尾聲，北美洲有四種駱駝和駱馬，如今，野生的雙峰駱駝僅出沒於戈壁沙漠，而牠們的近親駱馬，則僅分布於南美洲。

一八五〇年代，愛德華・比爾（Edward Beale）上尉率領主要由單峰駱駝組成的美國駱駝隊，從德州出發前往加州。對於駱駝能以木焦油樹和其他灌木為食的能力，比爾感到相當驚訝，如今美國西南沙漠多數地區都是由這些灌木組成的濃密單一林相。如果，我們讓雙峰駱駝重新回到這裡，或者將馴養過後的駱駝釋放到野外，植物景觀應該會變得更多元。駱駝曾是沙漠生態系的重要成員。澳洲有完善的牛隻、單峰駱駝共同放牧計畫，既讓人類享用駱駝肉和牛奶，又能提升植物景觀的豐富程度。

大象則有可能成為美國西部另一種光榮回歸的物種，我曾在奧杜瓦峽谷（Olduvai Gorge）看著牠們大啖灌木林，哪怕這些灌木上布滿尖刺，大象依舊發揮推土機一般的效率，把灌叢清除得乾淨溜溜，掉在地上的殘枝落葉則有助於土壤新生。東非平原許多開闊草原之所以能夠存在，都要感謝大象的幫忙，倘若將大象引進愛德華茲高原的杜松林，或許有助於減緩杜松造成的問題。

還有一種可以重新引入美國西部、再度野化的動物則是獵豹。美國西部原本是有獵豹出沒的，大約兩百五十萬年前，美洲獵豹首次出現在北美大陸，直至兩千年前和其他大型動物一起消失於此。叉角羚羊移動的極速可達每小時九十六公里，移動速度僅次於獵豹，牠們的動作之所以如此迅捷，全都是拜獵豹所賜。不過，若將獵豹比喻為衝刺型的短跑選手，那麼叉角羚羊就是耐力十足的長跑選手。叉角羚羊可以每小時六十四公里的均速持續跑至少半小時，在懷俄明州的長草草原上飛奔。就牠們現今的生存環境來看，叉角羚羊根本不需要跑這麼快，生物學家認為，這是因為牠們曾經和美洲獵豹共同生存在北美平原的關係，那時候的北美洲還有猛瑪象和地懶出沒。將獵豹重新引入北美洲，叉角羚羊就非得維持體適能不可。此外，曾經遍布在非洲和東南亞的非洲獵豹，數量已經大幅減少，進入下個世紀之後，地球上很可能就沒有牠們的身影，引入北美平原或許能夠提升牠們的生存機會。別擔心，這麼做並不會引發入侵種造成的問題，畢竟早在人類出現之前，北美洲就已經有獵豹存在。很多時候，人類才是最麻煩的入侵種。

目前，世界各地動物園中的非洲獵豹合計約有一千隻，牠們可以視為美洲獵豹的替代者，畢竟兩者親緣關係緊密。我曾經乘坐莽原觀光車，在坦尚尼亞的恩戈羅恩戈羅火山口附近親眼看見一隻獵豹：沐浴在陽光中的牠正梳理毛髮，身後有幾隻羚羊，此時，有事情吸引了獵豹的注意力。牠緩緩起身，慢慢靠近其中一隻羚羊，兩隻鬣狗也因為看見獵豹準備打獵的姿態而跳了起來，露出巨大尖牙的鬣狗活像臉上掛著詭異笑容的小丑，靜待時機到來。

獵豹擺出起跑姿態，像閃電一般衝了出去，身後捲起一片沙塵。疾馳的獵豹很快擒到了那隻羚羊，讓牠窒息而死，一旁的鬣狗則是因為等會兒可以享受獵豹吃剩的大餐而顯得歡欣鼓舞。

觀光客就是要看這種場面。北美洲不但同樣有發展生態旅遊的潛力，也能從中獲得足夠的資金供國家公園保護動物、維持生態環境。位於加州的聖地牙哥野生動物公園每年約有一百五十萬人造訪，而全美有這等觀光吸引力的國家公園僅有十二座。

在美國，國有和私人公園之間的觀光落差，或許能透過野化來填補。黃石國家公園重新引入狼隻所花費的成本為五十萬至九十萬美元，然而狼隻卻使黃石國家公園每年增加了六百萬至九百萬美元的額外收入。光是荒野一匹狼的景象，就能有這麼熱烈的迴響，如果民眾能看見獵豹或大象呢？

直到上一次冰河時期末期之前，遍布北美洲的加州兀鷲一直興盛繁殖。一萬年前，牠們翱翔於大峽谷之上，尋找大型動物（這些動物如今已滅絕）的遺骸來填飽肚子；現在，加州兀鷲再度盤旋於大峽谷上空，不過圈養繁殖計畫的工作人員必須拖來牛隻遺骸餵食牠們。如果，更新世的大型動物群能夠回歸美國西部，這些腐食動物的族群或許能再次蓬勃發展。

今天，美國東北地區樹林中的鹿，族群量達到歷史高峰，而傳播疾病的媒介害蟲數量也直線上升，例如我們之前提過的黑足蜱。疾病的存在和蜱、白足鼠及白尾鹿三者有關。灰狼存在時，鹿會因此避開濃密林地區以免遭受攻擊，然而，少了灰狼的濃密樹林裡到處都是白尾鹿，蜱的數量和萊姆病的發病率雙雙達到高峰。如果狼能夠重新回歸，使生態變得較為平衡，那麼萊姆病、漢他病毒、猴痘、斑疹傷寒、黑死病和出血熱等疾病的發生機率，或許有機會降低。

上述這些有機會重新野化的大型動物，和更新世大滅絕前存在於地球上的大型動物雖然並非相同種類，但在生態系中扮演著類似的角色，北美洲遊隼計畫（North America peregrine falcons）就是如此。這項計畫旨在恢復北美洲遊隼的數量，遊隼數量下滑是因為人類使用滴滴涕（已於一九七二年禁用，但仍在環境中殘存多年）導致牠們的卵過於硬脆，容易破裂，雛鳥無法孵化。為了增加美洲的遊隼族群數量，計畫工作人員引入大量人工飼養繁殖，和遊隼同屬但不同亞種的鳥類。一九六〇年代，美國中西部的遊隼族群消失殆盡，牠們空出來的生態棲位，最後終於由參與北美洲遊隼計畫的鳥兒成功填補。

生物學家小心謹慎地監控著更新世野化計畫（Pleistocene rewilding program），也沒忘了要忠於化石紀錄。私人土地有最直接的野化潛力：美國德州的農場裡，現在合計有超過七萬七千隻大型的亞洲和非洲哺乳動物。若要展開更大型的野化計畫美國西南方的公有土地或許會是選擇之一。

要實行美國的野化計畫，合理的第一步應該是從黃緣沙龜和異國的馬種出發，畢竟牠們近來已經在北美洲占據了類似的棲地。接著可能是駱駝和駱馬，畢竟這兩種動物有助於控制入侵種植物。最後引入的可能是大象或非洲獅。前面已經提過大象和駱駝有控制木本植被的好處，至於引入非洲獅的好處則造成較大爭議。非洲獅曾是陸地上分布範圍最廣的哺乳動物，而亞洲獅已被列為極危物種，全球只剩下唯一一群亞洲獅，出沒在印度古加拉特邦（Gujarat State）。目前在非洲和印度，獅子的保護區面積已相當於美國某些連續的私人土地。

雖然建立捕食者族群是必要措施，不過，最主要的問題在於：獅子偶爾會攻擊人類。在美國，重新引入山獅也引發同樣的擔憂，但民眾對這種做法的接受度已經逐漸提升，山獅不再遭受人類大量屠殺。不過，非洲獅的體形更大，作風更強悍，畢竟牠是來自非洲的頂級捕食者。

非洲和印度的野生動物保護區重新引入獅子之後，園區內的獵物已經重新恢復正常行為，族群數量也受到控制。不過，在美國重新引入獵豹和獅子之前，有些重大問題必須先得到答案。

一九九〇年代，黃石國家公園重新引入狼隻，控制了麋鹿的族群數量，讓森林有機會重新生長。同時是狼的獵物，也是競爭者的郊狼所能獵捕的叉角羚羊幼體和其他小型捕食者——如浣熊和河狸——的數量，也因為狼的存在而下降。此外，狼還還嚇退踐踏河濱植被的有蹄類哺乳動物，為候鳥保留可以築巢的棲地。

人類尚未進入之前，北美洲曾是規模宏大、平衡的生態系，生存其中的捕食者和獵物數量遠甚今日。如今，這些的情景逐漸衰退，環境變得困乏而反常。鳥類、哺乳類、爬蟲類和兩棲類變得更少，自然界的任何事物幾乎都已減少。「不過，人類的適應能力倒是了得，換句話說，我們對過去沒有留下深刻記憶，」加州大學柏克萊分校的古生物學家馬歇爾如此說道「我在澳洲長大，記憶中四處都是野生生物，環境裡充斥著各種自然界的聲音。相比起來，美國的自然環境顯得枯燥多了，幾乎聽不到任何自然界的聲音。然而，我已經適應這種狀況，這些相對寂靜的日子不再引起我的注意，但我剛到美國的時候，確實發現了這種明顯的差異。」

科學家告訴我們，東南亞的叢林曾經是一片喧囂嘈雜的森林，野生生物發出的聲音此起彼落。而今，那裡成了國際野生動物交易市場的主要貨源。珍饈、中醫、寵物、狩獵戰利品、裝飾品都是人們買賣這些動物的動機；地區性的經濟成長、個人財富增加、中國傳統醫學在世界各地廣受歡迎等現象，則助長了野生動物的買賣需求。

國際野生生物保護學會（Wildlife Conservation Society）的副主席莉茲·班尼特（Liz Bennett）表示，盜獵情況在東南亞十分猖獗，造就了「寂靜的森林」，整個地區沒有任何生氣。她曾在位於婆羅洲的馬來西亞庫巴國家公園（Kubah National Park）有過最深刻的體驗「那是一座美麗的森林，古老原始的樹木林立，雖然有昆蟲發出的聲音，但大白天的，你聽不見長臂猿吼叫，也聽不到鳥兒鳴唱，甚至看不到松鼠出沒。」

對美國人而言，野化或許是新奇的觀念，對荷蘭人來說卻不然。弗列福蘭省（Flevoland）位於荷蘭中部，過去曾是沉沒在北海海灣之下的一片泥濘，一九五〇年代，規模龐大的排水工程讓弗列福蘭省終於得見天日。如今，歐斯凡德許布拉森保護區（Oostvaardersplassen）就在原本一片泥濘的弗列福蘭省之上。生物學家已在這片面積達六千公頃的荒野引入了會在荷蘭本土和弗列福蘭省出沒的動物。許多古老的動物已經滅絕，生物學家只好尋找備案。既然沒有原牛（auroch）這種已經滅絕的大型牛科動物，生物學家引進了家牛（Heck cattle）、紅鹿（red deer）和波蘭原種馬（Konik horse）等天性就會聚集成群的動物，此外還引入了白尾海鵰（white-tailed eagle）、渡鴉、狐狸、白鷺、野雁和其他生物。如今，這座荷蘭的野生動物保護區裡已有成群的大型動物漫步其中，遠看倒還和賽倫蓋蒂國家公園有幾分相似。掏出四十五美元，觀光客就可以盡情遊覽此地風光。

荷蘭的實驗如此成功，激發了南歐地區的野化運動。每一年，數千英畝的邊際農田退出生產線，有些是為了因應氣候變遷，有些則是規畫成為未來的公園用地。最近，西班牙的自然與人類基金會（Fundación Naturaleza y Hombre）在一處阿札巴生物保護區（Reserva Biológica Campanarios de Azaba）釋放了二十四匹雷圖埃爾塔馬（Retuerta horse），這是歐洲最古老的品種之一。如今，歐洲許多地方有大規模的土地棄置，正好為大自然提供了機會。這群雷圖埃爾塔馬建立的新族群，可幫助於這片已經有黑兀鷲和黑鸛（black stork）出沒的地區，進一步保存罕見的馬種。野化運動也蔓延到了葡萄牙的菲亞布拉瓦保護區（Reserva da Faia Brava），相關人士希望葡萄牙的馬種可以和白腹隼鵰（Bonelli's eagle）、金鵰（golden eagle）、高山兀鷲（griffon vulture）、白兀鷲（Egyptian vulture）及鵰鴞共享這片大地。

野化背後的想法固然可貴，但問題來了：第六次大滅絕過後，這個世界仍能保持完整的模樣嗎？還是，人類在離開地球舞臺之前，會把地球毀滅殆盡？過去引發大滅絕的肇因，無論是火山噴發、小行星撞擊地球，或者人為因素，都在地球上留下了需要漫長時間才能復原的傷害。如果野化行動成效不彰，人類注定要離開地球舞臺，那麼未來的動植物相會如何找到新生契機？

華盛頓大學古生物學家沃德在著作《演化的未來：未來的生命形式》（*Future Evolution: An Illuminated History of Life to Come*）中提到，最有可能生存下來的是那些被人類馴化和都市化的物種。他相信，大滅絕過後的「復原生物相」當中，最主要的物種就是已經被人類馴化的動植物，他甚至認為，這些被馴化的物種早已取代滅絕生物或瀕危生物在生態系中所扮演的角色。

加州大學戴維斯分校當代演化研究所的史考特．凱洛（Scott Carroll）則認為，被人類馴化的植物會是個問題。「這些植物跟寵物沒兩樣，我們替這些植物澆水、施肥，照顧得無微不至。」像椰棗這種適應能力較強的植物可能會像雜草一像蔓生，但是對於玉米和其他人類已經馴化的主要作物，凱洛並未抱持樂觀態度。

在人類眼裡，若要能稱得上是最成功的馴養動物，必須具備以下特質：快速進入性成熟期、能在圈養環境下繁殖、受驚嚇時不容易慌張，以及可能是最重要的一點——性情溫順。馴養動物具備以上特質，才能留下活口，否則人類會結束牠們的生命，可想而知，比起牠們的祖先，這些被馴養的動物肯定比較笨。狗比狼笨、貓比獅子笨、牛比野牛笨。不過，凱洛倒覺得，被人類馴養的馬有可能存活下來「人類對馬的育種目的就是希望牠們能跑，這麼一來，牠們面對狼或山獅時還有點機會。至於牛，奔跑就不是牠們的強項了。」

世界各處的草地上，人類馴養的牲口取代了大型動物，但少了人類的細心呵護，綿羊、山羊或牛隻有辦法生存嗎？由家畜接管人類消失後的荒野，那會是什麼模樣？實在令人難以想像。

為了想像末日的荒野究竟是何模樣，我前往位於洛杉磯威爾希爾大道（Wilshire Boulevard）上的佩吉博物館（Page Museum），打算一訪其中的拉布雷亞瀝青坑（La Brea Tar Pits）。那日天氣陰霾，兩位加州大學洛杉磯分校的研究生，凱特琳．布朗（Caitlin Brown）和麥倫．包利西（Mairin Balisi）帶著我進行一趟博物館巡禮，為我介紹最有名的瀝青坑。我們來到了第九十一號瀝青坑，這裡是全球冰河時期化石遺跡最豐富的保存地點之一，瀝青坑的周圍牆面由枕木支撐著，開挖地點周遭都有玻璃包圍著。所謂瀝青坑，其實就是瀝青滲出的地方，這裡的瀝青來自漢考克公園（Hancock Park）地下約三百公尺處的鹽湖油田（Salt Lake Oil Field）。第九十一號瀝青坑坐落於洛杉磯鬧區西方約十公里處，往北再走個五公里就是好萊塢。

最早期的洛杉磯人出現在十九世紀初，他們來到這裡開採鋪路和其他用途所需的瀝青。一直以來，人們以為在瀝青坑中發現的動物骨頭是家畜的骨骸。直到一八七五年，地質學家威廉．丹頓（William Denton）造訪這裡，在其中鑑定出劍齒虎的犬齒。然而，人們卻一直到了一九〇一年才意識到這些瀝青坑是多麼珍貴的寶藏。當時，另一位地質學家發現，瀝青坑中的骨骸來自已經滅絕的物種，旋即引發考古界的淘金熱。地主喬治．漢考克（George Allan Hancock）擔心這塊地方遭到過度蹂躪，於是將一九一三至一九一五年的專有開採權授予洛杉磯自然史博物館。

館方從在瀝青坑中將近一百個不同地點，挖出了幾乎一百萬塊骨骸，包括劍齒虎、恐狼、美洲擬獅（American lion）和短面熊（short-faced bear），牠們的體形全都比今日擁有相等地位的動物更大。出沒在北美洲的北美洲短面熊體重可達一千一百三十四公斤，而牠的近親則是史前時代在南美洲出沒的南美洲短面熊，體重更是有一千六百公斤，恐怕是當時地球上最大型的肉食動物。科學家還從瀝青坑中找到了駱駝、地懶和乳齒象的遺骸。

夏季期間，瀝青坑表面的瀝青變得黏稠，很快沾染了灰塵和樹葉，成了十分隱蔽但收效極佳的動物陷阱。地懶、駱駝或猛瑪象一旦涉足其中，三、五公分厚的瀝青就足以讓牠們動彈不得，牠們要不是陷在瀝青坑中活活餓死，就是遭受捕食者的攻擊，卻毫無反擊能力。

到了冬天，瀝青變得堅硬，緩緩埋葬那些在溫暖時節留下的動物骨骸。拉布雷亞瀝青坑裡一項最有趣的發現就是：肉食動物的骨骸數量比草食動物多，比例大約為九比一，就連鳥類的骨骸也多半是猛禽的骨骸。陷入瀝青的草食動物發出悲鳴，可能引來了捕食者，沒想到捕食者最後也受困其中。瀝青可說是上好的防腐劑，這些骨骸一旦受到瀝青包覆，幾乎不會受到氣候因素的影響。

不同的瀝青坑開放時間不盡相同，然而它們就像回顧過去的窗口，讓我們得以窺看兩萬七千年前至四萬年前的世界。一九七七年，佩吉博物館落成後，從拉布雷亞瀝青坑蒐集而來的骨骸皆轉而存放在博物館內。第九十一號瀝青坑已經重新開放，目前正有挖掘工作在進行。博物館的員工、加州大學洛杉磯分校的學術人員和熱心的志工著重研究小型獵物、肉食動物、鳥類和植物，希望藉此瞭解這個存在於過去，曾有大型動物四處漫遊的生態系。

那天稍後，我前往古生物學家瓦肯博許的辦公室拜訪，她跟我聊了他們學院對挖掘瀝青坑所做的貢獻。她指出，拉布雷亞瀝青坑就像一扇窗，讓我們窺探更新世大滅絕發生之前以及人類崛起之前，地球上的生命和周遭生態系的模樣。她的研究主要集中在大型捕食者。現代的物種和體形較大、行為更複雜的捕食者一起演化，她的研究目標之一就是搞懂過去的動物對現在的動物有何影響。

佩吉博物館有一座巨大的機械裝置藝術，是一隻更新世時地球上最大型的猛獸之一——劍齒虎躍在地懶背上的畫面。當機械雕像開始作動，劍齒虎的犬齒變深深插入地懶的脖子裡，一次又一次……只不過，這個畫面跟事實有點差距。「老實說，劍齒虎不太可能有辦法咬穿地懶的背，」瓦肯博許這麼說「地懶是犰狳的親戚，毛皮之下的皮膚裡有骨頭形成的小小瘤突。劍齒虎不可能咬穿這種結構，只好轉而從地懶的脖子下手。再者，力大無窮的地懶只要環抱雙臂，輕鬆就能壓碎劍齒虎的骨頭。」三萬六千年前，捕食者和獵物在瀝青坑相遇的典型場面，應該是一群恐狼匆匆地了結一隻駱駝；在空中盤旋的大型兀鷲和在一旁伺機而動；準備撿食殘骸的大型郊狼，有可能對恐狼形成威脅；但只有體形比恐狼大上兩倍的劍齒虎，有機會驅趕恐狼離開獵物。瓦肯博許表示「到了隔天，駱駝的死不會留下任何痕跡，隨著時間流逝，駱駝的骨骸深深埋入瀝青之中。我們今天研究的化石遺骸就是這麼來的。」

根據瓦肯博許的說法，三萬六千年前地球上的生命和今日最大的差別，就在於北美洲大型動物的多樣性。這些大型動物一直生存到上一次冰河時期的尾聲，也就是一萬年前左右。三萬六千年前，地球上有五十六種體形和野豬相當，甚至比野豬更大的有蹄哺乳動物，如今只剩下十一種；那時的地球有十五種體形至少跟郊狼相當的肉食動物，牠們以乳齒象、猛瑪象、野牛、馬和駱駝為食，如今在此處附近出沒的肉食動物只剩下郊狼。更新世時，洛杉磯是一處寬廣的氾濫平原，植被蓊綠，起源自高山的溪流急衝而下，在盆地周圍交錯縱橫。當時的氣候較寒冷、潮濕，綠意也更濃密，環境就像如今位在北方約五百公里處，以林木茂盛聞名的碧蘇爾（Big Sur）地區。這些鄰近海岸的土地，吸引習慣遷徙的動物隨著季節沿海岸線移動，以途中的動植物為食。

這就是人類消失以後的場景：充滿綠意的天堂，野生生物和鳥類在湛藍的海洋邊徘徊，海洋裡不乏各種魚類、鯨魚和海洋哺乳動物。雖然在拉布雷亞瀝青坑進行研究的科學家勾勒出的遠古場景有點令人毛骨悚然，但那並非常態。

為數眾多的捕食者共同攻擊單一隻獵物，這場面不太正常。科學家推測，在拉布雷亞瀝青坑，只要在十年內發生過一次這樣的場面，就足以留下化石遺骸。當時的地球有更多綠色植物、灌木和喬木。三萬六千年前出沒在洛杉磯的捕食者，會讓獵物族群變得更強壯，植物變得更蓊綠。

這個曾有各種我們難以想像的生物棲息其中的野生生物天堂，現在周遭滿是高樓。目前看來，讓人類消失，是這裡重新恢復理想狀態的唯一辦法。

這種狀況發生的機會究竟有多大？大滅絕若真的再次發生，人類捱得過去嗎？人類有逃脫的出路嗎？

第十三章　入侵火星？

如果我們真的把地球搞砸了，該不該試著移居其他行星？星際旅行很可能成為改變人類的主要力量。相較於地球，其他行星可能有不同的大氣組成、宇宙輻射量、晝夜週期、極大的氣溫和重力差異。只要時間夠長，這些都是非常強大的演化力量，足以讓人類變成完全不同於地球上的物種，光是重力的差異就夠了。而說到星際旅行，總是令人聯想到火星。

十九世紀末，義大利米蘭佈雷拉天文臺（Brera Astronomical Observatory）臺長喬瓦尼．夏帕雷利（Giovanni Schiaparelli）是史上第一位認真研究火星的天文學家。利用天文臺的望遠鏡，他在火星表面數算了六十多個十字記號，以地球上著名的河流為它們命名，稱之為「*canali*」（在義大利文指水道、溝渠的意思）系統。然而，既是作家也是天文學家，來自新英格蘭的富家子弟波斯浮爾．勞威爾（Percival Lowell）在其一九〇六年的著作《火星及其運河》（*Mars and Its Canals*）中，將這些水道溝渠描述為規模擴及整個火星的運河灌溉系統，他認為這是有智慧的居民在荒涼的火星上，為了引用火星極區冰帽作為水源所建造的水利工程。勞威爾這一番言論著實激發了大眾的想像力，他認為移居火星恐怕不是為人類解套的答案，畢竟那裡已經有智慧生物的存在。

某個寒冷的十二月夜晚，氣溫下降至攝氏零下七度，我來到亞利桑那州的旗竿市（Flagstaff），造訪勞威爾的私人天文臺。身為訪客的我，有幸使用一八九六年阿爾萬．克拉克父子公司（Alvan Clark & Sons）為勞威爾打造，鏡筒直徑六十一公分的折射望遠鏡。天文臺的服務人員繞著天文臺的圓頂擺動望遠鏡時，火星正在上方的夜空。我將眼睛湊上這精密的天文望遠鏡，試著尋找令勞威爾興奮不已的「運河」時，太陽已經下山兩個小時。

老實說，我還真看不到什麼運河。即使月球的隕石坑看起來清晰而銳利，但火星運河實在叫人起疑。甚至當太空船利用現代科技回傳高解析度的火星表面影像時，根本看不到任何運河的跡象。許多人認為，或許時間夠晚，又透過望遠鏡盯得夠久，有機會發生這樣的視覺錯覺。不過，早在勞威爾的天文發現之前幾十年，巴拿馬和蘇伊士運河已經建造完成，或許，他認為凡是智慧生物都會建造運河吧。

儘管如此，勞威爾和他的助手仍花了十年以上的時間，為火星表面繪製出由幾百條運河構成的系統。雖然，他的望遠鏡是當代最精密的天文望遠鏡，但解析度和今日的望遠鏡仍無法相提並論。一九六〇年代，洛杉磯附近的威爾遜山天文臺（Mount Wilson Observatory）拍攝的火星紅外線光譜影像顯示，這顆紅通通的行星大氣壓力極低，大約是四點五毫米汞柱，地球的大氣壓力則是七百六十毫米汞柱。在這樣的大氣壓力之下，水會呈現有如乾冰的狀態，遇到熔點時直接由固態變為氣態。如此一來，勞威爾的運河系統根本沒有存在的可能，因為水根本無法在火星表面流動。

一九七一至一九七二年，水手號（*Mariner*）及維京號（*Viking*）執行任務期間，拍攝了火星的照片，從畫面中可以看出火星歷史悠久的表面上有縱橫交錯的山谷，看起來像極了地球上的溪流河床。二〇〇八年，鳳凰號成功登陸火星北極，並發現純水結成的冰。是否勞威爾對火星的說法至少有一部分是正確的？

以太陽為中心往外數，火星是第四顆行星，也是我們的太陽系中和地球最為相似的行星。火星崎嶇不平的表面存在歷史較久，整理起來也比較不容易。火星上有乾冰場、坑口、火山、氾濫平原、峽谷、裂溝和高山。火星表面上矗立著高約二十五公里，寬約六百二十四公里，面積相當於亞利桑那州的奧林帕斯山脈（Olympus Mons）。水手號峽谷（Valles Marineris）綿延超過三千公里，占據火星約五分之一的周長，至於地球上的大峽谷，長度大約只有五百公里。

長久以來，火星一直吸引天文愛好者的注意，畢竟大家總是認為萬一地球不能住了，火星是我們最近的棲身之處。火星也可以作為一處起飛站，讓人類跳上繞著火星運行、擁有豐富礦物蘊含的小行星。既然火星的重力很小，火星或許也可以做為跳板，讓我們有機會前往銀河系中更遙遠的恆星。自二〇〇一年起，火星奧德賽號（*Mars Odyssey*）就進入火星軌道，藉由紅外線攝影機和伽馬射線光譜儀的幫助，繪製火星表面的樣貌，並在極區附近找到含冰重量超過百分之六十的大面積土壤。

科學家相信，在火星上找到水，能證明火星曾經擁有溫暖、潮濕且適合生命發展的大氣。過去，火星大氣中二氧化碳的含量遠高於今日，產生相當程度的溫室效應，造就了較溫和的氣候。這樣的情況在火星上持續了大約四十億年之久，已經接近地球上出現生命的臨界點，在如此相近的環境和時間長度內，火星上能演化出生命嗎？地球以外的行星究竟有沒有可能出現生命？宇宙中有數不清的恆星和行星，我們怎麼可能是唯一的特例？

火星上一天的時間和地球上的一天差不多，是二十四小時又三十七分鐘。火星會自轉，也有四季，但火星的一年是六百六十九天，四季的長度大約是地球上的兩倍。就火星目前的環境看來，人類上了火星以後還是需要完備的太空裝保護自己。火星白天的氣溫可達攝氏十七度，但到了夜晚，氣溫則會下降至攝氏零下九十度。即便火星有兩顆月球，想在火星的月光下散步恐怕有困難。

火星上究竟有沒有生命？一直是科學家想要解開的謎題。一九七六年，美國太空總署發射維京一號（*Viking 1*）到克利斯平原（Chryse Plains），著手進行幾項實驗，希望可以回答這個問題。透過氣體交換實驗，在火星土壤中添加「雞湯」，其實就是一種富含營養的液體，或許有機會使土壤中出現會呼吸的生命。七月二十日，維京一號著陸，從登陸艇中伸出機械手臂，從火星表面上挖取了一些土壤，在其中注入營養液體。當土壤和液體混合完成，立刻有氧氣劇烈噴出。

不過，另一項實驗並未得到相似的結果。科學家推測，強烈的紫外線輻射可能導致火星表面形成「超氧化物」。當超氧化物和液體中的水發生反應便會釋出氧氣「這跟把雙氧水倒在傷口上是一樣的道理，」美國太空總署埃姆斯研究中心（Ames Research Center）的行星科學家克里斯．麥凱伊（Christopher McKay）如此說道「嘶嘶作響的同時，順便消除一切有機物質。」

二〇一三年，好奇號（*Curioisty*）探測車藉著分析火星土壤的粉末樣本，發現了讓人燃起希望的結果。好奇號在高達五公里的蓋爾撞擊坑（Gale Crater）中心點登陸，在距離登陸點僅八百公尺的地方，好奇號採集到的岩石樣本內包含了硫、氮、氫、氧、磷和碳，這些是組成地球生命形態的主要成分。

二〇一一年，火星勘測軌道衛星在火星一處山坡上發現隨著季節消失又出現的紋理，這可能是蘊藏在火星表現之下的冰在春季時融化並開始流動的象徵。火星多數水分蘊含在永凍土或冰層之中。羅伯特．祖布倫（Robert Zubrin）在和李察．瓦格納（Richard Wagner）合著的《移民火星：紅色星球征服計畫》（*The Case for Mars: The Plan to Settle the Red Planet and Why We Must*）一書中提到「就目前所知，如果火星表面平坦，所有的冰和永凍土都融化成液態水，那麼覆蓋火星表面的海洋深度會超過一百公尺。」

或許，火星曾出現溫暖、潮濕，適合生命起源的氣候。在火星誕生的前十億年左右，火星和地球一樣，大氣中都有二氧化碳，且有海洋覆蓋地表。

我們都知道，地球上演化出了生命，然而，火星上是否也曾經出現生命？難道生命起源就像是命中率只有百萬分之一的遠程射擊，並非輕易就能發生？或是，在某些環境條件下，生命起源是再自然不過的事情？如果我們在火星上發現活體生物或簡單的化石，可能意味著宇宙間到處都是生命，若真如此，這真是個大發現，宇宙很可能就是人類逃離地球的緊急出口。

和許多事情一樣，經費是火星探勘任務和太空站建造工程能否繼續下去的最大障礙。要多少經費才算足夠？當約翰．甘迺迪總統啟動了阿波羅計畫，把太空人送上月球之時，美國和蘇聯正值冷戰顛峰，是那樣的競爭心態和民族自尊把人類送上月球。然而，冷戰已經結束，火星計畫的背後並沒有這樣的動力加持。有些人認為，我們應該等待科技往前推進，不斷突破極限，但祖布倫認為這只是浪費時間。他覺得憑藉現有的技術：阿波羅計畫時代打造土星五號火箭的科技，和太空梭發展時代所用的引擎和推進器，已足夠人類踏上火星。

火星距離我們是遠了點。就拿靠火星最近的軌道來說，距離我們大約五千六百萬公里，想要從地球出發前往火星，最佳時間點是兩者距離最遠的時候。漫長的航程中，地球和火星的距離會愈來愈近，抵達火星時正好是兩者距離最近的時候。

燃料是另一個問題。祖布倫認為，要備足往返地球和火星之間的燃料實在太過困難。祖布倫眾多大膽提議的其中一項，就是直接從火星上獲取燃料，而不是從地球帶過去。他相信，我們只需要從火星上取得碳、氧，以及一點點從地球上帶去的氫（大約百分之五）就夠了。火星的大氣中二氧化碳占了百分之九十五，取得不是問題。接著，拿一個裝滿活性碳或其他適當材料的罐子，在火星極寒的黑夜中放置一晚，當氣溫降至攝氏零下九十度時，罐子裡的物質會吸收相當於自身重量兩成的二氧化碳。到了白天，罐子內的物質受到陽光照射變得溫暖，這時便會產生含碳量極高的氣體。

我們可以先把無人裝置送上火星，再讓無人裝置先處理燃料的問題，等燃料站滿載準備就緒時，才開始進行需要人力的任務。第一趟任務可能需要準備足夠往返的燃料，但額外的重量就需要額外的推進力，如果我們能夠從火星的大氣中取得火箭燃料，可算是踏出成功的一步。

一旦取得足夠的二氧化碳，讓二氧化碳和從地球帶來的氫混合，從中獲得甲烷和水，再從水中分離出氫和氧，將氧另外儲存，氫則重新回收供應製造甲烷的過程所需。至於製造甲烷的設備，則需要三個反應爐，每個反應爐長一公尺，直徑十二公分。

科學家認為，前進火星的第一次任務將會非常危險，祖布倫雖同意，但他認為組織一個小團隊才是最佳策略。人員中應有兩位技師，或飛行工程師，可以的話再帶上一位生物學家、一位地質學家，總共四人。如此一來，這個團隊可分為兩組，每一組各有一位科學家和一名技師，一組待在基地營，另一組出外探勘。地質學家負責探究火星的地質歷史，評估火星蘊含的燃料和地質資源。生物學家則可以研究和火星生命有關的問題，評估火星的土壤和環境是否能夠支應溫室農業的發展。

我們可以利用氫和二氧化碳來製造塑膠。火星的土壤中黏土含量極高，可以用來製造鍋、盤和杯子等陶器。鐵也是火星上最容易取得的物質之一，這也是火星呈現紅色的原因。碳、錳、磷和矽也是火星上常見的物質，與鐵混合之後可以製鋼，此外，火星上還有大量的鋁。

火星的矽含量也很豐富。矽可以用來製造太陽光電板，藉此產生電力，不過早期發展過程中，如何獲得足夠電力會是個問題。雖然祖布倫認為，人類需要從地球上帶個核子反應爐過去，以支應基地早期發展的能源需求，不過這個建議並沒有得到太大迴響。若基地建立起來，太陽能、風力或地熱便可以加入發電行列，但一開始仍需要借助核能的貢獻，除非火星上的人員不在乎耗盡返回地球時所需的燃料。

地熱發電聽起來很有吸引力，或許可以視為核能發電的替代方案。地熱是地球上第四大能源，僅次於火力、水力和核能。地熱發電可以利用星球內部的熱能讓液體沸騰，再利用蒸氣驅動發電機。如果探勘人員在地下水附近發現地熱來源，等於找到了建造基地的好地方。

火星上還有其他珍貴的物質，包括氫的同位素——重氫（deuterium）。重氫是核能的關鍵要素，一公斤的價格約一萬美元，而火星上蘊含的重氫是地球上的五倍。

或許對人類而言，星際貿易才是在火星建造太空站的最大吸引力。火星非常靠近介於火星和木星之間繞著太陽運行的主小行星帶（main asteroid belt）。小行星蘊含大量的高級金屬礦石，對星際商業發展極具吸引力。小行星的平均直徑約為一公里，可能就含有兩億公噸的鐵、三千萬公噸的鎳、一百五十萬公噸的鈷，和七千五百公噸的鉑，光是七千五百公噸的鉑價值就約一千五百億美元。

想要前往太陽系或太陽系以外的地方，火星太空站或許可以發揮驛站的功能。根據祖布倫的計畫，旅行至火星所用的太空梭艙，其中一部分可當做人類殖民火星的第一批房屋。研磨火星表面上質地有如黏土的沙塵，製成磚塊，可做為強固房屋的材料。利用這些零件，可以打造出羅馬風格的拱頂或大型的中庭。

若真要居住，火星上的房屋必須建於地下。火星居民的房屋之上至少要有二點五公尺厚的土牆，才能提供適當的壓力，並保護居民免受氣溫劇烈變化的影響。打造地下建築結構時，塑膠製的大型充氣結構和未來用於種植作物的溫室可充當臨時住所。

火星的大氣密度足夠，不僅可以保護首批登陸的建築人員和農夫免受太陽閃焰的傷害，還提供了其他好處。火星上的陽光雖然比地球少，但也足供植物進行光合作用，在溫室裡添加一點二氧化碳就能彌補陽光量不足的問題。火星的土壤比地球肥沃，雖然可能需要額外添加氮，不過氮在火星上就能合成。但飼養牛隻、綿羊和山羊可能不夠有效率，畢竟飼養牠們所需的糧食是直接餵飽人類的五倍，因此，登陸火星的頭幾年，太空人必須放棄吃牛排的夢想。

根據以往的探勘任務證實火星有水，因此人類登陸火星之後，第一項任務就是尋找水源。就載人的太空任務而言，太空人可能需要從地球上帶氫過去，方便在火星合成水。不過，當人類度過初期的建構階段，火星上的人口也開始成長，這時候水就成了人類生存最優先的考量。只要水源的所在位置不要太靠近火星的極區，但如果能找到有水又有地熱的地方那就就太好了。二〇〇九年，火星勘測軌道衛星在位於火星北緯四十三至五十六度之間，一群相對較新的火山口附近，發現純水結成的冰，這裡也正好是火星氣候較溫和的區域。

雖然，祖布倫推算人類殖民火星所需的經費高得嚇人，但人類在上個世紀克服了各種科技障礙，讓一切看起來都有可能，此外，人類的冒險精神也可能讓美夢成真。想想史考特上校的南極探險，希望人類的火星探險可以有個快樂結局。

瞻望未來的同時，火星可能還是個讓我們能夠好好瞭解過去，並解開生命起源之謎的好地方。火星三分之二的表面積平均地質年齡至少為三十八億年，再者，火星的火山數量比地球少。火星並不大，體積不到月球的兩倍，因此，火星冷卻下來，並形成厚實、不可移動地殼的速度會比地球快。地球的板塊運動造成陸塊持續撞擊、沉沒，使表面不斷更新、重建。就目前地球上的化石紀錄來看，還看不到細胞、光合作用和 DNA 等生命初期形成的遺跡。解開這道謎題的希望必須寄託在火星上，畢竟火星地殼已經穩定不動長達數十億年之久，因此能留下更完整的化石紀錄。或許，想要瞭解生命起源，研究火星是比地球更好的選擇。

麻省理工學院和哈佛大學的研究人員認為，地球上所有的生命很可能源自於隨著隕石來到地球的火星微生物。火星和地球的氣候曾經非常相似，因此能在火星上生存的生物，在地球上或許也能生存，反之亦然。此外，根據估計，地球上有十億噸的岩石來自火星，這些岩石因為火星遭受小行星撞擊而鬆動，在星際間暴衝，最後落在地球。再者，微生物已證明自己有能力在這類撞擊發生後的環境中存活，展現出在星際間旅行、抵達另一顆行繼續生存的強韌生命力。

目前火星上究竟有沒有生命？雖然火星表面看起來崎嶇不平，但地底下會不會有生命？科學家一直探尋地球上幽暗深遠的角落，想知道生命能究竟能在多麼嚴苛的環境下生存。我曾訪問過鮑伯・沃頓（Bob Wharton，他已在二〇一二年逝世），他是一位勤勞刻苦的研究人員，除了跟著查克・羅禮士（Chuck Norris）學習空手道之外，還在南極冰洞的湖底發現了生命。霍爾湖（Lake Hoare）位於南極泰勒谷（Taylor Valley），距離南極約一千三百公里，沃頓的研究團隊花了半天時間，在結冰厚度有六公尺的湖面上融出一個洞，從這個洞前往湖底。他們發現了奇異的微生物毯（microbial mat），這些紅色、綠色和紫色的組織在這裡捕捉有限的光線。「這是相當先進的生命形態，」沃頓這麼說「有了細胞壁、DNA，在細胞內就能將遺傳訊息傳遞給下一代。它們雖然不是大象，卻是生物演化過程的一大進步。」

儘管湖冰之上的平均溫度為攝氏零下三十三度，但湖冰之下的溫度在冰點以上，環境舒適得很。冰層提供了「熱緩衝」（thermal buffering）的功能。沃頓在加州沙斯塔火山（Mount Shasta）高達四千三百二十二公尺的頂峰上尋找生命跡象，在酸性熱泉中採集微生物樣本「熱泉把我的衣服燒出好幾個破洞，」沃頓說道「但微生物卻能在其中興盛繁殖。」相似的環境換到火星上，生命能存活嗎？

即便火星目前沒有生命存在，但或許有一天生命會出現。想要讓火星變成更適合人類居住的地方，可能還得透過所謂「地球化」（terraforming）的方式持續努力，改變火星的大氣組成。以地球的暖化問題為借鏡，我們可以開始朝火星的大氣釋放二氧化碳，讓火星極區的冰帽開始融化，作為好的開始。暖化過程中釋放出二氧化碳，甚至可能釋放出甲烷，這兩種溫室氣體都將封鎖於永凍土層之中。二氧化碳可導致火星大氣層變厚，就像蓋上了毯子，讓火星變得溫暖舒適。

如何讓覆蓋火星的這張毯子變大呢？祖布倫倒是提供了幾種方式，其中之一就是在火星上建立工廠，以人工的方式產生溫室氣體，讓火星南極的氣溫提高攝氏四度，如此一來或許能啟動失控的溫室效應，困住更多熱能。就長期目標而言，氟氯碳化物（chlorofluorocarbon）之類的鹵碳化合物（halocarbon）是非常適合擔綱如此重責大任的溫室氣體，這類物質之前常被用來當作冰箱冷媒和噴霧罐推進劑。然而，我們得小心選擇，只能使用不含氯的鹵碳化合物。

祖布倫表示「使用氟碳化合物取代氟氯碳化物來做為溫室氣體，既不會破壞臭氧層，又可以強化溫室效應。」氟碳化合物，如四氟甲烷（Tetrafluoromethane），可以用來取代氟氯碳化物，達到促成溫室效應但不致破壞臭氧層的目標。

火星探險家可能會使用大型的軌道鏡將陽光聚焦在極區。只要在火星南極外太空放置半徑一百二十五公里的軌道鏡就行了。厚度大約四微米（micron，千分之一毫米）的鍍鋁鏡重量約為二十萬公噸，不可能從地球運到火星，不過倒可以在火星月球或小行星上完成這項打造任務。

此外，人類移居火星還得考量政治因素。如果美國想要再次加入火星競賽，可得把握對的時機。根據祖布倫的說法，美國的機會大約維持八年時間，相當於美國總統的平均任期。一九六一年，甘迺迪總統設下一九七〇年登陸月球的目標，到了一九六八年，政權輪替，即便阿波羅號上的太空人已經踏上月球，尼克森總統仍減緩未來太空計畫的發展速度。

太空任務停止後，美國的載人太空飛行計畫陷入困頓，人類想要達成太空旅行的夢想，恐怕得仰仗國際之間的努力才能實現。二〇一一年，俄羅斯和中國共同合作的福布斯—格朗特（Phobos-Ground）計畫，預計從福布斯，也就火星最大的天然衛星，完成取回樣本的遠大目標。然而，飛行兩個半小時之後，因為無法升高至更高的軌道，太空船始終未能離開地球軌道，計畫宣告失敗。從行星的衛星上採集土壤樣本是值得尊敬的目標，但或許不是人類現階段能完成的任務。別忘了，美國和蘇聯太空競賽期間，雙方在成功達成目標之前，都經歷過多次失敗。

卡爾．薩根（Carl Sagan）在美國是一位廣受歡迎的天文學家、宇宙學家，同時也是一位多產的作家，對於美國和蘇聯為太空探索共同努力，他表示大力支持。他認為，如此一來可以讓曾經為敵的兩個國家建立信任基礎，然而，雙方並不願意互享與發射彈頭有關的飛彈科技。太空梭—和平號計畫（shuttle-Mir program）讓美國和俄羅斯嚐到合作的甜頭，一九九四至一九九八年間，美國太空梭飛往俄羅斯和平號太空站的次數為十一次，美俄兩國的科學家也進行實驗，以期瞭解動、植物和人類在太空環境之下能夠持續生存多久。但隨著美國太空計畫的中止，這項合作也無疾而終。

祖布倫認為，和俄羅斯、歐盟及中國合作，是美國的最佳選擇，好比為首次有人員登陸火星，並成功返回地球的私人機構提供兩百億美元獎金。如此一來，人類有機會大大減少太空旅行的發展成本。祖布倫相信，太空旅行所費不貲的原因正是因為受控於政治管轄。他認為，就嘗試新事物而言，私人機構只需要一位發明家和一位投資者就可以，無需達成各部門間的共識，因此效率通常遠高於政府機關。

按照祖布倫的說法，像這樣預算精簡且由私人機構執行的火星任務，成本大約在四十億至六十億美元之間，兩百億美元的獎金可以提供他們良好的動機。為不同任務目標提供不同的獎金，也可以順利推動火星任務的發展，例如完成火星軌道影像任務就可獲得五億美元的獎金；第一個利用火星上的物質製成推進劑，將四公噸的重物從火星表面推升至其軌道的系統，可以獲得十億美元的獎金；讓至少三名人員登陸火星表面，在火星生存一百天，並完成三趟至少五十公里陸路行動，最後成功返回地球的私人機構，則可以獲得兩百億美元的終極大獎。

克萊格．凡特（J. Craig Venter）正透過位於馬里蘭州的Synthetic Genomics公司，以及加州的克萊格．凡特研究所（J. Craig Venter Institute），試圖研發可以登陸火星表面的DNA定序機。在火星土壤中探尋生命跡象，加以定序並把資料傳回地球的好處在於任務完成後無需把機器送回地球。Ion Torrent DNA定序公司的創立者喬納森．拉斯伯（Jonathan Rothberg）也正朝相同的方向努力。

來自荷蘭的非營利組織——火星一號（Mars One），則希望將火星打造為一處永久的殖民地。這間公司認為可以藉由銷售火星實境秀的廣播權來籌措資金，並在二〇二三年執行實際任務。他們製作的實境秀內容包括如何選拔太空人、任務準備過程，以及飛向火星的航行過程。待太空人登陸之後，火星一號會使用串流技術，持續傳送火星上的人類活動影音資料回地球。

火星一號計畫在二〇一六年發送二點五公噸的物資到火星；在二〇一八年發送探測車；在二〇二〇年發送六個載有居住艙、物資和支援系統的登陸器。至於首批抵達火星的四位太空人則要到二〇二三年才會出現，第二批太空人會在二〇二五年加入。不過，這趟旅程是單向的：沒有返回地球的計畫。這些太空人得在火星上過完餘生，遺體由火化方式處理，而且由該公司決定骨灰如何處置。即便如此，火星一號表示他們仍收到超過十萬份申請，許多人迫不及待希望自己成為雀屏中選的太空人。火星一號計畫為「每個像古老探險家一樣懷抱夢想的人」提供機會。

火星一號大方提供各種資源，就是少了歡迎回家的派對。

當我來到位於亞利桑那州土桑（Tucson）的生物圈二號（Biosphere 2），登陸火星的願景彷彿更近在眼前。原始的沙漠草原有牧豆樹間雜生長其中，仙人掌屬、圓柱仙人掌屬和巨人柱屬的仙人掌圍繞著坐落在聖卡塔里納山（Santa Catalina Mountains）山腳下的生物圈二號。助理主任約翰·亞當斯（John Adams），帶著我進入這個擁有熱帶雨林、海洋（海水量一百萬加侖）、小型莽原、雲霧沙漠和紅樹林濕地的迷你世界。生物圈二號是一處充滿未來感的大型建物，玻璃帷幕打造的中庭占地相當於二點五個足球場。打造生物圈二號原是為了進行實驗，看看生命在其他星球上如何生存，但如今生物圈二號存在的目的已經稍有不同。

「生物圈二號提供了一條途徑，讓科學家在可控制的環境中研究氣候變遷對不同生態系的影響。科學家在這裡小心謹慎地操作著像在實驗室中所做的實驗，只不過規模比一般實驗大了些」亞當斯這麼告訴我。

作為一項實驗，生物圈二號也有自己的發展進程。一開始，科學家打造生物圈二號是為了在完全封閉且自給自足的系統中，測試人類的生存能力，畢竟這裡與外界徹底隔離，一如探險家可能在火星上面臨的情形。生物圈二號原來的「農業系統」（Agricultural System）如今已稱為「地景演化區」（Landscape Evolution Area），用來研究土壤形成的過程。一九九一年，八位先驅進入生物圈二號生活，打造生物圈二號的太空生物圈公司（Space Biospheres Ventures）希望這裡種植的作物可以滿足八個人的營養需求。

這個八人團隊完全仰賴生物圈二號之中各種不同的生物群落和設施提供食物，以及呼吸所需的空氣，偏偏這是讓生物圈二號計畫主持人最頭痛的兩件事。實驗進行了兩年，對團隊中的饕客而言，第一年甚是辛苦，平均而論，團員的體重減少了百分之十六。不過，加州大學洛杉磯分校醫學教授，同時也在這項計畫擔任醫生之職的羅伊．瓦福德（Roy Walford）十分提倡低熱量高營養的飲食方式，認為這種飲食有助於延年益壽。因此，即便八人團隊表示他們在「持續飢餓」的狀態下度過第一年，瓦福德卻非常開心地指出他們的膽固醇和血壓都下降了。

然而，這八名研究人員所受的磨難不只是褲子變鬆而已。他們還得適應環境中劇烈變化的二氧化碳濃度。再者，生物圈二號裡的授粉昆蟲多數逃不過死亡命運，但蟑螂之類的害蟲卻猖獗肆虐。雨林裡，牽牛花過度生長，妨礙了其他植物的生存機會。最糟糕的是，經過十六個月之後，生物圈二號的大氣組成中，氧氣含量從百分之二十迅速下降至百分之十四點五。相關人員得朝生物圈二號灌注氧氣來改善問題，但媒體知道後開始大肆宣揚這是作弊手法。

第二次任務失敗，加上聯邦法警對現場管理團隊的權限問題有所疑慮，因此發出限制令，太空生物圈公司也在一九九四年六月一日正式解散。如果把生物圈二號搬上火星，居住其中的人類要不是餓死，要不就是漸漸窒息而死。

生物圈二號的例子說明，長期生活在距離地球數百萬公里的行星太空站，恐怕是件非常冒險的事，況且會遇到諸多科學尚未有足夠瞭解的險境。

就正面的角度而言，倘若我們能克服這些危險，那麼火星太空站或許是可供智人真正產生分化，演化出新種人類的地方。美國太空總署埃姆斯研究中心的行星科學家凱洛．史鐸克（Carol Stoker）認為，人類想在地球以外的地方生存，在火星上設置一個完全封閉的永久性研究基地是接下來最合理的選擇。然而，她也表示，火星的重力只有地球的三分之一，在火星上生長的孩子，身體的物理結構或骨骼架構絕對不適合在地球上生存。

「在火星上生長的第二代人類，必須接受適當幫助才有辦法在地球上行走，不然至少要體重很重，或者受過負重訓練，」史鐸克說道「想像體重突然增重三倍，你還有辦法走路嗎？沒有受過訓練的心臟能夠壓送身體所需的血液量嗎？為了對抗重力，我們時時刻刻都在努力，這和我們有沒有意識到這一點無關。」

近來，歐洲太空總署（European Space Agency）、美國太空生物醫學研究中心（National Space Biomedical Research Institute，位於德州休士頓）和俄羅斯的聯邦太空局（Federal Space Agency）完成了一項實驗，讓六名「火星太空人」（marsonaut）在莫斯科附近一艘模擬太空船內待了五百二十天，相當於往返火星一趟外加探索火星表面的一個月總共所需的時間。整個模擬過程中，這六人過著沒有陽光、沒有新鮮空氣以及新鮮食物的生活。

在這樣的狀況之下，生存面臨許多重大問題。就拿休息來說吧，少了日升日落這樣的外在線索，太空人無從判斷何時該睡覺。他們必須依靠手錶等人工配備，或是其他太空人來叫自己起床。沒有重力的狀況下，人體無法判斷上下方位，在太空中，身體的自然姿態不復存在，尤其是四肢，根本不知如何擺放。在地球上，結合視覺、聽覺和觸覺，人體可以辨別自己的所在位置。你能感覺到腳下所踩的地板，感覺到你所坐的椅子，然而在無重力的狀態下，這些感覺無從發揮正常功能，因此傳遞擾亂腦子的訊號，造成動暈症（motion sickness）。

無重力狀態對人體器官的影響更是嚴重，尤其是心血管系統。在太空中，身體不再承受往下拉的重力，血液和體液無法輸送到下肢，開始堆積在上半身，遠離腿和腳。太空人的外貌也會產生變化，上肢累積了額外的體液，導致臉面看起來有點鼓脹；下肢則是因為缺乏足夠的體液，導致腿圍縮減，雙腿纖細。

比起在地球上跑動走跳，漂浮在太空艙所花費的能量較少，因此太空人的心臟工作量減少。缺乏鈣使太空人的骨骼變得脆弱；少了重力提供移動時會接受到的正常阻力，則會導致肌肉萎縮。把運動器材送進太空艙可以減輕這些負面效應，但無法免除所有的後遺症。多數俄羅斯太空人在太空待了幾個月之後，得躺在特殊的擔架上暫時離開太空艙。在歡迎歸來的茶會上，剛回到地球重新接受重力牽引的太空人會發現，踏上頒獎臺是一件極具挑戰性的任務。

對於在火星上生存的地球人而言，星際旅行將成為驅動人類演化的主要力量。地球與火星之間的交通費用高昂，想要經常往來似乎不太可能。居住在火星，人體勢必會產生長遠的生物性改變，因而無法重新回歸地球。隔離將逐漸推動外太空的物種演化，就跟地球上的情形一模一樣。

重力不會是唯一的選汰力量，還包括呼吸較壓縮的空氣、適應不同程度的紫外線。總之，人類的吃喝拉撒、性行為、分娩等等一切重要活動，都會因為重力、空氣和輻射量的變化而發生重大改變。

即便這樣的改變是人類演化進程中有趣的現象，但仍然沒有回答最主要的問題；在火星上生活究竟是什麼模樣？萬一我們真的把地球弄得一團糟，火星是大批人類可以逃往的地方嗎？

可能出差錯的事情多得很，其中之一就是火星實境秀因為缺乏觀眾而遭到取消，導致該公司沒有足夠資金。此外，還有一些「小事」，像是令人意外地的生物圈二號氧氣不足事件。生物圈二號的土壤富含有機質，微生物吸收這些有機質，用光了氧氣，產生大量二氧化碳。照理講，生物圈二號裡的植物應該要吸收二氧化碳，製造出更多氧氣，然而科學家後來發現，建築物混凝土中的氫氧化鈣，雖然可以移除二氧化碳，卻也造成氧氣無法釋放至環境中。沒有人料想得到，造成生物圈二號的居民最終窒息而死的凶手竟然是混凝土。

除了火星，木星的衛星是太陽系中另一個可能有生命出現的地方。木星有四顆大型衛星和至少四十六顆較小的衛星。木衛一（Io）是火山活動最為活躍的木星衛星，其表面覆蓋著不同顏色的硫磺，炙熱的矽酸鹽岩漿驅動著火山活動。在木衛一上依傍著火山棲居雖然可以保暖，但實在不太安全。木衛二（Europa）的表面主要都是水冰，水冰之下可能是一片汪洋或冰泥，對微生物而言，這可稱得上是宜居環境，但你絕對不會跑來這種地方度假，更別說在這裡度過餘生了。

目前，科學家正在尋找太陽系中其他像地球一樣、繞著恆星運轉且適合人類居住的行星，過程中發現了幾個不錯的選擇。半人馬座阿法星B（Alpha Centauri B）是跟太陽系最靠近的恆星，距離太陽約四點三七光年。一光年相當於十兆公里，換句話說，半人馬座阿法星B和太陽之間有四十一兆五千億公里的距離。美國太空總署負責尋找行星的克卜勒太空船已經在遙遠的恆星周圍發現類似地球的行星，只不過他們的距離是上述那個天文數字的兩百七十五倍。

在遙遠的未來，星際旅行或能成真，但恐怕在那之前，地球的自然資源恐怕早已被人類耗盡，也不再適合人類居住。目前看來，人類對於珍惜自然資源和尋找地球以外的住處，似乎沒有太大興趣。如果演化能為世界帶來另一個超越我們，挑戰人類演化史新物種，這樣機會究竟有多大？

第十四章　人類走到演化盡頭了嗎？

許多科學家相信，大約四萬至五萬年前，智人的自然演化進程已經止於歐洲，此後，人類的命運操縱在自己手上，大自然無法插手。像縫衣針這樣的創新發明，讓人類得以縫製保暖衣物抵禦嚴寒，而不需通過自然選汰留下體表毛髮較多的個體。人類開始以符象的方式思考，進一步演變出文字，文字再擴充成為複雜的語言，人類之所以能發展出精細的合作模式，語言正是其中關鍵。

透過語言，人類不只可以大聲叫喊同伴一起撂倒動物，還可以進行跨越長距離的交易，傳承世代經驗，得知哪裡有最好的食物，以及如何取得它們。

人類開始使用一套更為複雜的工具：矛、擲矛和弓箭。具備從遠處獵殺動物的能力之後，人類的體態變得更為精瘦，不再需要近距離獵殺動物時所需的大量肌肉和粗壯骨骼。使用新形態的武器讓人類發展出更好的投擲臂力和瞄準能力，安裝在擲矛上的桿狀發射器以及弓的出現，讓智人不需成為肌肉佬也能獵殺大型動物。因此人類可以跑得更快，擴大活動範圍，同時又不需要吃得太多。

發明了魚網、魚叉和魚鈎之後，人類開始從事危險性較低、體能耗費較少的捕魚活動。如此一來，人類的食物包括肉、魚和漿果，相較於冰河時期的生活，藉著豐富多元的飲食人類獲得更好的生存優勢。使用火和陶器來烹煮食物之後，碩大的牙齒不再那麼重要，於是人類的頜骨和牙齒開始退化，文化創新開始影響人類的演化。

然而，這一切到底是不是演化的結果？已故的哈佛大學古生物學家古爾德有所遲疑。他認為，對演化而言，五萬年至十萬年不過是轉瞬之間，根本無法看出物種發生了什麼重大改變。不過，猶他大學的貴戈利・卡克倫（Gregory Cochran）和亨利・哈潘汀（Henry Harpending）認為，過去一萬年間，智人發生的遺傳變異數量確實有增加。兩人在合著的《一萬年之間的大爆發：文明如何加速人類演化》（*The 10,000 Year Explosion: How Civilization Accelerated Human Evolution*）一書中提到，人類的演化並未停止，甚至還加速了。他們相信人類的演化是進行式，且現階段的演化速率大約是人類長期平均演化速率的一百倍。新人種有可能就此出現嗎？

為了得到這個數字，卡克倫和哈潘汀分析來自國際單型圖譜計畫（International HapMap Project）的資料。這項計畫蒐集全球十一個不同族群的分析結果，聚焦在人類基因組中常影響基因表現的特定位置，期望能解開複雜疾病的遺傳根源。

「我們計算人類基因組的平均變化量，發現人類的演化速率快了一百倍，」哈潘汀這麼說「這其實很合理。人口數成長了一百倍，基因突變可以作用的目標也多出一百倍。」

突變會隨著基因的發展而發展，並可能發生在之前未曾有過突變的基因上。這樣的突變因為偏離基因的標準狀態，多數無法留在人類的基因組中，然而，偶爾也會出現有利的突變，使突變個體擁有較多後代、較能抵禦疾病，或者單純比較長壽。有利突變為個體提供生存優勢，其生存機會和生存能力都比較好。如此一來，有利突變就成為演化青睞的對象，世世代代傳遞下去。因為演化作用會讓基因每隔一段時間就發生混排（gene shuffling），哈潘汀和卡克倫便在人類基因組中沒有發生基因混排的區域尋找這些有利突變。

有利突變提供人類各種不同的好處。舉個例子，生活在高海拔地區的人類必須適應氧氣含量較少的環境，因此居住在安地斯山脈上的人類演化出桶狀胸（barrel chest）和可以攜帶更多氧氣的血液；居住在西藏的人類則演化出更快的呼吸速率，以便吸入更多氧氣。最近，華大基因（Beijing Genomics Institute）的科學家發現西藏居民體內有一組可以幫助他們適應低氧環境的基因。這些「新」基因存在時間只有三千年。

此外，哈潘汀和卡克倫還發現，五千年前人類有百分之七的基因正在演化。五千年足夠發生許多變化，達爾文在他的著作《物種源始》中，就以被人類馴養的動物來說明這件事。狗的體形大小各不相同，好比吉娃娃平均體重三點二公斤，大丹犬的平均體重則是五十三公斤，兩者來自相同祖先，但看起來都不像狼；事實上，多數犬種都源自於狼，而這也不過就是過去兩百年發生的事。

人類也在改變。過去一萬年間，人類骨骼及牙齒有關的基因就發生許多變化，我們的飲食和對疾病的適應能力也發生快速演化，人類的預期壽命也變得更長。社會的改變導致人類發生演化適應。哈潘汀表示，人類之間的差異愈來愈大，並未朝著某個主流方向進行融合。我們和一、二千年前的人類已經不同，看看侵略性極強的維京人，再看看他們那些愛好和平的瑞典人後代，或許就能體認其中的差異。

和哈潘汀共同著書的卡克倫說道：「歷史就像一部科幻小說，突變個體快速崛起，取代了原本的人類——他們有時只是靜悄悄的存在，像是耐餓能力比較強，但有時又出現征服其他部落的喧騰舉動。而我們，就是這些突變個體。」

智人踏上歐亞大陸之後，演化帶來膚色的改變和適應寒冷環境的能力。至今為止，人類發生的大變化之中，有些源自於過渡到農業社會後的生活模式改變。人口變多、個體之間更密集的生活形態助長霍亂、斑疹傷寒、黃熱病、瘧疾和天花等流行病的蔓延。然而，隨著時間過去，人類也發展出可以抵禦這些疾病的抵抗力。

尼安德塔人是在歐洲發展的原始人種，針對適應氣候，他們演化出其他非洲原始人種未曾有過的能力。前面我們已經討論過，比起生存在歐洲北部的人類，生存在非洲中部的人類較能對抗瘧疾等疾病。膚色是另一項重要的環境適應能力。猴子和其他靈長動物皮毛之下的膚色都非常蒼白。失去濃密的體毛人類——這或許是為了利於排汗——演化出深色的皮膚來抵抗紫外線的傷害。當人類往北方移動，膚色則是反過來變得更白，或許是為了方便合成維生素D。

普林斯頓大學的彼得．葛蘭特（Peter Grant）在加拉巴哥群島上進行研究，他總是和學生提到演化的持續性，他認為演化從不停歇。這一代的基因組成和上一代的基因組成不會完全相同，下一個世代的基因組成和這一代之間也會有差異存在。基因不斷變化著，你我可能只是沒有注意到罷了。年復一年，環境周遭的樹木、鳥兒或松鼠看起來或許一模一樣，「但事實並非如此」葛蘭特在接受強納森．韋納（Jonathan Weiner）——《雀喙之謎：我們這一代的演化故事》（*The Beak of the Finch: A Story of Evolution in Our Time.*）一書作者——訪問時如此說道「這些生物已經不一樣了，但你看不出來，因為那些差異實在太細微。」

演化造成的改變發生在基因層級。有時候，這些改變具有遺傳性，而且顯而易見，好比你和你的祖父身高、壽命都不一樣。但多數時候並非如此。

人類基因組中最重大的突變之一，和乳糖（lactose）耐受度有關。可以耐受乳糖之後，使人類脫離嬰兒期之後仍能消化乳汁，帶來人類史上最大型的版圖擴張，造就印歐語系（Indo-European language family）的形成。

印歐語系泛指歐亞大陸西側、美洲和澳洲的相關語言，包括西班牙語、英語、印地語（Hindi）、葡萄牙語、俄羅斯語、德語、馬拉提語（Marathi）、法語和許多其他語言及方言。如今，全球印歐語系的使用人數超過三十億，將近地球一半的人口。

將多種語言歸類成單一個大型語系的想法，最先起源於英格蘭人和印度人之間有許多相似之處的觀察發現。一七八六年，印度的首席大法官威廉·瓊斯爵士（Sir William Jones）在一場演講中提到這些相似處，此後，學者開始透過語言學和考古學追溯相關歷史。第一批印歐人，或稱原始印歐人（Proto-Indo-European），他們飼養牛、綿羊和山羊；同時也是戰士，年輕男性會加入兄弟會，並參加挑戰性的入會儀式。

大約在五千年之前，這群人出現在相當於今日的土耳其，或者更北方的草原上。他們雖然飼養牲畜、種植穀物，但是對畜牧的依賴仍大於農業。他們靠著武力征服來擴張版圖，據信，他們能有這樣的成就，除了馴養了馬之外，也因為體內擁有可以耐受乳糖的基因突變。

一開始，牛隻除了幫印歐人拖犁耕田和拉車之外，也是肉品和皮革的來源。然而，隨著可以耐受乳糖的族群逐漸擴張，有愈來愈多人養牛是為了取得牛奶，而不是為了吃牛肉。能夠耐受乳糖是一項重大的優勢，因為酪農業的效率遠高於畜牧業，就每英畝提供的熱量而言，酪農業大約是畜牧業的五倍。

在較不適合種植穀物的地區，原始印歐人恐怕是最具競爭力的人種，畢竟比起種植穀物，終年養牛簡單多了。酪農也比穀農更具機動性，因為穀農還得捍衛家園和村莊。不過，酪農也得保護牛隻，因為牛會走路，所以偷起來相對容易，早期的原始印歐人肯定花了許多時間偷取彼此的牛隻，互相報復先前的劫掠。能夠耐受乳糖造就了一個更健康、強壯的族群，不過他們也得奮力保持這樣的高標準。

生活在阿拉伯半島上的人類，也獨立發展出耐受乳糖的能力，不過他們馴養的動物是駱駝而不是牛。此外，東非的牧牛人也獲得了這項能力。從乳牛衍生出來的各種食品開始增加，為許多人提供了強大的演化動力，其中又以許多包含馬賽族人在內的非洲族群尤為明顯。

非洲人的乳糖耐受

有一年夏天，當馬賽族人，同時也是奧杜瓦脊椎動物考古計畫成員之一的瑪麗安·歐稜莫塔

（Miriam Ollemoita）領著我從加州大學柏克萊分校的野外試驗站，走向她那坐落在奧杜瓦峽谷上方草原的村莊時，我得以近距離觀察非洲人的乳糖耐受能力。當時已經是六月底，乾季剛剛開始，我們走過一位中年婦女身邊，她正拿著杯子，從一處開鑿乾涸河床而得的淺水井中舀水，再把杯子裡的水倒進五加侖的水桶裡，其他婦女和嘻笑打鬧的孩子就這麼排著隊，等待這位中年婦女替大家裝滿水桶。

馬賽族人是遊牧民族，主要靠著喝牛奶維生。他們具備非洲人身上相當罕見的乳糖耐受性。不過，遇到特殊節慶，他們也會吃乾燥過的肉品，偶爾還會把血混入牛奶裡一起喝。這種飲食的健康程度不容懷疑，在研究站，多數馬賽族男性體格高大精實，同時又身手敏捷。奧杜瓦脊椎動物考古計畫的共同主持人荷拉斯科請馬賽族的男性幫她尋找化石，在她眼裡，這些人既強壯又能幹。

村民從附近的灌叢取來布滿尖刺的彎折樹枝，設置在村子周邊當做圍籬。一名婦人移開一扇由荊棘紮成的「門」，好讓我們進入村子。進入之後，內部還有第二層圍籬，瑪麗安告訴我這是抵禦獅子、花豹和獵豹的安全設施，萬一牠們突破第一道防線，第二層圍籬可以為村民爭取反應時間。

通過第二層圍籬之後，我們遇見一群放牧山羊的年輕男孩，兩名男孩正在為山羊擠奶，其他男孩則在旁圍觀。瑪麗安告訴我，放牧工作分成三個部分，小男孩負責山羊，大一點的青少年男孩負責綿羊，成年男子則負責牛隻。

牛隻並不在村子裡，牠們早已遷牧至一處終年有水的丘陵。瑪麗安表示，包括她丈夫在內的成年男子，都跟著牛過去了。她帶著我穿越另一道圍籬，進入村子中心，一群男孩和幾位女性正在照顧剛出生的山羊和綿羊。為了保護這些牲口，村民築了三道圍籬，畢竟對獅子、花豹和獵豹而言，剛出生的羔羊可美味了。

一九四〇年代，包括賽倫蓋蒂國家公園在內，許多國家公園將馬賽族人逐出園區。他們的部落文化並不總是見容於國家公園的管理規則，尤其一九八〇年代開始，觀光業成為肯亞及坦尚尼亞政府的主要經濟來源。然而，馬賽族的成年禮要求年輕男孩必須殺死一頭獅子，這是他們的傳統文化。屆時，村民會團團圍住附近森林，將獅子驅趕至年輕男孩行走的小徑上，而他必須用矛刺死獅子來證明自己的男子氣概。有些馬賽族人表示，這樣的成年禮儀式早已不再實行，但有些馬賽人——包括瑪麗安在內——則表示成年禮儀式仍然存在。

村子裡有許多由彎曲樹枝搭建而成的圓頂小屋。一名女性跪在小屋的屋頂上，在樹枝上塗抹牛糞。我跟著瑪麗安進入其中一間小屋，眼前漆黑一片。小屋中央有一小堆悶燒的殘火，瑪麗安領我坐在殘火周圍的椅子上。殘火生煙，可以驅離蚊子和其他昆蟲。等我逐漸適應黑暗之後，看見火堆周圍還有許多小凹室，大人和小孩聚集其中，凹室壁上掛著馬賽族人用綳緊牛皮製成的床。小屋裡的馬賽族人就和在試驗站幫忙的馬賽族人一樣友善，甚至同意讓我拍照。

雖然馬賽族人和原始印歐人並沒有直接關聯，但他們能有今日，也是因為和如今控制大半個世界的印歐人有一些相同的遺傳適應。馬賽族人或許沒有物質財富，但乳糖耐受的能力帶來的生活形態，讓他們在這個地區建立最強大高貴的部落。

科學家相信，在東非生存的智人曾經面臨存亡之秋。七萬五千年前左右，印尼蘇門答臘島上的火山噴發，造就了世界最大的火口湖——多巴湖（Lake Toba）。三千立方公里的岩石隨著巨大的火山煙流往西擴散，遍及非洲和亞洲，煙塵和岩石籠罩大地。印度洋中滿是浮石，有些甚至漂流到南極。火山灰阻擋陽光，植物因無法進行光合作用而死亡，導致草食動物也無法存活。獵豹、黑猩猩、老虎、紅毛猩猩和當地原住民族群一同陷入瀕臨滅絕的險境。

智人數量也曾因此縮減到可能只剩下幾千人的境地，相當於一所都會區高中的學生人數。這個遺傳瓶頸的證據，就是智人和現代人之間有極大的相似性，兩者的基因組成幾乎完全一樣。人體腸道內外來細菌的變異程度甚至比人體自身組織的細胞來得高。生物多樣性如此匱乏的原因，一部分要歸罪於造就多巴湖的那場火山噴發事件。

火山噴發時，人類社會正在進行偉大的文化發展。那時候，人類開始交談、在洞穴石壁上繪畫、製作首飾並征服世界。頗負盛名的演化生物學家及作家理查·道金斯（Richard Dawkin）在其著作《祖先的故事：回顧人類演化之初》（*The Ancestor's Tale: A Pilgrimage to the Dawn of Evolution*）中提到，藉著遺傳瓶頸，一些罕見的基因——如尼安德塔人的DNA或其他突變——得以在智人的族群之間擴散開來。查爾斯·曼恩（Charles C. Mann）在著作《一四九一年：重寫哥倫布前的美洲歷史》（*1491:New Revelations of the Americas Before Columbus*）中形容這是智人向上升級的時刻。不過，遺傳瓶頸限制了基因的多樣性，導致人類族群很容易受到單一災難事件的危害，如流行病或氣候突變。換句話說，遺傳組成預示著我們的滅絕。

二〇一二年刊載在《自然通訊》（*Nature Communications*）期刊上的研究發現指出，在白堊紀最後的一千兩百萬年間，大型草食性恐龍的數量開始減少，至於對體形中等的草食性恐龍及肉食性恐龍來說，生存還不是問題。處於全盛時期的恐龍之所以衰敗下來，是因為突發的火山事件或小行星撞擊地球嗎？這篇研究的主要作者，同時也是愛丁堡大學地球科學院特聘研究員的史蒂芬・布魯賽特（Stephen Brusatte）說道：「我們發現，事實可能更複雜，突發災難可能不是造成恐龍滅絕的主因。」六千五百萬年前的白堊紀大滅絕，恐龍就此離開地球舞臺，然而過程可能並不是一些科學家所想的「恐怖週末」情景。恐龍滅絕的過程可能比想像中漫長得多，禍因逐漸生根，導致恐龍無法承受小行星撞擊地球，以及當時發生於印度中西部，那場造就德干玄武岩、堪稱地球史上最大型的火山噴發事件所帶來的衝擊。

Olazul的科學總監赫德說：「許多動物就此消失，地球的整體多樣性降低，智人或許從中撿到便宜，然而到頭來，我們的生存機會也可能因此下降。」

全球暖化

幾十年來，氣候變遷一直是氣象學家關注的焦點。幾年前，相關消息總是躍上科學界和大眾媒體的頭條版面，可現在，出席任何科學會議，總感受到一股欲振乏力的氛圍，似乎在說「氣候變遷已經發生了，我們得想辦法適應。」人類好似不太願意做出可以阻止氣候變遷的必要改變。

目前，地球正處於間冰期，氣候相對穩定，然而，我們已經能預見冰河時期的到來。冰河循環期是一系列地球冷熱交替的現象，目前我們所正處的間冰期已經持續超過兩百五十萬年。

聯合國氣候變遷政府間專家委員會（Intergovernmental Panel on Climate Change，簡稱 IPCC）將過往的證據輸入電腦模型中進行預測，判斷溫室氣體增加的狀況下，氣候將如何變化。結果顯示，到了二一〇〇年，地球平均溫度將上升攝氏一點八至四度。這還是所謂的「最佳預測結果」，其他一系列預測結果甚至指出地球溫度可能上升攝氏六點四度。這些預測所需的資料一部分來自格陵蘭、南極冰帽以及海床鑽取而來的冰核和地核。有些冰核甚至提供地球古代的大氣樣本供科學家分析。為了讓諸位瞭解這些預測代表的嚴重性，讓我先告訴各位一件事實：目前地球所處的間冰期，和前一次冰河時間之間的溫差大約只有攝氏五點六度。

來自格陵蘭和南極的冰核經過高度解析之後，我們可以知道，前一次冰河時期期間，地球發生過二十次氣候驟變。換句話說，突然發生變化本來就是氣候常態。目前穩定的氣候讓我們安於現狀，但別忘了，氣候變化可是來得既突然又劇烈，而且還能持續很長一段時間。

著名的新仙女木事件，正是可以用來說明氣候突然發生變化的範例。大約一萬四千五百年前，地球開始從寒冷的冰河期進入溫暖的間冰期。然而，氣候轉變的過程中，北半球的氣候突然逆轉，回復到接近冰河時期的狀態。這個事件以仙女木屬的植物為名，仙女木是一種可以適應寒冷氣候的植物，在當時的歐洲十分常見。大約一萬一千五百年前，新仙女木事件接近尾聲，氣候變化尤其劇烈，格陵蘭的氣溫在十年之內上升了攝氏十度。

人類存在地球上大約已有二十萬年，經歷了兩次冰河循環，或許現在的我們比起從前具備更大的生存彈性。不過，人類同時也改變了地球景觀，導致大自然沒有足夠的空間順應變化。為了因應氣候變化，原本往北方或山區移動的物種可能在途中遭遇人類興建的道路、公園、停車場、城市和大型建築物。我們把動植物放進空間擁擠又受人為控制的園區，導致牠們無法在天氣變得太熱時往北方遷移。

上一次間冰期——也就是伊緬間冰期（Eemian）——期間，地球變熱許多。伊緬間冰期全盛時期，海平面上升了一百八十至三百公分，這個狀況持續了數千年之久。北歐地區多數為海洋覆蓋，瑞典和挪威也成了島嶼，西伯利亞平原西側也一樣。尼羅河氾濫，漫過地中海海域，阻斷氧氣向下供給，形成一層極厚的有機軟泥，如今埃及近岸處的沉積物岩芯中仍記錄著這層有機軟泥。撒哈拉沙漠曾是濃密的森林，延伸至比今日更北方的地帶。

當時地球暖化臻至高峰時，距今日倫敦市界不遠處，河馬在泰晤士河中噴著大氣昂首闊步，犀牛在英國的灌叢間穿梭，水牛則是低下頭飲著萊茵河水。

地球變暖的證據就保存在永凍土層裡。北極大部分地區都是永凍土層，永凍土層就像大型的有機碳儲存庫，過去一百六十年來人類活動及使用化石燃料所排放的碳，總量不過是永凍土層中碳含量的四分之一至五分之一。如今，永凍土層的溫度早已上升攝氏二點五度。倘若氣候變遷導致北極變得更溫暖、乾燥，那麼永凍土層中的碳將以二氧化碳的形式釋放到大氣中；如果北極變得溫暖而潮濕，永凍土層中的碳則會以甲烷的形式釋出。兩種情形一樣不甚樂觀。

就拿碳來說，阿拉斯加內陸和北坡（North Slope）早已有大量的碳釋放至大氣中。二〇一二年，科學家對阿拉斯加印諾科荒原（Innoko Wilderness）上的沼澤進行測量，發現其甲烷排放量已經和一座大城市不相上下。

地球繼續暖化下去，北極將是最先消失的地方。北極海面上的冰層，如今只有兩至三公尺的厚度，而南極冰層的平均厚度為兩千一百二十五公尺。科學家表示，過去三十年來，北極夏季冰層的厚度和面積急遽縮減。

不久，北極夏季的海面上可能再也見不到冰山，但這是一件壞事嗎？畢竟，對許多國家而言，沒有冰的北極蘊藏著珍貴的潛在資源。夏季是一片遼闊汪洋，冬季只有一層薄冰的北極，可能是某些阿拉斯加、加拿大、斯堪地那維亞和俄羅斯居民眼中的寶藏。《深入未來》作者史戴傑表示，從歐洲藉北極航道通往太平洋，船隻就不用航越巴拿馬運河，可以大幅降低航行成本。從鹿特丹到西雅圖，如果取道北極，可以縮短兩千浬的距離。同樣的，從鹿特丹到到橫濱，取道北極捨棄蘇伊士運河的話，航程可以縮減四千七百浬，是國際貿易的一大福音。

根據某些估計，全球尚未開採的石油有三分之一至十分之一的含量蘊藏在北極淺海大陸棚之下。北坡更是有大量的天然氣和煤炭。這些石化產品的發展可能為開闊海洋帶來經濟力量，再說，人類對石化產品的消耗可能會加速這樣的發展速度。二〇〇七年，北極夏季海冰出現破紀錄的低點，到二〇三〇年可能完全融化。

然而，海冰融化帶來的不利影響是造成海平面上升。過去一個世紀以來，海平面穩定地持續上升。一部分是因為暖化加劇刺激海水熱膨脹；另一部分則是冰河和冰帽融化所致。山岳冰河正在快速融化，格陵蘭和南極的邊界也是如此。格陵蘭海拔高度約三千兩百公尺，這樣的高度支持著冰原存在，然而，格陵蘭冰原的邊緣和底部已經開始融化，導致格陵蘭海拔高度下降，進而接觸到溫暖的空氣，這讓科學家得以研究可能加速未來變化的因子。

失去格陵蘭的冰原，全球海平面將上升六公尺左右。目前，格陵蘭內部的冰原仍在增長，但冰原邊緣已開始融化。同樣的，南極冰原的東部仍在增長，但西部的冰原正在縮減。海水溫度上升造成冰原縮減，而隨風拂掠大地的濕氣凝結成冰則造就冰原增長。然而，暖化現象將導致冰原停止增長，增加冰原融化面積。

現代人又會因此受到什麼影響？海平面上升，恐怕會為許多大型城市帶來災難。倫敦坐落在勢處低窪的泰晤士河之上，而泰晤士河的下游是潮汐強勁的河口。有些人預測，倘若風暴和洪水伴隨著海平面上升，那麼泰晤士河防洪閘（Thames Barrier），這座矗立於倫敦市中心下游、全世界第二大的可動式防洪閘，下場恐怕會和紐奧良那飽受卡崔娜颶風摧殘的防洪系統一樣悽慘，而且，這樣的悲劇在這個世紀就有可能發生。

在倫敦發生悲劇之前，地勢更低的阿姆斯特丹可能已先遭殃；威尼斯和紐奧良可能需要遷城至高地；孟加拉多數地區、佛羅里達州南部和東南亞的海岸平原，這些人口眾多的地方將成為水鄉澤國。揚·薩拉希維奇（Jan Zalasiewicz）是英國列斯特大學地質學家，著有《人類消失以後：我們會在岩層中留下什麼遺跡？》（*The Earth After Us: What Legacy Will Humans Leave in the Rocks?*）一書，他認為，海平面上升二十公尺只不過是「地質史上的小小變化」，但上述災難就有可能發生。

不過，《深入未來》作者史戴傑卻認為，海平面用不著上升二十公尺就能造成巨大傷害。海平面只要上升一公尺，佛羅里達礁島群、艾弗格雷茲沼澤、紐奧良沿岸地區、舊金山灣、中國東部多數地區、越南南端、荷蘭內陸、丹麥西南沿岸、廣闊的尼羅河三角洲、尼日、奧里諾科河，還有亞馬遜河都將被海水淹沒。

氣候變遷將使紐約州北部的阿第倫達克山脈（Adirondacks）降雨增加，進而導致下游河流水位升高。紐約港和曼哈頓島周邊海平面也會上升，自上游暴衝而下的洪水可能造成哈德孫河河水漫過堤防。紐約客引以為傲的自潔淨飲水恐怕就此成為往事。

許多科學家相信，按照目前氣候變遷的態勢看來，未來幾個世紀之內，地球溫度將上升至過去一千萬年來的高點，而且這樣的高點可能維持超過一千年。回顧一九九七年的京都議定書（Kyoto Protocol），當時國際間達成協定：工業化國家將減少百分之五點二的溫室氣體排放量，希望藉此面對氣候變遷的挑戰，但如今看來希望渺茫。

除此之外，我們還要面對另一項隱憂。還記得冰河時期嗎？十萬年酷寒的冰河期，銜接著一萬年溫暖的間冰期，如此週而復始的冰河循環期是過去五十萬年來影響天氣的主要因素。整個地球從南到北，就連海洋也都結冰的狀況，在地球史上出現過許多次，在二十五億年前發生過一次，七億至八億年前也發生過一次。四億年、三億萬年和兩億年前，地球都曾進入劇烈的冰河時期。這種情況當然有可能再度發生，說來諷刺，科羅拉多大學波德分校極區與高山研究中心的吉佛．米勒（Gifford H. Miller）表示，全球暖化很有可能讓地球在未來幾千年內進入冰河時期。

目前，我們還得跟全球暖化繼續奮鬥，但幾千年後，地球會進入冰河時期。當冰河時期再度降臨，地球上的動植物數量將會大幅減少，我們必須用更少的資源餵飽更多的人，人口過剩將成為人類的致命凶手，僥倖活下來的人得靠農業維生，但土地已經不像從前那樣肥沃。不過，我們會一如既往地以狩獵採集者的心態步入新紀元：善用手邊資源，勇往直前，不要擔心未來。

地球的未來自有出路。只不過，那或許不是人類想要的方式。

有一天，我和史丹佛大學的生物學家——傑克森教授在他新的辦公室碰面，討論加州大學柏克萊分校巴諾斯基教授對人類未來的看法，後者認為未來三百年內可能再次發生大滅絕事件。傑克森直言自己並不認同這樣的說法，正當我準備鬆口氣的時候，他卻告訴我，氣候變遷、入侵種和海洋酸化帶來的嚴重威脅遠比巴諾斯基的預測更為迫切「只要五十年至一百年的時間，這些因素加總起來的效應，可能徹底改變地球的面貌，一旦我們意識到這樣的狀況正在發生，後果將來得很快，而且我們無從阻止。」

聽他這麼一說，我實在無法對未來感到樂觀。地球上會出現另一種可以扭轉乾坤的人種嗎？

第十五章　超越智人

二〇一二年春天，哈佛商學院生命科學計畫的創始人，胡安．安立奎（Juan Enriquez）站上在多哈舉辦的TEDxSummit講臺（TEDx是TED旗下的國際單位，而TED則是以紐約為根據地的非營利機構，創立宗旨在以簡潔有力的會議演講傳播劃時代的想法），丟出一個吸引許多聽眾注意力的問題。他的演講內容著重於生命史，從大霹靂開始，到恆星的誕生、銀河系的形成，以及太陽、地球和人類扮演的角色，時間橫跨一百四十億年，空間牽涉無數星體。他向聽眾拋出問題：這一切究竟有什麼目的？為了回答這個問題，他切換到下一張投影片，出現了潘蜜拉．安德森（Pamela Anderson）和麥可．傑克森（Michael Jackson）的照片——說明人類是生命演化的偉大目標，人類是最高等的生命形態，此後演化作用再無高峰。

隨後他又問：「這麼想是不是有點傲慢？地球上曾經有二十五種左右的人種，難道不會再出現其他人種？」

的確，為什麼不會呢？再者，萬一我們真的迎來自己的滅絕呢？許多科學家相信，演化主要作用在各種變化的前線。

七萬七千年前，在非洲一個位於峭壁之上的石灰岩洞裡，坐著一名俯瞰印度洋的人類，清涼的海風拂面，他就著一簇小火堆取暖。撿起身旁一塊尖銳的石頭後，他在另一塊紅褐色的石頭上畫下了交叉線，科學家聲稱這是目前已知人類史上最古老的複雜圖案設計，證明人類具備以符號溝通的能力，在科學家眼裡，這是智人和當時其他原始人有所區別的關鍵。

他走出非洲，踏上大遷徙的路程，進入由其他人種占據的領域，而符號溝通能力以及石頭打造的工具和武器給了他相當的優勢。八萬至六萬年前，智人首度抵達亞洲；四萬五千年前，澳洲、巴布亞新幾內亞和印尼的土地上，都有智人的身影。

這時候的地球可能有四種不同的人種：智人、佛羅勒斯人（*Homo floresiensis*）、尼安德塔人和丹尼索瓦人（Denisovan）。丹尼索瓦人是目前最新發現的人種，科學家根據一小段在西伯利亞阿爾泰山脈上丹尼索瓦洞穴中發現的食指指骨，判斷他們的存在。不過，能夠繼續存在，而且是唯一留存的智人，才是最後贏家。

卡克倫和哈潘汀認為，受到距離和地理限制的人類族群在過去五萬年間發生了明顯的演化。在他們的著作《一萬年之間的大爆發》中有這麼一段話：「你不可能把芬蘭人誤認為祖魯人，反之亦然。自從人類離開非洲之後，遺傳組成確實出現了變化，而這些變化在不同族群中形成了明顯的特色。」

芝加哥大學的經濟學家勞勃・弗格（Robert Fogel）在研究美國奴隸制度的影響時發現，過去幾個世紀，尤其是最近五十年來，整體而言，美國人的身高變高了，身形更結實，壽命也變長。一八五〇年，美國人的平均身高約一百七十公分，平均體重約六十六公斤；到了一九八〇年，美國人的平均身高約一百七十八公分，平均體重將近八十公斤。有一群經濟學家就此進行廣泛的統計調查，發現全球皆然。

醫學的進步、更好的營養攝取、更優良的工作環境，讓人類獲得生物上的優勢，壽命就是最顯著的例子。智人最先出現在非洲時，預期壽命平均為二十歲；一九〇〇年，人類的平均預期壽命為四十四歲，如今更是逼近八十歲，幾乎在一百年間翻了一倍。這些因為健康和醫學進步而改善的特徵，都能夠經由父母傳給下一代。

那麼，新的人種即將出現了嗎？

前面我們曾經提過，在物種繁多的狀況下，大自然可以表現得更好。地球上只有一種人種，的確是不太自然的事。地球史上，多種人種共存才是常態，而非今日單一人種獨霸地球的狀況。大自然偏好生物多樣性，無論哪種動物，如果只存在單一種類，就存續而言絕對不是好事。不過，新物種到底怎麼演化出來的？

物種形成，也就是所謂的種化（speciation），除了主要的異域種化（allopatric speciation）和同域種化（sympatric speciation）之外，還有邊域種化（peripatric speciation）及鄰域種化（parapatric speciation）兩種變化形式。地理隔離造就異域演化，至於同域演化則是物種在有同種個體存在的狀況下，依然發生演化，如湖中的魚可能分布於不同水層，有些在上端，有些在底端，隨著時間逐漸演化為不同種類。食性的不同也會驅動物種發生演化，如葛蘭特在加拉巴哥群島上研究的雀鳥。雖然，葛蘭特尚未記錄到明確的種化現象，但藉著研究不同大小的種子如何形成雀鳥嘴喙大小的選汰壓力，以及選汰壓力下新物種如何形成，他幾乎可以確定這些雀鳥之間必然會發生種化。

一九四〇年代，加州大學柏克萊分校的羅伯·史德賓斯（Robert C. Stebbins）研究一種小型蠑螈。他認為，劍螈屬（*Ensatina*）的蠑螈原生於俄勒岡州，隨後往南移動，分布於加州中央谷地（Central Valley）兩側山脈之間，谷地地面乾燥炙熱，不利蠑螈生存，率先南遷的劍螈族群於是演化出好幾種亞種。為了適應不同的環境，每一種亞種體表的顏色及圖案各不相同，即便在谷地周邊的山脈之中，不同亞種的蠑螈生存領域互相重疊，彼此也能夠雜交，然而，當牠們與在中央谷地南端的燦螈再次相遇時，彼此間的差異已經大到不容雜交，這樣的生殖隔離就是種化的最低要求。

但我們是不是過於強調地理隔離對新物種形成的影響？

我們能發生同域種化，在現代的智人中分出新人種嗎？人類族群中要存在著怎樣的演化壓力才有可能讓新人種誕生？卡克倫和哈潘汀研究文化隔離如何改變我們祖先的遺傳密碼。這兩位科學家推測，早在中世紀時，歐洲猶太人的遺傳物質就已經和其他人類族群出現隔離現象，隔離他們的既不是海洋，也不是山脈，而是因為猶太人禁止異族通婚的教條，外人對猶太人的歧視更加強了這種隔離效應。中世紀時，猶太人與非猶太人通婚，以及外人皈依猶太教，都是少見的情形。

聰明，是導致猶太人和其他人類族群形成文化差異的主要特徵，就像薩摩亞人（Samoan）有壯碩身形，圖西人（Tutsis）有高挑身材，以及斯堪那維亞人能夠耐受乳糖。猶太人體內可能發生幾個和神經脂質（sphingolipid）有關的突變，導致神經組織中累積了脂質或脂肪分子，進而強化神經訊號的轉換，提升神經元之間的連結程度，而神經元正是中央神經系統的基礎架構。

中世紀時期的阿什肯納茲猶太人（Ashkenazi）或東歐猶太人從事金融、地產買賣、商業活動等需要分析性思考和文化理解的工作，使他們經常擔任基督徒與回教徒之間的中間人。這些都會產生可遺傳的影響，隨著世代繁衍，比起第一代的猶太人，他們的後代愈來愈適應環境，分析能力也愈來愈好。

哈潘汀和卡克倫表示，在所有已知的人類族群中，歐洲猶太人是智商最高的一群，他們的智商平均介於一百一十二至一百一十五之間，其他歐洲人的平均智商大約為一百。不過，猶太人的基因庫缺乏多樣性，所以罹患某些遺傳疾病——如戴－薩克斯病（Tay-Sachs disease）、高雪氏症（Gaucher disease）、家族性自主不良（dysautonomia familial）及兩種形式的遺傳性乳癌——的機率是其他歐洲人的一百倍之多。

這就像能夠抵抗瘧疾一樣，是一件有利也有弊的事情。歐洲猶太人雖然受到一些嚴重疾病的影響，但他們的腦子顯然比較聰明。猶太籍傑出科學家的數量是他們在歐洲和美國人口占比的十倍之多。過去兩個世代以來，諾貝爾科學獎得主超過四分之一是猶太人，然而他們的全球人口占比不到六百分之一。顯然，除了文化隔離，在不同文化之間勝任困難的白領階級工作——長途貿易、管理農場及地產、徵收稅賦——對數學和科學能力是一種極好的訓練。

同域種化有沒有可能通過其他途徑實現？來自哈佛大學的安立奎認為，「宅男宅女症候群」

（sexy geek syndrome）讓同域種化確實有可能發生。和人群隔離的電腦工程師彼此之間互相通婚，人類或許就會產生種化。這樣的狀況早已存在位於加州山景城，人稱Googleplex的Google總部；這裡就像一座校園，到處可見穿著牛仔褲的員工，他們要不是溜狗散步，要不就是騎著腳踏車兜風，或在排球場上揮灑汗水。Google派遣豪華的交通車接送員工上下班，卻也斷送了他們與非Google員工接觸的機會。

Googleplex是一棟挑高的建築物，大量自然光傾瀉而下，辦公室採開放隔間，內部有許多自助餐廳，員工可以圍坐在桌子前，或討論邏輯演算法，或聆聽搖滾樂，同時享受免費的美食，甚至還可以帶著狗一起上班。Google犒賞員工的方式令人嫉妒，除了高額的工作報酬、一應俱全的工作環境，員工每週還能有一天專心研究個人的計畫，人人都有機會成為下一個賴利·佩吉（Larry Page）或謝爾蓋·布林（Sergey Brin），叫人如何離得開這環境？

這般隔離有朝一日能促使新人種誕生嗎？或許有可能，畢竟電腦工程師經常一天工作十二小時，這大幅局限了他們尋覓好對象的機會。

人類已經能夠改變動植物的遺傳組成，我們能改變自己的遺傳組成嗎？我們其實不需要坐等天擇插手，現在就能開始。現代醫學能從被動式的反應走向主動式的個人化疾病預防，基因定序功不可沒，而基因定序所需的成本也不斷大幅向下修正。一九九〇年，人類基因組計畫建立之初，要解讀一個人的完整基因組，需要三十億美元；二〇〇一年，成本降為三百萬美元；二〇一〇年，個人基因組完整解序要價低於五千美元；二〇一二年，不用一千美元就能解開個人的基因組序列。照這個速度發展下去，十年之內，個人基因組完整解序的成本大概只需要十美元。

隨著基因檢測愈來愈普遍，從遺傳物質著手改變生理上的弱點也將愈來愈盛行。安潔莉娜．裘莉就是因為體內有一個讓她特容易罹患乳癌的基因，因而進行了雙乳切除手術。裘莉的例子只是個開端，未來或許我們能夠直接改變基因，而不是改變基因影響的結果。但這麼做的壞處在於，許多基因並不只有單一功能，為了符合想要的結果而改變基因，可能會發生意想不到的後果，眼前勢必有一條試誤學習的路要走。

基因工程能夠發展，背後究竟有什麼強大的推力？華盛頓大學的沃德教授認為，父母就是強勁的選汰壓力，畢竟許多父母都希望下一代能夠活得久、長得好看、頭腦又聰明。二〇〇九年一月，沃德在一篇發表於《科學人》（*Scientific American*）的文章中寫道：「如果孩子既聰明又長壽，好比智商一百五十，壽命一百五十年，那麼他們就能生下更多後代，並累積比我們更多的財富。」在社交場域中，他們會受到同類人的吸引，這也有可能導致人類發生種化。

希望孩子有聰明的腦袋、合宜的身高或體重，父母的願望就是驅使設計基因（designer gene）的重要推手。這些考量恐怕不只是推動設計基因的主要力量，還推動了設計嬰兒（designer children）的風潮。史丹佛大學的傑克森教授說道：「如果女性能從雜誌末頁的訂購單訂購布萊德．彼特的精子？或者更進一步，如果他們能從型錄上為孩子搭配威爾．史密斯的笑容和喬治．克隆尼的眼睛？人種會因此發生徹底改變。」

如果我們可以改變男性的基因，使他成為一名完美的士兵？哈潘汀這麼說：「中國人經常面不改色地討論這個話題。」打造一名完美的士兵，或者，一個完美的核子物理學家，你說如何？

人體內每一個細胞都蘊含著每個人完整的基因組，換句話說，每一個細胞都有一份你的遺傳藍圖，可以藉此打造一個完整的你。二〇〇九年，中國科學家成功將小鼠的皮膚細胞轉變為幹細胞，再讓這些幹細胞重新生長、分化，最後成了一隻活生生，可以正常生殖的小鼠。

這隻名喚小小的小鼠從母親的皮膚細胞衍生而來，這件事說明了在理論上，用你的細胞打造出一個你的複製人應該是可行的。記得複製羊桃莉嗎？儘管複製這件事並未得到社會風氣的響應，但各位覺得再過多久，某個人覺得自己實在特別，必須多打造幾個自己的事情就會實現呢？從皮膚細胞複製出一個完整的人、隨心所欲地改變體內器官，都有可能導致新人種大爆發。

心智上傳

關於複製，還有其他不同的做法，將你的心智上傳到資料庫就是其中之一。麻省理工學院的合成神經學家艾德．波伊頓（Ed Boyden），目前正進行人腦造影的研究工作。人腦中有超過一千億個運算元素，艾德設計了一套方法區分腦部的迴路。他利用從藻類中分離而得的物質來活化特定的迴路，並使其發光，藉著觀察發光現象來瞭解小鼠活動四肢、產生視覺、觸覺或嗅覺時，腦子裡究竟發生了什麼事。

為了對此有進一步瞭解，我跳上從倫敦前往牛津的高鐵，再坐上繞行牛津校園的計程車，沿途看見我從英國偵探劇集裡看到的那些氣派且莊嚴的古老建築物，最後終於來到位在牛津校園旁邊的人類未來學院（Future of Humanity Institute）。

身高中等、體形苗條且看來自信又睿智的尼克・巴斯騰（Nick Bostrom），在他的辦公室二樓和我碰面，當時他正俯瞰著歷史悠久的牛津城。巴斯騰經常思考人類生存所面臨的各種威脅，試想它們發生的可能性，以及我們該如何應對。他認為，科技發展的速度之快，讓我們根本來不及瞭解科技對人類的危險性。

那是個陰天，我們談論著有關心智上傳的可能性，不過，巴斯騰並未忽略這件事的危險性。他認為，隨著科技加速發展「到了某個時間點，當心智上傳已經可行，或許我們會將人腦轉換成軟體」利用高解析度技術掃描切成薄片的人腦，將所得的資料上傳到電腦裡，巴斯騰認為這樣的未來已經在不遠處。

如此一來，當人類拋去身體，或者身體已經過於衰弱之後，就能把心智上傳到電腦裡儲存起來。「罹患絕症或想要長生不老的人，會是這種科技發展的主要助力」巴斯騰如此說道。他認為，我們的神經架構或許可以存在於電腦裡，但我們的心智有可能「存在現實世界的機器人身上，或是虛擬世界的虛擬人物身上」。

電腦遊戲的世界裡已經有這樣的先例。由舊金山林登實驗室（Linden Lab）開發的《第二人生》（Second Life）是一款3D線上遊戲，讓玩家可以透過個人電腦和其他玩家產生即時互動體驗。這款遊戲的註冊玩家有數百萬人，玩家們在這個人人生得俊俏美麗的世界裡到處閒晃，或在城堡周邊散步，或在荒島上或其他美侖美奐的3D環境裡流連，和無數的線上玩家碰面、聊天，甚至發生虛擬的性關係。林登實驗室的報告指出，玩家平均每週花二十小時在這些虛擬環境裡逗留。

巴斯騰認為，一但社會結構也可以上傳，就有可能把人類的能力畫分為不同區塊，用以執行不同任務。畢竟，花錢雇請數學高手絕對比自己在那兒加減乘除來得更有效率。人工智慧的發展目標之一，就是讓人人都能接觸人類所有的智慧，倘若我們之間全都透過軟體來連結，就能更輕易地達成這般願景，在巴斯騰眼裡看來，人類將因此自然而然地發生特化（specialization）。

一旦人類的專長特化變成標準作業，複製自己也就成了理所當然的事，這麼做可以增加個人的價值和資產。巴斯騰認為，還是會有人喜歡凡事親力親為，好比拾花捻草或編織毛衣的愛好者，但是在不需要這些嗜好的人面前，他們就失去了競爭力。在什麼都能上傳的世界裡，工作之餘要休息放鬆之類的老生常談終究會消失，因為軟體不需要休息。

巴斯騰可以預見，在這樣的世界裡，虛擬生活將分為兩類。其中一類將複製目前的人類價值觀，以幽默感、愛情、玩樂、藝術、性、舞蹈、社交、享受美食等行為來滋潤生活。儘管在人類過去的歷史上，這些行為可能有助於人類適應環境，但巴斯騰想要知道在未來的世界裡，它們是不是也能發揮一樣的功用。「在未來，不間斷的高強度苦差事——單調且重複的工作——或許能夠將人類適性提升至最大程度，這些事情若能對經濟有所改善，大概會為某些產業帶來八位數的成長」巴斯騰如此說道。

在巴斯騰眼中，只工作不玩樂的生活形態，將是未來的上傳世界中最具競爭性的強大力量，他稱之「適性最大化」，而上一段提到生活類型則是他口中的「快樂過生活」。他認為「適性最大化」終究會中就會取代「快樂過生活」，畢竟後者仍擺脫不了玩樂的習性，對於今日的人腦而言，快樂過生活還過得去，但當未來人腦都已轉變成軟體的時候，玩樂就顯得沒有必要、浪費時間而且毫無產能。

若是這樣下去，未來的世界裡人人將過著適性最大化的生活，或是，那些快樂過生活的擁護分子雖然繼續存在，但他們只能偷偷摸摸地享樂。

巴斯騰認為，到時如果我們仍希望生活中偶爾有些調劑，可能需要立法對適性最大化的生活者課稅，同時對快樂過生活的人提供補貼，好比把一部分的社會資源投入擁護快樂生活的基金會。對於可能威脅到人類價值的人工智慧發展，我們或許還要立法加以限制。說到人工智慧，這又是巴斯騰的另一項隱憂。

人工智慧的問題

著有《人類最後的發明：人工智慧終結人類世代》（*Our Final Invention: Artificial Intelligence and the End of the Human Era*）的詹姆斯．巴拉特（James Barrat），同樣也對人工智慧發展可能失控懷抱憂慮。人工智慧的發展之所以可能失控，一部分是因為各國國防機構積極投資人工智慧的發展。他們認為人工智慧發展得愈先進、愈快速，才能為國家爭取競爭優勢。然而，他們發展的研究，多數是為了置人類於死地。

儘管電腦的發展日新月異，但人工智慧若要發展到足堪比擬人類智慧的程度，仍有許多障礙需要克服，好比影像辨識軟體目前尚無法區分貓與狗的差別。利用人工智慧來診斷疾病將是一項重大的躍進，畢竟電腦能處理的資料比醫生多得多，而且速度也更快，然而，如果影像判斷是診斷疾病不可或缺的能力，那麼目前的電腦也許能夠分析各種症狀，卻無法發現病人身上有個彈孔。

不管透過先進電腦科技也好，或者是利用科技複製人腦靈光乍現的想法（而不是試著用不同的科技重複人腦產出的結果）也罷，這些問題終究會解決。我們所要擔心的是，一旦科技先進至此，人腦的思考模式將轉移到機器上，並開始飛快發展。

這種轉移過程看似漸進發展，對人類而言不痛不癢，甚至還挺有趣的，卻可能帶來致命後果。植入人工智慧的機器人也許會把人類當成老大，但也有可能以我們對待靈長類祖先——猴子、猿類和紅毛猩猩——的方式回敬我們：要不關在園子裡、要不被當成實驗對象，野生靈長類的族群將瀕臨滅絕，想要存續下去的希望渺茫。藉由先進的人工智慧，我們將為地球引入超越人類的物種。

巴斯騰這番推測未來的言論，其實融入了我們或許早已身處在虛擬實境的假設。他認為，虛擬實境是當今少數幾種能夠描述人類真實生活的方式。人的文明必須先滅絕，機器人才有辦法建立由上傳心智建立的虛擬實境；或者，他們不再對能讓模擬心智產生意識的逼真模擬實境感興趣；又或者，到了最後，你我幾乎就生活在電腦模擬的環境裡，大家都是虛擬人物。

懸崖勒馬

然而，如果人類不願意上傳自己的心智呢？如果把你的腦子切成像烤火腿一樣的薄片上架，結果卻失敗了呢？萬一電腦無法跨越區分貓狗的障礙怎麼辦？或許我們應該繼續原本的生活方式：繼續生育，繼續消耗資源，然後期待明天會更好。

早在很久之前，吉歐基．高思（Georgi Gause）就思考過「人類是否該繼續這樣生活下去」的問題。一九二〇年代，還在莫斯科大學就讀的高思做了一項經典的實驗：他取了半克的燕麥加水煮沸製成培養基，將燕麥糊分別倒入平底的小試管，然後在試管中都加入少量的單細胞微生物，他一共試驗了兩種微生物，每根試管只加入一種。如此一來，每根試管都可視為一個獨立的生態系，由單一結構組成的食物鏈。接著，他把試管放在溫暖處，一週後再來觀察結果，並把所得到的發現詳細記錄在他一九三四年出版的著作《掙扎求生》（*The Struggle for Existence*）中。

一開始，微生物的數量增加得非常緩慢。試管底部和試管壁的微生物數量增長曲線，隨著時間逐漸抬升，然後，這條生長曲線遇到了轉折點：微生物數量開始以爆炸性的姿態增長，生長曲線的斜率也增加。微生物族群繼續瘋也似地擴張，直到食物耗盡，這時它們的生長曲線變得平緩，當微生物開始死亡，生長曲線的走勢也開始陡然向下。

讓我們回過頭來看看智人。目前，人類族群擴張的態勢和高思在一九三〇年代進行的實驗不乏相似之處。如果遺傳學家說得沒錯，當初出走非洲的不過就是幾百個智人，他們踏上新世界四處遷徙，到處都像伊甸園，那時的智人族群擴張得再怎麼龐大，人口也不到五百萬。然而，大約一萬年前，我們發明了農業，此後人類族群開始急速成長。

十九、二十世紀時，我們發現如何讓穀類作物莖桿變粗的方式，同時也學會如何製作肥料、打造更優良的灌溉系統，不到兩百年的時間，人口從十億變成七十億，而且未來還會再增加二十至三十億人，這樣驚人的態勢不過就發生在過去五、六十年間。我們其實跟病毒或單細胞生物沒什麼兩樣。高思的實驗中，微生物之所以大量增生，是因為試管中缺乏與之競爭的物種。有了其他物種存在，微生物增長會趨緩，形成緩衝，發生競爭。然而，我們卻親手消除了競爭的可能性，不是嗎？

二〇〇〇年，荷蘭化學家保羅．克魯岑（Paul J. Crutzen）為我們所處的時代取名為「人類世」（Anthropocene）。他認為人類活動對地球大氣的影響之劇，已經到了足以自成一個地質年代的程度。

人類對地球的影響到底有沒有個限度？若真的像高思的實驗結果一樣，當人口數達到顛峰之後，就會開始筆直下墜怎麼辦？如果人口過剩、饑荒、疾病和本土物種的消失對地球而言真的是不健康的影響，大災難發生之後，最後地球上只剩下兩成人口——相當於兩百年前的十億、二十億人——怎麼辦？

伊恩．塔特索爾（Ian Tattersall）是紐約美國自然史博物館的策展人，同時也是《人種源始：追尋人類起源的漫漫長路》（*Masters of the Planet: The Search for Our Human Origins*）一書的作者，他並不認為目前的狀況會導致新人種出現「人類遍及世界各地，大眾運輸讓我們輕輕鬆鬆就能相遇。」不過，當我們提出人類有可能像高思實驗的微生物一樣族群崩潰的想法時，他表示：「那一切就很難說了。」

如果人類未來的發展真如高思的實驗結果一樣，那麼在人口大量減少的環境中，智人有可能分化出另一種人種。

要和新的人種共存，必先對他們有所認識，好比知道他們是誰以及生得什麼模樣。這些認識又要從何而來？我們和新人種之間的差異，一開始可能很簡單，新人種或許只是有幾個不同的基因，可以幫助他們更有效率地吸收營養，就像印歐人一樣；或許新人種對未來疾病有更好的抵抗力，就像美洲的征服者。然而，印歐人和美洲征服者都不是新的人種，我們和新人種之間需要更多差異。

有人認為，選汰壓力就像手機升級系統一樣，推著大自然持續更新，但科學家非常反對這種烏托邦式的觀點。只有在特定時空環境下，新物種的生存優勢勝過祖先物種時，選汰壓力才會發生。演化也許能創造出更聰明的人種，有更長遠的世界觀，但這只是附帶的好處罷了，能夠展現最大的適性才是演化帶給物種最大的好處。

假設，新人種真的會出現，這件事究竟是近在眼前還是遠在天邊？或者，它已經發生過了，只是我們不知道？如果尼安德塔人把自己打理整齊，修剪頭髮，刮個鬍子，穿上新衣再走到大街上，說不定沒有幾個人看得出他有何異樣。道格拉斯．帕默（Douglas Palmer）在其著作《起源：人類演化啟示錄》（*Origins: Human Evolution Revealed*）中提到，比起現代人，尼安德塔人的體形只是稍微寬闊了些，面部有點突出，手臂長了一點，但田徑明星、橄欖球員或性格演員不都這樣嗎？

未來的新人種體形可能比我們瘦一點，並延續人類一路以來的發展態勢，有更大的頭顱來裝更大的腦子，至於鼻子、眉毛以及其他臉部特徵則可能變少。不過，在人群之中，你真的確定辨認新人種比辨認尼安德塔人有比較容易嗎？而且，聽好了，即便你就是新人種，既然你也在讀這本書，也想要瞭解你將從哪些地方取代智人，你的未來也一樣黯淡無光，因為史密森尼研究院的蘇斯說過，地球上百分之九十九點九的物種都會滅絕。

我們實在沒有理由認為，人類或人類的後代可以生生不息地永久流傳下去。

一部分的問題是因為時間尺度。人類很難具體地想像人類史和地球史的時間比值，科學家稱這樣遼闊的時間尺度為「深層時間」（Deep time），但人類顯然不善於「深層思考」。古生物學家古德爾在哈佛課堂上打了個簡單的比方，讓學生對此留下深刻印象：「如果地球史始於你的鼻子下方，那麼你的指尖就代表現在，只要稍稍剉個指甲，就會消除徹底人類的歷史。」這裡所講的人類歷史，可不是指人類產生文明以後的短短時間，而是指智人及其所有原始人祖先存在地球上的時間。

科學家也很喜歡拿時鐘來做比喻，讓我們從另一個觀點認知人類存在的時間。倘若把地球存在的四十五億年想像成二十四小時，那麼寒武紀大爆發發生在晚上十點；恐龍則是晚上十一點以後才出現，晚上十一點四十分小行星撞擊地球，造成恐龍滅亡。至於人類，則是直到一天將盡前的最後幾秒才出現。

動物界之中，及時行樂的終極典範大概就是人類了。哺乳類動物的平均存在時間為一百萬至兩百萬年，目前人類存在不過二十萬年，也就是哺乳類動物平均存在時間的十分之一罷了，生存卻已經遭受嚴重威脅。麻省理工學院的波林教授認為，未來人類在岩層中留下的考古紀錄，只會是一層薄薄的金屬，是智人從岩層中挖掘金屬打造建築物的證據。

英國列斯特大學的講師，同時也是《人類消失以後》一書作者的薩拉希維奇也承認，要將人類存在的時間和地質時間做比較，是一件非常困難的事情。他建議我們走一趟位於亞利桑納州旗竿市的大峽谷，俯瞰那深度有一公里多的地質裂口，這些岩層橫越了十五億年的地質時間，他說道：「就這個比例來看，人類在岩層中留下的紀錄大約七點五公分厚，而人類工業時代在岩層中留下的紀錄厚度只有零點三毫米。」對地質學家而言，這就像流星撞擊地球，不過是轉瞬之間的事。

雖然人類族群暴增不利於大自然，但對未來的星際地質學家來說卻是件好事。樣本數愈多，留下化石的機率就愈高，而過去一百年間，人類的樣本數急遽增加。或許，以留下化石證據的重要性自居，是我們最好的選擇。

如果諸君真的希望自己的骨骸未來出現在銀河系某處的博物館，當作立體模型展示的話，套句房地產經紀人的臺詞：一切都跟地點、地點、地點有關，因為很重要，所以說三遍。你最後的葬身之處得在沉積質、土壤和岩石層層堆疊的海岸邊或河口處。如果你在峭壁或高山上吟唱死亡輓歌，雖然畫面很有戲劇張力，但這些地方飽受侵蝕作用摧殘，實在不利於化石保存。土壤的逐漸積累，一層又一層地蓋在你的骨骸上面，也就是古生物學家所謂的沉積作用，絕對遠比侵蝕作用更有利於保存化石。

究竟，智人會如何退出這個世界，把舞臺還給大自然？看看尼安德塔人吧。直布羅陀巨巖位於伊比利半島末端，尼安德塔人最後存在的證據，就在巨巖基部的洞穴裡。當時全球氣溫變得更為寒冷，許多海水已經結冰，海平面下降八十至一百二十公尺，海岸附近的多數大陸棚因此露出海面，這些大陸棚如今隱沒在地中海之下。

這裡有大量的肉類來源和獵物，卻沒有足夠的水源。夏季乾旱來臨時，走到極限的生命有可能就此終結。當時的環境夏季並無降雨，有時甚至一連幾年都不下雨。

當出生率跟不上死亡率，個體數量逐漸變少，物種就走上了滅絕之路。人類可能在本世紀末就得面臨這個狀況，許多人口統計學家預測，人類的族群成長態勢可能會開始走下坡。這或許是件好事：人類的族群成長總算緩了下來。不過，這真得值得慶祝嗎？或者，這是人類滅絕的開端？如果未來的人類不懂得控制資源使用，那麼趨緩的人口成長態勢可能只帶來空洞的希望。

近年來，主要大學和政府單位舉辦許多內容有關人類生存受到威脅的評議會。小行星和彗星總在宇宙間穿梭，何況小行星和恐龍滅絕關係甚深，只要一顆小行星或彗星就有可能毀滅人類，正如科學家在一九九四年七月透過望遠鏡觀察舒梅克—李維九號彗星（Shoemaker-Levy 9, 簡稱 SL9）撞擊木星的場景。這樣的警告也許就讓人類警惕一年，但要是真的發生了，我們可能真的不用混了。不過，大概只有一部分的人因此殞命，有幸活下來人則會在短時間內恢復過往生活，就像二次大戰過後一樣。

突然發生的氣候變遷也有可能奪走人類性命，但是人類已經有了新仙女木事件的經驗，也捱過兩次冰河時期，依然活躍在地球上。氣候變遷造成自然界失序，混亂的大自然再進一步影響人類，換句話說，氣候變遷對人類的影響是間接的。那生物戰和失控的奈米科技又該怎麼說？得了吧，我們還不是捱過了黑死病的魔爪，就連美洲原住民也從歐洲人的征服行動中挺了過來。

具備超級人工智慧，比起它的創造者更為聰明，並可以從雲端接受世界上各種知識的機器人，或許是人類的好幫手，卻也可能是傷害人類的凶手，一切都取決於創造者如何設計。不過，這種機器人也不太可能一次毀掉全人類。

熱核動力就有潛力得多。二〇一二年，《原子科學家公報》（*Bulletin of the Atomic Scientists*）表示，熱核動力將末日時鐘朝午夜調快了五至六分鐘。二〇一〇年，末日時鐘往後調整了六分鐘，然而全球軍備削減行動停滯不前，進而抑制了我們對因應氣候變遷所做的努力，所以末日時鐘再度撥快。《原子科學家公報》提到，世界上目前還有超過一萬九千枚核子武器，「足以毀滅全世界好幾次」，且許多國家仍持續升級軍備。製作核子武器所需的複雜技術和資源，減緩了核子武器的擴散速度，然而，萬一有人發明了用沙子之類的物質就能製造核子武器怎麼辦？

根據聯合國人口司的預測值中位數看來，二〇五〇年全球人口可能達到九十二億，因為歐洲及美國的生育率提高，所以人口數的估計值也向上修正。一八〇〇年距今不過兩百年左右，當時全球人口只有十億。

人類很擅長掘取地球上的自然資源。《一四九一年》的作者曼恩說道：「這些資源是大自然給我們最好的祝福。」然而，在各個重要地區，自然資源就快被人類用完了。未來幾百年內，就算開採技術有所改良，石油、磷，或許還有肥沃的土壤，都將被人類消耗殆盡。二十世紀末時，世界銀行（World Bank）預測，二十一世紀的戰爭將因為水資源而起。

加州大學聖塔克魯茲分校的埃斯特斯教授也說：「我們要不是演化出新的人種，要不就是走進死胡同。智人終將消失於地球上，關鍵就在未來的五十至一百年間，這是個大問題。就算有人能挺過這段期間，他們的生活品質又會是什麼模樣？此外，人類的預測能力非常糟糕，五萬年之後，地球上可能還有像我們一樣的智人存在，但一百萬年之後……我們終會消失。」

我們該如何讓人口的增長曲線不像高思在《掙扎求生》一書中描述的那樣：陡峭的增長態勢在遇上轉折點之後開始筆直向下呢？答案很簡單：不要讓事情發展到那裡，現在就收手，停止！這需要人類做一件其他物種從沒做過的事：自發性地節制個體數量增加。這是一條沉重的命令，美洲五大湖中的斑馬貽貝、關島的棕樹蛇、非洲河流中的布袋蓮、佛羅里達州的緬甸蟒全都在繼續消耗牠們的生存環境。

不過，曼恩卻對未來懷抱希望，他最近一篇刊登在《獵戶座》（*Orion*）雜誌上的文章內容描述了十八、九世紀許多國家施行的奴隸制度，以及社會如何演變，進而脫離其中。丹尼爾・笛福（Daniel Defoe）的著名小說《魯賓遜漂流記》（*Robinson Crusoe*）描寫魯賓遜和他的船員在委內瑞拉外海一處無人島遭遇船難，以及他們在那裡學習求生的經歷。笛福筆下的魯賓遜是一艘奴隸船的主管，在當時，這是一份相當稱頭的職業。一七一九年，《魯賓遜漂流記》出版，沒有任何斥責奴隸制度的聲浪出現，顯見奴隸制度見容於當時的社會。

然而，幾十年後的十九世紀，奴隸制度幾乎消失無蹤。就人類意識轉變而言，這是一項重大的變革。一八六〇年，奴隸是美國最有價值的資產，價值相當於今日的十兆美元。不過，社會風氣已然開始轉變，即便個人生活和國家經濟得因此付出相當成本。美國的南北戰爭死了六十萬人，嚴重破壞美國經濟發展，但奴隸制度仍不復存在。不只美國的奴隸制度消失了，十九世紀至二十世紀初這段時間，英國、荷蘭、法國、西班牙、葡萄牙、韓國、俄羅斯、中國和世界其他地方的奴隸制度也很快隨之崩解。雖然，世界上仍有奴隸制度的遺跡，好比強迫性勞動、性奴隸和契約勞工，但多數國家並不是靠著奴隸而繁盛強大。

女性崛起則是人類意識的另一項重大改變。為解放黑奴而起的南北戰爭在美國打得如火如荼，然而除了奴隸，當時女性的基本權利也遭到剝奪。不管在南方或北方，能夠上大學、擔任公職、經營事業或投票的女性少之又少，在社會的各個層面，男性全面凌駕女性之上。多數國家的女性直到二十世紀中葉才擁有投票權。在美國，女性的參政權逐步演進，一九二〇年，美國憲法第十九號修正案通過後，全美女性都享有參政權，如今，美國多數勞工和投票人皆為女性，在世界許多國家也是如此。

同性戀、雙性戀和跨性別族群正處於相似的境地。重大的立法行動和法律變革正在發生，人們對此的接受度也逐漸提升。

人類還有機會做出巨大的改變。

要阻止人類自我毀滅，光是改變行為還不夠。我們還得拿出世界各地節食者克制食慾的決心，來克制我們的生育率，讓人口不再成長，並限制我們對自然資源的取用，才能避免走到人口成長曲線的致命轉折點。換句話說，我們要竭盡所能地避免大自然以災難的方式對人類進行選汰。

根據華盛頓大學古生物學家沃德教授的說法，目前地球位於他所謂的適居區（habitable zone），和太陽之間保持理想距離。在銀行系中尋找人類適居行星的天文學家，鎖定的目標是和恆星有適當距離的行星。過於靠近太陽的行星溫度太高，金星表面的溫度高到可以煮熟食物，就算金星有水，水分也早已蒸發到太空裡；火星雖然有水，但卻是結冰的固態水，因此金星和火星都不在人類的適居區內。問題來了，適居區會隨著時間往外推移，這是因為太陽的溫度會隨著衰老程度增加。在這樣的狀況下，適居區會往外推移五億至十億光年的距離。未來，地球上或許有生命存在，但大概都只是微生物，火星也許是個不錯的選擇，前提是我們能撐到那個時候。

沃德認為，就算地球不再位於適居區，人類還是有可能生存下去「但地球上那些遭我們肆意利用的動植物，恐怕就沒有這麼幸運。」未來，地球上可能會不斷上演人類每隔一段時間就被打回石器時代的劇碼。

卡瑞研究所的所長史萊辛傑說道：「地球的狀況主要取決於生物圈的情形，也就是地球上所有物種集體行動的結果。物種控制著氣候、地球大氣和海洋的組成、陸地及海洋中的植物總產能，這些都是人類取得食物、燃料和纖維的來源。很難想像失去沒有植物的話，我們該怎麼生存。」

人類不會因為單一原因而消亡，不過各種影響的加成作用就有機會了。二疊紀大滅絕就是如此，到頭來，我們可能也得面對各種因素交互作用造成人類滅絕的下場，厄文稱之為「東方快車謀殺案」理論。其實，三疊紀大滅絕也一樣：大型草食爬蟲動物的數量呈現長期下降的趨勢，再加上那場堪稱地球史上最大型的火山噴事件——造就面積相當於半個印度的德干玄武岩——所帶來的影響。巴黎地球物理研究所（Institut de Physique du Globe de Paris）的文森．古蒂尤（Vincent Courtillot）說道：「那場火山噴發事件釋放出足以改變氣候的氣體總量，是希夏魯隕石撞擊事件的十倍。」

第六次大滅絕的發生，可能也是多種因素交互影響的結果，其中包括人口過剩、失控的氣候變遷、大肆蔓延的疾病，以及無法繼續提供現代人生存所需的地球。

如果真的能夠將心智上傳到電腦中，我們能以機器人的形式繼續生存下去嗎？或許吧。不過這樣還能符合自然的定義嗎？大自然自有出路，生命也會繼續，只不過是以不同形式、不同物種的面貌罷了。生態系終會復原，回到人類出現以前的那般榮景，那時主宰地球的將是一系列不同的生命形式，生存的法則或許也會有所改變。

卸下了人類這個重擔，大自然或許能好好喘口氣，然後繼續前行，恢復昔日榮景。

致謝

這本書能夠完成，有賴許多極具耐心、辯才無礙且博學多聞的人士伸出援手，我對他們有無盡的感激。

感謝康乃爾大學鳥類實驗室的舒倫格，他願意讓我在第一次造訪安地斯山脈東側的雲霧森林時，跟著他以及由羅佩茲、羅莫、波尤、羅德里奎組成的強大團隊一起行動。還有維克佛瑞斯大學的希爾曼教授，他給了我再度造訪雲霧森林的機會。

關於人類大滅絕的說法，我雖聽聞里奇等著名的人類學家提過，但第一位就此對我提出警告的是加州大學柏克萊分校的巴諾斯基教授。

瓜達魯普山脈國家公園的地質學家赫斯特領著我走上一條位於德州西部，通往酋長礁的小徑，指點我觀察了許多二疊紀大滅絕時期留下的化石。哈佛大學的古生物學家諾爾和麻省理工學院的波林教授則從大氣組成和地質學的觀點，讓我進一步瞭解二疊紀大滅絕。

卡瑞研究所的史萊辛傑讓我知道，地球早期的生命是何模樣，以及化學在這種生命形態中所扮演的角色。同樣來自卡瑞生態研究所的奧斯佛則告訴我，失去森林和動物物種將如何助長疾病傳播。為了讓我瞭解杜松這種入侵性的植物如何在愛德華茲高原偷取水分，史丹佛大學的傑克森教授帶我深入德州中部的鮑威爾洞穴。

卡瑞研究所的史都華・芬列（Stuart Findlay）幫助我進一步認識紐約的卡茲奇／德拉瓦集水區。馬克斯－普朗克奧登色中心的康德教授讓我知道，中美洲的美洲豹和雨林對人類的重要性。內華達大學拉斯維加斯分校的史密斯告訴我，沙漠土壤結皮之於美洲沙漠存續的重要性。加州大學柏克萊分校的古生物學家馬歇爾，以澳洲為借鏡，讓我瞭解美國物種喪失的情況。英國洛桑研究所的科曼和包爾頓向我解釋土壤如何影響未來的農業發展。杜克大學的里克特帶著我參加我人生第一場和土壤有關的研討會。聖保羅大學的愛奈維斯介紹我認識黑土，那是亞馬遜地區古老印第安人留下的珍貴遺產。

加州大學柏克萊分校的荷拉斯科和印第安那大學的賈悟願意和我分享他們位於坦尚尼亞奧杜瓦峽谷的研究站。馬賽族人歐稜莫塔則帶我參訪她的部落。製作石器時代手斧的普羅費讓我大開眼界。

史密森尼研究院的蘇斯則向我解釋，鱷魚何以是三疊紀時的主要捕食者。同樣也是史密森尼研究院的帕茲則和我聊了聊早期人類的發展如何受到氣候影響。卡瑞研究所的威瑟斯則帶著我前往智利東部的雲霧森林。

感謝加州大學聖塔克魯茲分校的埃斯特斯，他幫助我瞭解虎鯨如何轉而以海獺為食；史丹佛大學的吉利願意花時間幫助我認識美洲大赤魷；加州大學聖塔芭芭拉分校的霍夫曼提供有關海洋酸化的見解；以及為了因應魚類大量減少，決定為加利福尼亞半島居民帶來乾淨、永續的水產養殖業而持續付出努力的赫德。

新墨西哥大學的史密斯教授讓我瞭解地球上的動物何以曾經出現龐大的體形，以及舊事重演的可能性。加州大學洛杉磯分校的瓦肯博許讓我知道，好萊塢以南約五公里處的地方，大自然曾經出現的多元面貌原來如此重要。

猶他大學的哈潘汀說服我相信，人類仍在持續演化當中。牛津大學的巴斯騰對人類未來的預測令我感到歡欣。

杜克大學的史蒂芬・史密斯（Stephen W. Smith）一共著有十六本書籍，一直以來，他就向我的導師一樣，鼓勵我寫得更快，鼓勵我走一趟非洲。感謝吉姆、茱莉、諾維爾、艾迪、蓋瑞和其他與我共度許多早晨的天空谷健行俱樂部成員，他們提出的問題是我思考的動力。

我也要特別感謝我的家人，比爾、芭芭拉、山姆、安、瑪格麗特，以及我的妻子梅姬，在這個漫長的寫作過程中，他們對我有諸多包容。此外，我還要感激提供寶貴支持的麥克・勒喬伊（Mike LaJoie）、艾力克斯・魏斯勒（Alex Wexler）、葛瑞絲・墨菲（Grace Murphy）和蓋瑞・卡特（Gary Kott）。

謝謝代表我的 Jud Laghi 經紀公司，他們展現表現出熱情如火的態度。感謝希拉蕊・瑞蒙（Hilary Redmon），她是第一位看出這本書有點價值的人。謝謝莉亞・米勒（Leah Miller）、韋伯斯特・楊斯（Webster Younce）、凱倫・馬可斯（Karen Marcus）在這本書的早期撰寫過程中給我鞭策。還有傑出的編輯，希妮・谷川（Sydney Tanigawa），有了她的幫助，我那散亂不連貫的手稿，才能有現在的樣貌。

感謝各位。

參考資料

序言：不知身在何處

6 六月的某一天，熱帶地區正值乾季，未及晌午：Michael Tennesen,"Expedition to the Clouds," *International Wildlife* (March/April 1998), 22–29.

6 機艙內這群這聲譽卓著的生物學家：L. E. Alonso, A. Alonso, T. S. Schulenberg, and F. Dallmeier, eds., *Biological and Social Assessments of the Cordillera de Vilcabamba, Peru* (Washington, DC: Conservation International, Center for Applied Biodiversity Sciences, 2001).

7 地球上生物多樣性最高的森林：Norman Myers et al., "Biodiversity Hotspots for Conservation Priorities," *Nature* 403 (February 24, 2000), 853–58.

7 經歷過去的冰河的時期：Mark B. Bush, Miles R. Silman, and Dunia H. Urrego, "48,000 Years of Climate and Forest Change in a Biodiversity Hot Spot," *Science* 303, no. 5659 (February 6, 2004), 827–29.

8「鞋帶式分布」：Michael Tennesen, "Uphill Battle," *Smithsonian* 37, no. 5 (August 2006), 78–83.

六分之一植物種類出現在這裡：Author interview with Tom Schulenberg, July 2013.

10 現代生物學家之所以焦急難耐：Anthony D. Barnosky et al.,"Has the Earth's Sixth Mass Extinction Already Arrived?" *Nature* 471 (March 2, 2011), 51–57. *Norman Myers of the University of Oxford*: Norman Myers and Andrew Knoll, "The Biotic Crisis and the Future of Evolution," *Proceedings of the National Acad- emy of Sciences* 98, no. 10 (May 8, 2001), 5389–92.

11 智人只用了不到二十萬年的時間：www.pbs.org/wgbh/nova/worldbal- ance/numb-nf.html.

11 把整個地球的歷史壓縮成二十四小時：http://www.geology.wisc.edu/homepages/g100s2/ public_html/history_of_life. htm.

12 每一次大滅絕過後，地球都會復原：Douglas Erwin, *Extinction: How Life on Earth Nearly Ended 250 Million Years Ago* (Princeton, NJ: Princeton University Press, 2006), 1–30; Richard Leakey and Roger Lewin, *The Sixth Extinction: Pat- terns of Life and the Future of Humankind* (New York: Anchor Books, 1996), 39–58.

13「在大滅絕過後百廢待舉的環境中」：Erwin, *Extinction*, 15.

13「只要這些生物還存在，地球的生物多樣性就還算保持得不錯」：Barnosky et al., “Has the Earth’s Sixth Mass Extinction Already Arrived?” 51–57.

14「地球上百分之九十九點九的生物」：Author interview with Hans-Dieter Sues, April 16, 2012.

第一章　大滅絕：災難現場

19 如今的酋長礁雖早已了無生機：National Park Service, Geology Field Notes, Guadalupe National Park, Texas, http://www.nature.nps.gov/geology/parks/ gumo.

21 巨大凹地——德拉瓦盆地：Author interview with Jonena Hearst, November 6, 2012.

22 二疊紀期間，在這裡生活的各種生物：Erwin, *Extinction*, 2–7.

23 時間其實並不算長：“Fossils and the Birth of Paleontology: Nicho- las Steno,” Understanding Evolution, University of California, http://evolution. berkeley.edu/evolibrary/article/history_04.

23 隨著當時社會對化石的認知逐漸增加：“William Smith (1769–1839),” University of Califor- nia Museum of Paleontology, www.ucmp.berkeley.edu/history/smith.html.

23 地質學家發現，北美洲的岩層：Jonathan Weiner, *The Beak of the Finch: A Story of Evolution in Our Time* (New York: Vintage Books, 1995), 109.

24 這些動盪時期——也就是大滅絕事件——的存在： Stephen Jay Gould, *The Structure of Evolutionary Theory* (Cambridge, MA: Belknap Press of Harvard University Press, 2002), 745.

24 這五次大滅絕當中最著名的，大概就是：Leakey and Lewin, *The Sixth Extinction*, 47–56; http://www.nobelprize.org/nobel_prizes/physics/laure- ates/1968/alvarez-bio.html.

25 這場撞擊的釋放能量是核爆的一百萬倍：“Experts Reaffirm Asteroid Impact Caused Mass Extinction,” University of Texas at Austin, http://www.utexas.edu/news/2010/03/04/mass_extinction/ March 4, 2010.

25 掀起蔓延至陸地的巨大浪潮：Peter Ward, *Future Evolution: An Illuminated History of Life to Come* (New York: Times Books, 2001), 24–26.

26 第一批脊椎動物：Author interview with Jonena Hearst; “Geological Time: The Permian; Terrestrial Animal Life and Evolution of Herbivores,” Smithsonian National Museum of Natural History, http://paleobiology.si.edu/geotime/ main/htmlversion/permian2.html.

27 世界上最多詳盡研究的二疊紀——三疊紀界線：Erwin, *Extinction*, 83.

27 發生在兩億五千兩百萬年前左右的火山噴發事件：Seth D. Burgess, Samuel Bowring, and Shu-zhong Shen, "High-Precision Timeline for Earth's Most Severe Extinction," *Proceedings of the National Academy of Sciences* 111, no. 9 (February 10, 2014), 3316–21.

28 二氧化碳和甲烷累積的最終結果：Scott Lidgard, Peter J. Wagner, and Mathew A. Kosnik, "The Search for Evidence of Mass Extinction," *Natural History* (Sep- tember 2009), 26–32.

29 沖刷地表的洪水：Erwin, *Extinction*, 144–45.

30 登上二〇〇七年的《地球和行星科學通訊》期刊：Andrew H. Knoll et al., "Paleophysiology and end-Permian mass extinction," *Earth and Planetary Science Letters* (2007), 295–313, www.sciencedirect.com.

30 三成的動植物：Author interview with Andrew Knoll, April 24, 2012.

31 當人類的足跡踏上：Guy Gugliotta, "The Great Human Migration: Why Humans left their African homeland 80,000 years ago to colonize the world," *Smith- sonian* (July 2008).

第二章　生命之初的協同效應

33 化學是一門老被低估的科學：Bill Schlesinger and Emily Bernhardt, *Biogeochemis- try: An Analysis of Global Change* (Waltham, MA: Academic Press, 2013), 20–32.

34「地球上的生命演進」：Author interview with William Schlesinger, Oc- tober 16, 2011.

35 亞歷山大．奧巴林都提出相同看法：http://biology.clc. uc.edu/courses/bio106/origins.htm.

35 一九五〇年代，芝加哥大學：Nick Lane, *Life Ascending: The Ten Great Inventions of Evolution* (New York: W. W. Norton, 2009), 8–33.

36 可能的答案開始出現：Toshitaka Gamo et al., "Discovery of a new hydro- thermal venting site in the southernmost Mariana Arc," *Geochemical Journal* 38 (2004), 527–34.

38 二十、二十一世紀交接之際：William Martin and Michael J. Russell, "On the origin of biochemistry at an alkaline hydrothermal vent," *Philosophical Transactions of the Royal Society* 362 (2007), 1887–925; Author phone and email interviews with Michael J. Russell, January 29, 1993.

39 生命若要繼續演進：David Bielo, "The Origin of Oxygen in Earth's At- mosphere," *Scientific American* (August 19, 2009), http://www.scientificamerican. com/article/origin-of-oxygen-in-atmosphere/.

39 藍綠藻能進行光合作用：Lane, *Life Ascending*, 60–69.

40 有了氧，地球成為適合生物生存的地方：Fred Guterl, *The Fate of the Species: Why the Human Race May Cause Its Own Extinction and How We Can Stop It* (New York: Blooms- bury, 2012), 41–44.

40 還要再過四十億年：“Oxygen-Free Early Oceans Likely Delayed Rise of Life on Planet,” University of California, Riverside (January 10, 2011), http://newsroom.ucr.edu/2520.

40 著名的寒武紀化石群——伯基斯頁岩 Leakey, *the Sixth Extinction*, 13–37.

41 才有實際體現的機會：Stephen Jay Gould, *Wonderful Life: The Burgess Shale and the Nature of History* (New York: W. W. Norton, 1989), 53–70.

41 其餘都是柔軟組織： Leakey, *The Sixth Extinction*, 15–16.

42 這些奇特的海洋生物：Smithsonian National Museum of Natural History, Paleobiology, Burgess shale website: (a) http://paleobiology.si.edu/burgess/opabinia.html; (b) http://paleobiology.si.edu/burgess/amiskwia.html; (c) http://paleobi-ology.si.edu/burgess/anomalocaris.html.

43 視覺的發展：Lane, *Life Ascending*, 172–205.

44 動物的體形變得更大：Author trip in early summer 2012 to Kenya and Tanzania as a guest of Leslea Hlusko at the University of California, Berkeley, and Jackson Njau at Indiana University at Olduvai Gorge in Tanzania. Ngorongoro Basin was the first stop.

45 將恩戈羅恩戈羅火山口列為：UNESCO, Culture, World Heritage Centre, “Ngoro- ngoro Conservation Area: Outstanding Universal Value,” http://whc.unesco.org/en/list/39.

45 儘管政府言明一旦看見盜獵者就會開槍執法：Jeffrey Gettleman, “Elephants Dying in Epic Frenzy as Ivory Fuels Wars and Profits,” *New York Times*, September 8, 2012, http://www.nytimes.com/2012/09/04/world/africa/africas- elephants-are-being-slaughtered-in-poaching-frenzy.html.

46 象牙是公象的戰鬥武器：Weiner, *The Beak of the Finch*, 263.

第三章　理論基石

49 當他和船員航向： Weiner, *The Beak of the Finch*, 21–23 and 354–81.

50 達爾文返抵英國後：Ibid., 28–29.

52 布蘭福德兄弟檔，威廉和亨利：*William and Henry Blanford*: Ted Nield, *Supercontinent: Ten Billions Years in the Life of Your Planet* (Cambridge, MA: Harvard University Press, 2007), 30–35.

53 英國海軍上校羅伯・史考特：Ibid., 64–67; Sian Flynn, "The Race to the South Pole," *BBC History in Depth*, March 3, 2011, http://www.bbc.co.uk/history/brit- ish/britain_wwone/race_pole_01.shtml.

53 史考特的副官：The National Museum: Royal Navy (UK),"Biography: Captain Robert Scott," *Royal Naval Museum Library*, 2004.

53 德國地球物理學家阿弗瑞・韋格納：Nield, *Supercontinent*, 14.

55 就是島嶼生物地理學：Ben G. Holt et al, "An Update of Wallace's Zoogeographic Regions of the World," Science 339, no. 6115 (January 4, 2013), 74–78; UC Berkeley, "Biogeography: Wallace and Wegener," Understanding Evolution, http://evolution.berkeley.edu/evolibrary/article/history_16.

55 對某種生物而言足以稱為島嶼的棲地：Paul R. Ehrlich, David S. Dobkin, and Darryl Wheye, "Island Biogeography," 1988, https://www.stanford.edu/group/stan- fordbirds/text/essays/Island_Biogeography.html.

55 典型的內陸島嶼：Michael Tennesen, "Expedition to the Clouds," *International Wildlife* 28, no. 2 (March/April 1998), 22–29.

57 莎士比亞劇作中提到的鳥類：Alan Weisman, *The World Without Us* (New York: Thomas Dunne Books/St. Martin's Press, 2007), 35.

58 來自索羅門群島的棕樹蛇：Ker Than, "Drug-filled Mice Airdropped Over Guam to Kill Snakes," *National Geographic News*, September 24, 2010,

59 緬甸蟒入侵佛羅里達州：Michael Tennesen, "Python Predation: Big snakes poised to change US ecosystems," *Scientific American*, January 20, 2010.

59 進入鮑威爾洞穴位於地下的巨大洞窟：Michael Tennesen, "When Juniper and Woody Plants Invade, Water May Retreat," *Science* 322, no. 5908 (December 12, 2008), 1630–31.

60 便會造成其他植物或野草無法獲得充足的陽光：Steve Archer, David S. Schimel, and Eliza- beth A. Holland, "Mechanisms of Shrubland Expansion: Land Use, Climate of CO2," *Climatic Change* 29 (1995), 91–99.

61 長草大草原保護區：The Nature Conservancy, "Oklahoma Tallgrass Prairie Preserve," http://www.nature.org/ourinitiatives/regions/northamerica/unitedstates/oklahoma/placesweprotect/tallgrass-prairie-preserve.xml; I attended a conference session on this at the 2011 Ecological Society of American Convention in Austin, Texas.

62 波士頓運輸天然氣——即甲烷——的地下管線：Nathan Phillips et al., "Mapping urban methane pipeline leaks: methane leaks across Boston," *Environmental Pollution* 173 (2013), 1–4.

第四章 演化出另一種物種

65 研究人類如何發展：Tim D. White,“Human Evolution: The Evidence,” in *Intelligent Thought: Science versus the Intelligent Design Movement*, edited by John Brockman (New York: Vintage, 2006), 65–81.

67 研究牠們的牙齒：Theresa M. Grieco et al., “A Modular Framework Characterizes Micro- and Macroevolution of Old World Monkey Dentitions,” *Evolution* 67, no. 1 (January 2013), 241–59.

68 鱷魚以及他們對人類智力發展的可能影響：Jackson K. Njau and Robert Blumenschine, “Crocodylian and mammalian carnivore feeding traces on hominid fossils from FLK 22 and FLK NN 3, Plio-Pleistocene Olduvai, Basin, Tanzania,” *Journal of Human Evolution* 63, no.2 (August 2012), 408–17.

69 鱷魚在獵物骨骸上留下的齒痕相對較少：Jackson K. Njau and Robert Blumenschine, “A diagnosis of crocodile feeding traces on larger mammal bone, with fossil examples from Plio-Pleistocene Olduvai, Basin, Tanzania,” *Journal of Human Evolution* 50 (2006), 142–62.

70 為了生存下去：Author interviews with Jackson Njau and Leslea Hlusko, June 22–30, 2012.

71 原康修爾猿：Douglas Palmer, *Origins: Human Evolution Revealed* (Lon- don: Mitchell Beazley, 2010), 35.

71 阿法南猿：Ibid., 58.

72 巧人：Ibid., 98.

72 直立人：Ibid., 119.

72 智人：Ibid., 174–76.

73 早期人類製作工具的技術：Stephen S. Hall, “Last of the Neanderthals,” *National Geographic* 214, no. 4 (October 2008), 38–59.

74 檢驗尼安德塔人的骨骸：Palmer, *Origins*, 240.

74 環法自由車賽中選手一天要消耗的熱量：Matt Allyn, “Eating for the Tour de France,” *Bicycling Magazine*, July 13, 2011, http://www.bicycling.com/garmin-insider/featured- stories/eating-tour-de-france.

74 智人趁著地球短暫回暖的空檔移動到歐洲：Palmer, *Origins*, 241.

75「智人之間進行交易的範圍」：Author interview with Rick Potts, May 3, 2012.

76 說出「Mama」、「Papa」、「cup」和「up」：Author interview with Rob Shoemaker, November 18, 2011.

76 波妮是否有能力根據牠自己：Chikako Suda-King, “Do orangutans (*Pongo pygmaeus*) know when they do not

remember?" *Animal Cognition* 11, no. 1 (2008), 21–42.

77 透過人類的手語和一套詞典系統：Paul Raffaele, "Speaking Bonobo: Bonobos have an impressive vocabulary, especially when it comes to snacks," *Smithsonian* 37, no. 8 (November 2006), 74; Author interview with Sue-Savage Rumbaugh,November 21, 2011.

77 對語言的認知能力：Author interview with Lisa Heimbauer, November 17, 2011.

78 FOXP2：Elizabeth Kolbert, "Sleeping with the Enemy: What happened between the Neanderthals and us?" *The New Yorker* 87, no. 24 (August 15–22, 2011), 64–75.

78 洛杉磯於一七八一年建城：University of California, Los Angeles, "A Short History of Los Angeles," http://cogweb.ucla.edu/Chumash/LosAngeles.html.

80 過去兩百年間，倫敦："Los Angeles County, California: Quick Facts from the UA Census Bureau," http://quickfacts.census.gov/qfd/states/06/06037.html.

80 世界人口成長：Robert Kunzig, "Seven Billion: Special Series," *National Geographic* January 2011.

81 印度人口數在：Kenneth R.Weiss, "Beyond 7 Billion, Part 1: The Biggest Generation," *Los Angeles Times*, July 22, 2012.

82 中國的一胎化政策：Kenneth R.Weiss, "Beyond 7 Billion, Part 4: The China Effect," *Los Angeles Times*, July 22, 2012.

83《人口炸彈》：Paul Ehrlich and Anne Ehrlich, "The Population Bomb Revisited," *The Electronic Journal of Sustainable Development* 1, no. 3 (2009), Population-Bomb-Revisted-Paul-20096-5.pdf.

第五章　警兆之一：土壤

87 這片土地轉變為一片草地：Jan Zalasiewicz, *The Earth After Us, What Legacy Will Humans Leave in the Rocks?* (Oxford, UK: Oxford University Press, 2008), 86.

88 既是企業家，又是農業科學家的約翰：Rothamsted Research, "Rothamsted Research: Where Knowledge Grows," *Science Strategy*, 2012–17, www.rothamsted.ac.uk.

89 生物多樣性大大減少：Weisman, *The World Without Us*, 192–94.

90「樣本庫」：Ibid., 194–202.

90 照顧植物比打獵來得容易：Gregory Cochran and Henry Harpending, *The 10,000 Year Explosion: How Civilization Accelerated Human Evolution* (New York: Basic Books, 2009), 67–71.

92 我們過著游牧生活時：Author Interview with Ian Tattersall, curator emeritus of the American Museum of Natural History, April 18, 2012.

94 那天下午：Justin Gillis, "Norman Borlaug, Plant Scientist Who Fought Famine, Dies at 95," *New York Times*, September 13, 2009.

95 二十：二十小麥計畫：“Rothamsted Research,” *Science Strategy*, 2012–17, www.rothamsted. ac.uk.

96 強納森・林曲：http://plantscience.psu.edu/directory/jpl4; http://plantscience. psu.edu/research/labs/roots/about; Author interview with Jonathan Lynch, August 2011.

96 蘇珊・麥考奇（Susan McCouch）：http://vivo.cornell.edu/display/individual138; Author interview with Susan McCouch, August 2011.

97 黑土的潛力：Michael Tennesen, "Black Gold of the Amazon: Fertile, charred soil created by pre-Columbian peoples sustained late settlements in the rain forest," *Discover Magazine* 28 no. 4 (April 2007), 46–52.

98 亞馬遜地區多數土壤：Manuel Arroyo-Kalin, "Slash-burn-and-churn," *Quaternary International* 249 (August 18, 2011), 4–18.

99 前往卡亨實驗林：Daniel Richter et al., "Evolution of Soil, Eco-system, and Critical Zone Research at the USDA FS Calhoun Experimental Forest," in USDA *Forest Service Experimental Forests and Ranges: Research for the Long Term* (New York: Springer, 2014).

100 土壤已被開掘至：Daniel Richter and Dan H. Yaalon, "The Changing Model of Soil, Revisited," *Soil Science Society of America Journal* 76, no. 3 (May 2012), 766–78.

101 佛羅里達州中西部是美國磷礦主要產區：Michael Tennesen, "Phosphorous Fields: Phosphorous and nitrogen fertilizers drive modern agriculture, but they are also poisoning the planet," *Discover*, December 2009.

102 氮氣可以隨風飄揚：Michael Tennesen, "Sour Showers: Acid Rain Returns—This Time It Is Caused by Nitrogen Emissions," *Scientific American* 303, no. 3 (June 21, 2010), 23–24.

102 一九六三年採集的土壤樣本：John F. Kennedy Presidential Library and Museum, "Nuclear Test Ban Treaty," www. jfklibrary.org.

103 綠屋頂：Stuart R. Gaffin, Cynthia Rosenzweig, and Angela Y. Y. Kong, "Adapting to climate change through urban green infrastructure," *Nature Climate Change* 2, no. 704 (2012).

104《垂直農場：城市發產新趨勢》一書的作者：Dickson Despommier, *The Vertical Farm: Feeding the World in the 21st*

Century (New York: Thomas Dunne Books/St. Martin's Press, 2010), 3–11.

105 牛隻畜牧業：UN News Centre, "Cattle-rearing generates more greenhouse gasses than driving cars, UN report warms," November 29, 2006.

105 土壤是地球生物圈關鍵的組成成分：Ronald Almundson, "Protecting Endangered Soils," *Geotimes* 43, no. 3 (March 1998).

106 地表有百分之四十三的面積做為農業用地：Author interview with Anthony Barnosky, March 2, 2012.

106 造成八十萬人死亡的盧安達大屠殺事件：Robert Kunzig, "Seven Billion: Special Series," *National Geographic*, January 2011, 62.

第六章　警兆之二：我們的身體

109 G先生的故事：Richard Preston, *The Hot Zone* (New York: Random House, 1994), 72–77; WHO Study Team, "Ebola haemorrhagic fever in Sudan, 1976," *Bulletin of the World Health Organization* 55, no. 2 (1978), 247–70, www.ncbi.nlm.nih.gov/pmc/articles/PMC2395561/.

110 醫院也開始遭殃：R. C. Baron et al., "Ebola virus disease in southern Sudan: hospital dissemination and intrafamilial spread," *Bulletin of the World Health Organization* 61 (1983), 997–1003, http://www.ncbi.nlm.nih.gov/pmc/ articles/PMC2536233/.

111 有些科學家認為：Preston, Hot Zone, 49; Joshua Hammer, "The Hunt for Ebola," Smithsonian.com, November 2012. http://www.smithsonianmag.com/ science-nature/the-hunt-for-ebola-81684905/?all&no-ist.

111 約有六成是人畜共通的疾病：Augustin Estrada-Pena et al., "Effects of Environmental change on zoonotic disease risk: an ecological primer," *Trends in Parasitology* 30 (April 2014), 205–14.

111 嚴重急性呼吸道症候群（SARS）："Severe acute respiratory syndrome (SARS)," PubMed Health, http://www.ncbi.nlm.nih.gov/pubmedhealth/ PMH0004460/. 000 drive out or kills the bats: Author interviews with Richard Ostfeld, 2011–14.

112 疾病造成的效應會受到分散和稀釋：Richard S. Ostfeld,"Are predators good for your health? Evaluating evidence for top-down regulation of zoonotic disease reservoirs," *Frontiers in Ecology and the Environment* 2, no. 1 (2004), 13–20.

114 增加傳染病流行的機會：Cochran and Harpending, *The 10,000 Year Explosion*, 159–67.

114 疾病要能傳播開來，首先要有一群住得很近的人：Ibid., 155–59.

115 發展出瘧疾免疫力的代價可不小：Carolyn Sayre, "What You Need to Know About Sickle Cell Disease," *New York Times*,

June 29, 2011.

115 根據世界衛生組織的資料：WHO, "Malaria: Fact Sheet No. 94," Media Centre, December 2013, http://www.who.int/mediacentre.

116 家畜數量遠遠低於：Chengfeng Qin and Ede Qin, "Review of Bird Flu: A Virus of Our Own Hatching," *Virology Journal* 4 (April 2007), 38; Video interview, Birdflubook.com.

116 法蘭斯科・德・奧雷亞納：Charles Mann, *1491: New Revelations of the Americas Before Columbus* (New York: Knopf, 2005), 315–21.

117「歐洲人所到之處」：Cochran and Harpending, *The 10,000 Year Explosion*, 167–69.

118 當這些潛在的凶手受到控制：The College of Physicians of Philadelphia, "The History of Vaccines: Yellow Fever," 2014, www.historyofvaccines.org.

119 波瓦尚病毒性腦炎：Lori Quillen, "Black-legged Ticks Linked to Encephalitis in New York State," *Cary Institute of Ecosystem Studies*, July 15, 2013, http://rhine-beck.wordpress.com/2013/07/15/black-legged-ticks-linked-to-encephalitis-in-new-york-state/.

121 小型哺乳類動物傳播伯氏疏螺旋體給蜱的能力好多了：Jesse Brunner, Shannon Duerr, Felicia Keesing, Mary Killilea, Holly Vuong, and Richard S. Ostfeld, "An Experimental Test of Competition among Mice, Chipmunks, and Squirrels in Deciduous Forest Fragments," *PLOS One*, June 18, 2013.

123 森林破碎化會導致疾病增加: Ibid.

125 抗生素抗藥性: Robert S. Lawrence, "The Rise of Antibiotic Resistance: Consequences of FDA's Inaction," *The Atlantic*, January 23, 2012.

125 個人健康照護產品中的抗微生物化學藥品：John Cronin, "Antibacterial soaps don't work, are bad for humans & the environment," *EarthDesk*, December 19, 2013, http://earthdesk.blogs.pace.edu/2013/12/19/antibacterial-soaps- dont-work/.

125 淋病和一些常見的疾病：WHO, "Urgent action needed to prevent the spread of untreatable gonorrhoea," *Media Centre*, June 6, 2012, http://www.who.int/mediacentre/news/notes/2012/gonorrhoea_20120606/en/.

125 結核病是另一種再度興起：Mayo Clinic, "Tuberculosis," January 26, 2011, http://www.mayoclinic.com/health/tuberculosis/DS00372.

127 慢性疾病取代傳染病：Lawrence, "The Rise of Antibiotic Resistance."

127「有些微生物幾乎完全免疫，」："WHO Director-General addresses an expert advisory group on antimicrobial resistance,"

Geneva, Switzerland, September 19, 2013, http://www.who.int/dg/speeches/2013/stag_ amr_20130919/en/.

第七章　警兆之三︰魷魚和抹香鯨

130 聖羅薩利亞鎮的漁民改追捕美洲大赤魷︰Michael Tennesen, “Humboldt Squid: Masters of Their Universe,” *Wildlife Conservation Magazine*, February 2009.

131 氣候變遷造成的後果︰Lothar Stramma, “Expanding Oxygen-Minimum Zones in the Tropical Oceans,” *Science* 320, no. 5876 (May 2, 2008), 655–58.

132 吉利想要知道︰Author interview with William Gilly, February 28, 2012.

132 溶氧極低層溶氧的飽和度接近零︰Lothar Stramma,“Ocean oxygen minimum expansion and their biological impacts,” *Deep Sea Research Part I: Oceanographic Research Papers* 57, no. 4 (April 2010), 587–95.

133 加州北部的鱈魚︰F. Chan et al., “Emergence of Anoxia in the California Current Large Marine Ecosystems,” *Science* 319, no. 5865 (February 15, 2008), 920.

134「大白鯊咖啡館」︰Michael Tennesen, “Science Sleuths: The White Shark Café,” *National Wildlife*, July/August 2011.

134 溶氧極低層的氧氣含量下降︰Lothar Stramma, Sunke Schmidtko, Lisa A. Levin, and Gregory C. Johnson, “Mismatch between observed and modeled trends in dissolved upper-ocean oxygen over the last 50 yr,” *Biogeosciences* 57, no. 4 (April 2010), 587–95.

135 導致海中缺氧︰Kenneth R. Weiss, “Oxygen-poor ocean zones are growing,” *Los Angeles Times*, May 2, 2008, http://www.latimes.com/nation/la-na-deadzone2-2008may02-story.html.

136 拋下這齣在世界舞臺上演的劇碼︰ohn Steinbeck and Edward Ricketts. *The Log from the* Sea of Cortez (New York: Viking Press, 1951), 4.

137 在船尾綁上兩條魚線︰Ibid., 76.

138 美洲大赤魷肯定遷徙到了加利福尼亞灣︰Raphael D. Sagarin, “Remembering the Gulf: changes in the marine communities of the *Sea of Cortez* since the Steinbeck and Ricketts expedition of 1940,” *Frontiers in Ecology* (2008), http://www.esajournals. org/doi/abs/10.1890/070067.

139 美洲大赤魷是出了名的肉食動物︰Unai Markaida, William F. Gilly, César A. Salinas-Zavala, Rigoberto Rosas-Luis, and J. Ashley T. Booth, “Food and Feeding of Jumbo Squid *Dosidicus Gigas* in the Central Gulf of California during 2005–2007,”

California Cooperative Oceanic Fisheries Investigations Reports 49 (2008).

141 見識了「巨大」的海螺和蛾螺‥Sagarin, "Remembering the Gulf."

142 遠洋魚類族群的巨大改變‥William Gilly, "Searching for the Spirits of the *Sea of Cortez*," *Steinbeck Studies* 15, no. 2 (Fall 2004), 5–14.

143 前往加州福尼亞灣中的聖佩德羅馬蒂爾島時‥Ibid.

144 北太平洋沿岸地區的低氧海水‥Chan et al.,"Emergence of Anoxia in the California Current Large Marine Ecosystems."

145 海洋動物潛水的深度約在一百至兩百公尺之間‥Michael Tennesen, "Deep Sea Divers: How low can marine animals go?" *Wildlife Conservation*, June 2005.

145 適應憋氣生活的哺乳類動物‥Michael Tennesen, "Testing the Depth of Life: Northern elephant seals migrate farther than any of other mammal," *National Wildlife*, February/March 1999.

148 俯衝至一點六公里的深度‥Julia S. Stewart, William F. Gilly, John C. Field, and John C. Payne, "Onshore-offshore movement of jumbo squid (*Dosidicus gigas*) on the continental shelf," *Deep Sea Research Part II: Topical Studies in Oceanography* 95 (October 15, 2013), 193–96.

148 菜單上常見的魚類‥Gaia Vince,"How the world's oceans could be running out of fish," *BBC Future*, September 21, 2012, http://www.bbc. com/future/story/20120920-are-we-running-out-of-fish.

第八章　末路

153 紐約的水道系統‥Gretchen Daily and Katherine Ellison, *The New Economy of Nature: The Quest to Make Conservation Profitable* (Washington, DC: Island Press, 2002), 63–85.

157 生態系的重要功能可見一斑‥Gretchen Daily, *Nature's Services: Societal Dependence on Natural Ecosystems* (Washington, DC: Island Press, 1997), 4.

157 五萬兩千種動植物‥Bill Marsh, "Are We in the Midst of a Sixth Mass Extinction? A Tally of Life Under Threat," *New York Times*, Sunday Review, Opinion Pages, June 1, 2012.

158 依賴在地生態系資源過活的人‥Daily, *Nature's Services*, 295–99. 000 *two anti-cancer drugs*: Ibid.. 263.

160 兩種抗癌藥物‥Ibid., 263.

161 研究中美洲熱帶森林裡美洲豹的出沒行跡‥Michael Tennesen, "Room for the Jaguar?" *dukenvironment magazine,*

Nicholas School of the Environment and Earth Sciences, Duke University (Fall 2006 Honor Roll Issue), 28–29.

163 美洲豹的棲地：Dalia A. Conde, "Modeling male and female habitat difference for jaguar conservation," *Biological Conservation* 143, no. 9 (May 31, 2010), 1980–88.

165 瓜地馬拉的原始森林少了三分之二：“Guatemala's national forest programme—integrating agendas from the country's diverse forest regions," *National Forest Programme of Guatemala*, 2006.

165 一九九八年襲擊中美洲的米契颶風："Impact of Deforestation—1998: Hurricane Mitch," MongaBay.com, http://rainforests.mongabay.com/09mitch. htm.

166 瓜地馬拉失去了約兩萬六千五百公頃的紅樹林：Danilo Valladares, "Guatemala: Relent- less Devastation of Mangroves," Inter Press Service, July 16, 2009, http://www. ipsnews.net/2009/07/guatemala-relentless-devastation-of-mangroves/.

167 馬歇爾在澳洲長大：Author interview with Charles Marshall, April 4, 2012.

167「Las Vegas」在西班牙語中意指「草原」：Michele Ferrari and Steven Ives, *Las Vegas: An Unconventional History* (New York: Bulfinch Press, 2005), 1–127.

169 大自然才是這裡真正的寶藏：Fernando Maestre et al., "Plant Species Richness and Ecosystem Multifunctionality in Global Drylands," *Science* 335, no. 6065 (January 13, 2012), 214–18.

170 發展良好的生物土壤結皮：Michael Tennesen, "Turning to Dust: Around the globe, grasslands are turning to desert and free-flowing bits of dirt and rock are remaking the environment," *Discover Magazine*, May 2010.

172 拉斯維加斯附近的胡佛水壩：Emma Rosi-Marshall, "Colorado River can be revived," *Poughkeepsie Journal*, September 11, 2011.

172 因此缺乏重要的食物來源：Lori Quillen, "Dams Destabilize River Food Webs: Lessons from the Grand Canyon," Cary Institute for Ecosystem Studies, August 20, 2013.

172 對於河流生態系造成的改變：Wyatt F. Cross et al., "Food-web dynamics in a large river discontinuum," *Ecological Monographs* 83, no. 3 (August 2013).

172 水量迅速減少：Sally Deneen,"Feds Slash Colorado River Release to Historic Lows," *National Geographic*, August 16, 2013.

174 土壤含水量會比黑色風暴期間更低：Tennesen, "Turning to Dust."

174 距離水源供應不足："A majority on Earth face severe self-inflicted water woes within 2 generations," *AAAS and EurekAlert!* Water in Anthropocene Conference, Bonn, Germany, May 24, 2013.

176 鳥兒無處可去：Forest Isbell et al., "High plant diversity is needed to maintain ecosystem services," *Nature* 477 (September 8, 2011), 199–202.

176 拉斯維加斯也可能落得這等下場：Bruce Babbitt, "Age-Old Challenge: Water and the West," *National Geographic*, June 1991, 2–3.

第九章　漫長的復原

178 二疊紀大滅絕過後：Sarda Sahney and Michael J Benton, "Recovery from the most profound mass extinction of all time," *Proceedings of the Royal Society, Biological Sciences* 275, no. 1636 (April 7, 2008), 759–65.

178 岩漿連根拔起了大多數的樹木：Lyn Garrity, "Evolution World Tour: Mount St. Helens, Washington—Over thirty years after the volcanic eruptions, plant and animal life has returned to the disaster site, a veritable living laboratory," *Smithsonian Magazine*, January 2012, http://www.smithsonianmag.com/evo- tourism/evolution-world-tour-mount-st-helens-washington-6011404/.

179 當今世上受到最多研究的一座火山：P. Frenzen, "Life Returns: Frequently Asked Questions about Plant and Animal Recovery Following the 1980 Eruption," US Forest Service, Mount St. Helens Volcanic Monument, http://www.fs.usda.gov/mountsthelens.

180 火山噴發後的三十年，我再度造訪："Mount St. Helens, 30 Years Later: A Landscape Reconfigured," Pacific Northwest Research Station, http://www. fs.fed.us/pnw/mtsthelens/.

181 這起事件立刻成為以電流速度傳送的國際性新聞：Simon Winchester, "Krakatoa, the first modern tsunami," BBC, January 8, 2005.

181 爆炸聲響不絕於耳的時間長達兩個月：Simon Winchester, *Krakatoa: The Day the World Exploded*: *August 27, 1883* (New York: HarperCollins, 2003), 149–76.

181 噴出的火山灰和浮石高度：Ian Thornton, "Figs, frugivores and falcons: an aspect of the assembly of mixed tropical forest on the emergent volcanic island, Anak Krakatau," *South Australian Geographical Journal* 93 (1994), 3–21.

183 物種結構有了大規模的變化：Erwin, *Extinction*, 218–19.

184 弗賴霍爾赫國家公園：Michael Tennesen, "The Strange Forests that Drink—and Eat—Fog," *Discover*, April 2009.

186 毫無植被的荒蕪土地逐漸消失：Erwin, *Extinction*, 221.

186 三疊紀早期，水龍獸是南美洲、印度、南極、中國和俄羅斯主要的脊椎動物：Ibid., 235.

187 鱷形超目是當時世上最強大的捕食者：Randall B. Irmis, Sterling J. Nesbitt, and Hans-Dieter Sues,“Early Crocodylomorpha,” in *Anatomy, Phylogeny and Palaeobiology of Early Archosaurs and their Kin,* edited by Sterling J. Nesbitt, Julia Brenda Desojo, and Randall B. Irmis (London: Geological Society, Special Publications, 2013).

188 一隻身形有如柴油貨車的巨大植蜥：Scott Wing and Hans-Dieter Sues, *Mesozoic and Early Cenozoic Terrestrial Ecosystems* (Chicago: The University of Chicago Press, 1992), xii.

189 表示他研究的山獅就在附近：Michael Tennesen, “Can the Military Clean Up Its Act?” *National Wildlife*, October 1993.

190 朝鮮半島非軍事區：Tom O’Neil,“Korea’s DMZ: Dangerous Divide,” *National Geographic*, July 2003, http://ngm.nationalgeographic.com/features/ world/asia/north-korea/dmz-text/1.

191 完美的野生生物保護區：Tim Wall, “War of Peace May Doom Korean DMZ Wildlife,” *Discovery News*, March 18, 2013, http://news.discovery.com/earth/ what-would-a-new-korean-war-do-to-dmz-wildlife-130318.htm.

192 車諾比地區的鳥類繁殖率遠低於對照組：A. P. Moller et al., “Condition, reproduction and survival of barn swallows from Chernobyl,” *Journal of Animal Ecology* 74 (2005), 1102–11.

192 車諾比地區的本土鳥類腦部大小比平均值低了百分之五：University of South Carolina, “Re- searcher finds birds have smaller brains,” February 10, 2011, http://www.sc.edu/ news/newsarticle.php?nid=1562#.U-1S9kjbaot.

193 輻射造成的影響會慢慢消退：University of Portsmouth, “Wildlife thriving after nuclear disaster?” *ScienceDaily*, April 11, 2012; J. T. Smith, N. J. Willey, and J. T. Hancock, “Low dose ionizing radiation produces too few re- active oxygen species to directly affect antioxidant concentrations in cells,” Bi- ology Letters (April 11, 2012), http://rsbl.royalsocietypublishing.org/content/ early/2012/04/05/rsbl.2012.0150.

第十章　深陷麻煩的海洋：海洋的未來

195 不利於磷蝦生存：Michael Marshall, “Animals are already dissolving in Southern Ocean,” *New Scientist*, November 25, 2012.

195 導致鯨魚聽取同類間求偶叫聲的能力下降：Yifei Wang, “A Ca- cophony in the Deep Blue: How Acidification May Be Deafening Whales,” *Dartmouth Undergraduate Journal of Science*, February 22, 2009.

196 一群環繞著一隻母鯨的公鯨身旁：Michael Tennesen, “Tuning in to Humpback Whales,” *National Wildlife*, February/March 2002.

197 海洋早已吸收夠多的二氧化碳：Andrew Revkin, “Papers Find Mixed Impacts on Ocean Species from Rising CO2,” *New*

York Times, Au- gust 26, 2013.

197 海洋酸化不利於磷蝦生存：Australian Antarctic Division, "Krill face deadly cost of ocean acidification," *Media News*, October 13, 2010.

198 海洋環境的噪音愈來愈多，卻可能掩蓋了鯨魚發出的聲音：Keith Hester, "Unanticipated consequences of ocean acidification: a noisier ocean at lower pH," *Geophysical Research Letters* (October 1, 2008).

198 無法重新擁有鰓：*Unable to get gills back*: Author interview with Hans-Dieter Sues, April 16, 2012.

199 北極的「大西洋化」：Curt Stager, *Deep Future: The Next 100,000 years of Life on Earth* (New York: Thomas Dunne Books, 2011), 150.

200 麥克默多工作站最糟糕的東西就是食物：Author interview with Gretchen Hofmann, February 27, 1992.

200 海水酸鹼值還算是在自然波動的範圍內：Gretchen E. Hofmann et al., "High-Frequency Dynamics of Ocean pH: A Multi-Ecosystem Comparison," *PLOS One*, December 2011.

200《深入未來：未來十萬年的地球生命形態》一書作者：Stager, *Deep Future*, 156–58.

202 伊斯嘉島外海排放二氧化碳的天然火山道：J. Garrabou et al., "Mass mortality in Northwest- ern Mediterranean rocky benthic communities," *Global Change Biology* 15, no. 5 (May 2009), 1090–103.

202「貓王分類群」：Erwin, *Extinction*, 237.

203 失去珊瑚：Rebecca Albright, Benjamin Mason, Margaret Miller, and Chris Langdon, "Ocean acidification compromises recruitment of the threatened Caribbean coral Acropora palmata," *Proceedings of the National Academy of Sciences* 107, no. 47 (2010), 20400–4.

203 海洋酸化導致海螺的外殼溶解：Marshall, "Animals are already dissolving in Southern Ocean."

205 冷凍食品業的發展：Callum Roberts, *The Unnatural His- tory of the Sea: The Past and Future of Humanity and Fishing* (London: Gaia, 2007), 201–2.

205 夏威夷外海的海底山脈附近發現大群五棘鯛：Ibid., 290.

206 對海洋展開全面性的攻擊：Ibid., 291.

207 為了獲取稀土金屬： Author interview with Craig McClain, April 11, 2012.

207〈水母也瘋狂〉：National Science Foundation, "Environmental Change and Jellyfish Swarms," http://www.nsf.gov/news/special_reports/jellyfish/.

208 水母湖是他們不可錯過的景點之一：Pamela S. Turner, "Darwin's Jelly- fishes," *National Wildlife*, August/September 2006.

209 大小如冰箱的越前水母：Blake de Pastino, "Giant Jellyfish Invade Japan," *National Geographic News*, October 28, 2010.

209 儘管隨波逐流的水母移動速度緩慢：Jose Luis Acuña, "Faking Giants: The Evolution of High Prey Clearance Rates in Jellyfish," *Science* 333, no. 6049 (September 16, 2011), 1627–29.

210 水母是非常古老的生物，六億至七億年前就已經出現在地球上：Anahad O'Connor, "No Fins? No Problem: Jellyfish Have Their Ways," *New York Times*, September 30, 2011.

210 過度捕撈促使海洋中水母數量增加：Institut de Recherche pour le Développement, "Boom in jellyfish: Overfishing called into question," *Science- Daily*, May 3, 2013.

211 船員好不容易在環礁的下風處：Roberts, *The Unnatural History of the Sea*, xi–xii.

212 距離夏威夷南方一千六百公里的帕邁拉環礁：Nature Conservancy, "Palmyra: A Marine Wilderness: Palmyra is that rare place where top predators such as sharks still dominate the reef ecosystem," www.nature.org.

第十一章　捕食者難關

215 海獺在阿留申生態系中扮演怎樣的的捕食者角色：J. A. Estes, D. F. Doak, A. M. Springer, and T. M. Williams, "Causes and consequences of marine mammal population declines in southwest Alaska," *Philosophical Transactions of the Royal Society* 364, no. 1524 (June 25, 2009), 1647–58.

215 我從沒想過這會是個如此有趣的問題：Author interview with James Estes, March 1, 2012.

216 巨藻猶如一片海中森林：Monterey Bay Aquarium, "Giant kelp, Natural History," http://www.montereybayaquarium.org/animal-guide/plants-and-al- gae/giant-kelp.

217 海膽不必承受被捕食的壓力：J. A. Estes, M. T. Tinker, and J. L. Bodkin, "Using Ecological Function to Develop Recovery Criteria for Depleted Species: Sea Otters and Kelp Forests in the Aleutian Archipelago," *Conservation Biology* 24, no. 3 (June 2010), 1523–739.

218 二〇一一年，埃斯特斯：James A. Estes et al., "Trophic Downgrading of Planet Earth," *Science* 333, no. 6040 (July 15, 2011), 301–6.

219 在沒有捕食者的狀態下，獵物族群呈現爆炸性增長：John Terborgh et al., "Ecological Meltdown in Predator-Free Forest Fragments," *Science* 294, no. 5548 (November 2001), 1923–26.

219 捕食者的存在：“The Lake Guri Experiment,” *National Geographic’s Strange Days on Planet Earth*, www.pbs.org/strange-days/episodes/predators/experts/lakeguri.html.

219 鯊魚是另一種脆弱的捕食者：Dalhousie University, “Shark Fisheries Globally Unsustainable,” *Newswise*, March 1, 2013.

220 研究雙髻鮫族群：Brian Handwerk, “Do Hammerheads Follow Magnetic Highways to Migration?” *National Geographic News*, June 6, 2002.

221 大型的鼬鯊體長可達六至七點五公尺：Michael Tennesen, “In Hawaii, scientists are helping to dispel some myths about tiger sharks,” *National Wildlife*, August 2000.

222 讓牠們獲得了「公牛鯊」的稱號：Michael Tennesen, “The Bull Shark’s Double Life,” *National Wildlife*, November 2011.

223 全球的鯊魚生態旅遊每年有超過三億一千四百萬美元的產值：Andres Cisneros-Montemayor et al., “Global economic value of shark ecotourism,” *Oryx*, July 2013.

223 象鼻海豹安裝追蹤裝置：Tennesen, “Testing the Depth of Life.”

224 錄下牠們在太平洋裡合作打獵的畫面：Russ Vetter, “Interactions and niche overlap between mako shark, *Isurus oxyrinchus*, and Jumbo Squid,” *California Cooperative Oceanic Fisheries Investigations Reports* 49 (2008).

225 大烏賊是地球上最大型的無脊椎動物：“Giant Squid, *Architeuthis dux*,” photo, *National Geographic*, http://animals.nationalgeographic.com/animals/inverte- brates/giant-squid/.

226 大王酸漿魷的手臂則配備了更高級的尖爪或利鉤：Museum of New Zealand, “Colossal Squid: Hooks and suckers,” Te Papa Museum, April 30, 2008, http://squid.te- papa.govt.nz/anatomy/article/the-arms-and-tentacles.

226 烏賊還有一套豐富的訊號詞彙：Marguerite Holloway, “Cuttlefish Say It With Skin,” *Natural History*, April 2000.

227 絕對比任何一種魚類都聰明：Michael Tennesen, “Outsmarting the Competition: When it comes to intelligence and personality, the giant Pacific octopus shines,” *National Wildlife*, December 2002.

227 目前，美洲大赤魷的壽命大約是一年半：From “Chinese commercial fishery data off Costa Rica,” provided by William Gilly.

第十二章　大型動物群的衰退與回歸

231 但現在，改變不再如此緩慢：Author interview with Charles Marshall, April 4, 2012.

232 人類獵殺巨恐鳥的行徑已經延續了數代之久：Leakey, *The Sixth Extinction*, 185.

233 早期獵人獵捕大型動物，阻斷牠們朝環境中排放甲烷‥Felissa A. Smith, Scott M. Elliot, and Kathleen Lyons, "Methane emissions for extinct megafauua," *Nature Geoscience* 3 (2010)

233 捕食者的牙齒磨損斷裂的情形更為嚴重‥Brian Switek, "Broken teeth tell of tough times for Smilodon," *ScienceBlogs*, February 15, 2010, http://scienceblogs.com/laelaps/ tag/tar-pits/.

234 在相當短的時間內成長了將近一億倍‥Alistair R. Evans et al., "The maxi- mum rate of mammal evolution," *Proceedings of the National Academy of Sciences*, October 1, 2011, http://www.pnas.org/content/early/2012/01/26/1120774109. abstract; National Science Foundation,"Mammals grew 1,000 times larger after the demise of the dinosaurs," NSF, November 25, 2010, http://www.nsf.gov/ news/news_summ.jsp?cntn_id=118129.

235 西藏長毛犀牛存在的年代，氣候溫暖多了‥Tao Deng, "Out of Tibet: Pliocene Wooly Rhino Suggests High-Plateau Origin of Ice Age Megaherbivores," *Sci- ence* 333, no. 6047 (September 2, 2011), 1285–88.

236 包曼氏法則‥Melissa I. Pardi and Felisa A. Smith, "Paleoecology in an Era of Climate Change," in *Paleontology in Ecology and Conservation*, edited by J. Louys (Berlin: Springer-Verlag, 2012).

236 林鼠體形大小和飲食組成的關鍵指標‥Steve Carr,"UNM Researchers Explore Evolution of World's Mammals Over the Past 100 Million Years," University of New Mexico, November 25, 2010.

237 牠們已經適應了純肉食的習性‥Blaire Van Valkenburgh, Xiaoming Wang, and John Damuth, "Cope's Rule, Hypercarnivory, and Extinction in North American Canids," *Science* 306, no. 5693 (October 1, 2004), 101–4.

238 讓北美洲回歸到‥C. Josh Donlan et al., "Pleistocene Rewilding: An Optimistic Vision for 21st Century Conservation," *The American Naturalist* 168, no. 5 (November 2006), 660–81.

239 不能只是重新引入像馬這樣的大型草食動物‥J. W. Turner, Jr. and M. Morrison, "Trends in number and survivorship of a feral horse population: Influence of mountain lion predation," *Southwestern Naturalist* (2001).

240 大約兩百五十萬年前，美洲獵豹首次出現在北美大陸‥Donlan,"Pleistocene Rewilding." Donlan's paper proposes and explains many of the animals mentioned in this section on rewilding.

241 黃石國家公園重新引入狼隻‥US National Park Service, "Wolf Restoration," http://www.nps.gov/yell/naturescience/ wolfrest. htm.

244 生存其中的捕食者和獵物數量遠甚今日‥Gary W. Roemer, Matthew W. Gompper, and Blaire Van Valkenburgh, "The Ecological Role of Mammalian Mesocarnivore," *BioScience* 59, no. 2 (February 2009), 165–73.

245 葡萄牙的菲亞布拉瓦保護區‥Staffan Widstrand, "West- ern Iberia II—Faia Brava, Portugal," Rewilding Europe, April 20,

2011, http:// www.rewildingeurope.com/areas/western-iberia/.
246 最有可能生存下來的：Ward, *Future Evolution*, 105.
247 鑑定出劍齒虎的犬齒：John M. Harris, "Bones from the Tar Pits: La Brea Continues to Bubble Over with New Clues," *Natural History*, June 2007.
249 古生物學家瓦肯博許：Author interview with Blair Van Valkenburgh, May 28, 2013.
249 現代的物種和體形較大、行為更複雜的捕食者一起演化：Blaire Van Valkenburgh, "Tough Times in the Tar Pits," *Natural History*, April 1994.
250 洛杉磯是一處寬廣的氾濫平原：Harris,"Bones from the Tar Pits."

第十三章　入侵火星？

252 造訪勞威爾的私人天文臺：Michael Tennesen, "Stars in Their Eyes: The Exquisite Telescopes Crafted by Alvan Clark and His Sons Helped Make the Last Half of the 19th Century a Golden Age of Astronomy," *Smithsonian* 32, no. 7 (October 2001), 78–82.
253 以太陽為中心往外數，火星是第四顆行星：Michael Tennesen, "Mars: Remembrance of Life Past," *Discover*, July 1989.
254 想在火星的月光下散步恐怕有困難：Robert Zubrin and Richard Wagner, *The Case for Mars: The Plan to Settle the Red Planet and Why We Must* (New York: Free Press/Simon and Schuster, 1996), xxiv.
254 二〇一三年，好奇號探測車藉著分析火星土壤的粉末樣本，發現了讓人燃起希望的結果：Jet Propulsion Laboratory, "Mars Rover Carries Device for Under- ground Scouting," October 20, 2011, http://www.jpl.nasa.gov/news/news.php?release=2011-325.
256 備足往返地球和火星之間的燃料：Zubrin and Wagner, *The Case for Mars*, 161–70.
257 祖布倫雖同意，但他認為組織一個小團隊才是最佳策略：Ibid., 98–99.
257 地熱發電聽起來很有吸引力：Ibid., 226–27.
258 星際貿易才是：Ibid., 242–43.
259 人類登陸火星之後，第一項任務就是尋找水源：Ibid., 211–16.
259 火星可能還是個讓我們能夠好好瞭解過去：Amina Khan, "Study: Mars could have held watery underground oases for life," *Los Angeles Times*, January 21, 2013.

260 地球上所有的生命很可能源自於隨著隕石來到地球的火星微生物：Rick Fienberg, "MIT: Are you a Martian? We could all be, scientists say," *American Astronomical Society*, March 23, 2011.

261 冰層提供了「熱緩衝」：Tennesen, "Mars."

261 使用氟碳化合物取代氟氯碳化物：Author interview with Robert Zubrin, October 1, 2013.

262 太空旅行的夢想，恐怕得仰仗國際之間的努力才能實現：Chris Bergin, "Fobos-Grunt ends its misery via re-entry," NASA, January 15, 2012, http://www.nasaspace- flight.com/2012/01/fobus-grunt-ends-its-misery-via-re-entry/.

263 可以登陸火星表面的DNA定序機：Antonio Regalado, "Genome Hunters Go After Martian DNA," *Technology Review*, October 18, 2012.

264 得在火星上過完餘生：BBC, "How to get along for 500 days together," *BBC News Magazine*, March 1, 2013.

264 大方提供各種資源，就是少了歡迎回家的派對：Alan Boyle, "One-way Mars trip at- tracts 165,000 would-be astronauts . . . and counting," NBC News, August 23, 2013, http://www.nbcnews.com/science/space/one-way-mars-trip-attracts-165-000-would-be-astronauts-f6C10981032.

265 生物圈二號提供了一條途徑：Author interview with John Adams, November 5, 2012.

265 仰賴生物圈二號之中各種不同的生物群落和設施：J. P. Allen, M. Nelson, and A. Alling, "The legacy of Biosphere 2 for the study of biospherics and closed ecological systems," *Advances in Space Research* 31, no. 7 (2003), 1629–39.

266 還得適應環境中劇烈變化的二氧化碳濃度：Abigail Alling, Mark Nelson, and Sally Silverstone, *Life under Gas: The Inside Story of Biosphere 2* (Oracle, AZ: The Biosphere Press, 1993).

267 臉面看起來有點鼓脹：National Space Biomedical Research Institute (NSBRI), "How the Human Body Changes in Space," http://www. nsbri.org/DISCOVERIES-FOR-SPACE-and-EARTH/The-Body-in-Space/.

268 火星是大批人類可以逃往的地方嗎？：Richard Hollingham,"Building a new society in space," BBC Future, March 18, 2013, http:// www.bbc.com/future/story/20130318-building-a-new-society-in-space.

269 像地球一樣、繞著恆星運轉且適合人類居住的行星：*habitable planets like Earth around other stars*: Dennis Overbye, "2 Good Places to Live, 1,200 Light-Years Away," *New York Times*, April 18, 2013.

第十四章　人類走到演化盡頭了嗎？

271 不需成為肌肉佬也能獵殺大型動物：Cochran and Harpending, *The 10,000 Year Explosion*, 3–5.

272 現階段的演化速率大約是人類長期平均演化速率的一百倍：Ibid., back cover.

273 但看起來都不像狼‥Ibid., 6.

273 看看侵略性極強的維京人，再看看他們那些愛好和平的瑞典人後代‥John Hawks, Eric T. Wang, Gregory M. Cochran, Henry C. Harpending, and Robert K. Moyzis, “Recent acceleration of human adaptive evolution,” *Proceedings of the National Academy of Sciences* 104, no. 52 (December 26, 2007), 20753–58.

274 智人踏上歐亞大陸之後‥Guy Gugliotta,“The Great Human Migration: Why humans left their homeland 80,000 years ago to colonize the world,” *Smithsonian Magazine*, July 2008, http://www.smithsonianmag.com/history/ the-great-human-migration-13561/.

274 這些生物已經不一樣了，但你看不出來‥Weiner, *The Beak of the Finch*, 126.

275 人類基因組中最重大的突變之一，和乳糖耐受度有關‥Cochran and Harpending, *The 10,000 Year Explosion*, 173–86.

277 我得以近距離觀察非洲的人乳糖耐受能力‥Michael Benanav, “Through the Eyes of the Maasai,” *New York Times*, August 9, 2013.

279 智人曾經面臨存亡之秋‥Robert Krulwich, “How Human Beings Almost Vanished from Earth in 70,000 bc,” *Robert Krulwich on Science*, NPR, October 22, 2012, http://www.npr.org/blogs/krulwich/2012/10/22/163397584/how-human-beings-almost-vanished-from- earth-in-70-000-b-c.

280 大型草食性恐龍的數量開始減少‥Stephen L. Brusatte, Richard J. Butler, Albert Prieto-Marquez, Mark A. Norell, et al., “Dinosaur Morphological Diversity and the End-Cretaceous Extinction,” Nature Communications 3, no. 804 (May 1, 2012).

281 冰河循環期是一系列地球冷熱交替的現象‥Pardi and Smith, “Paleoecology in an Era of Climate Change.”

281 來自格陵蘭和南極的冰核經過高度解析‥European Geoscience Union, “The Oldest Ice Core—Finding a 1.5 Million-year Records of Earth’s Climate,” November 5, 2013, http://www.egu.eu/news/77/the-oldest-ice-core-finding-a- 15-million-year-record-of-earths-climate/.

281 新仙女木事件接近尾聲‥NOAA Paleoclimatology Program, “A Paleo Perspective on Abrupt Climate Change,” August 20, 2008, www.ncdc.noaa.gov/ paleo/abrupt/data4.html.

282 犀牛在英國的灌叢間穿梭‥Stager, *Deep Future*, 62.

283 北極將是最先消失的地方‥National Snow and Ice Data Center, “Quick Facts on Arctic Sea Ice,” 2013, http://nsidc.org/ cryosphere/quickfacts/ seaice.html.

283 從鹿特丹到西雅圖‥Stager, *Deep Future*, 158.

283 北極夏季海冰‥Brad Plumer, “Arctic sea ice just hit a record low,” *Washington Post*, August 28, 2012.

286 全球暖化很有可能讓地球在未來幾千年內進入冰河時期：Christine Dell'Amore, "Next Ice Age Delayed by Global Warming, Study Says," *National Geographic News*, September 3, 2009.

第十五章　超越智人

287 地球上曾經有二十五種左右的人種，難道不會再出現其他人種？：Juan Enriquez, "Will our kids be a different species?" TED Talk, April 2012, https://www.ted.com/talks/juan_enriquez_will_our_kids_be_a_different_species.

288 這時候的地球可能有四種不同的人種：Nicholas Wade, "Genetic Data and Fossil Evidence Tell Differing Tales of Human Origins," *New York Times*, July 26, 2012.

288 美國人的身高變高了，身形更結實，壽命也變長：Patricia Cohen, "Technology Advances; Humans Supersize," *New York Times*, April 26, 2011.

289 異域種化和同域種化：Author interview with Scott Carroll, July 1, 2011.

290 一九四〇年代，加州大學柏克萊分校的：R. C. Stebbins, "Speciation in salamanders of the plethodontid genus *Ensatina*," *University of California Publications in Zoology*, 1949, http://evolution.berkeley.edu/evoli- brary/article/0_0_0/devitt_02.

290 猶太人與非猶太人通婚，以及外人皈依猶太教，都是少見的情形：Co- chran and Harpending, *The 10,000 Year Explosion*, 220.

292 Googleplex是一棟挑高的建築物：Julie Bort, "Tour Google's Luxurious 'Googleplex' Campus in California," *Business Insider*, October 6, 2013, http:// www.businessinsider.com/google-hq-office-tour-2013-10?op=1.

293 他們會受到同類人的吸引，這也有可能導致人類發生種化：Peter Ward, "What will become of Homo sapiens?" *Scientific American*, January 2009.

294 從母親的皮膚細胞衍生而來："Xiao Xiao receives torch lit by Dolly," *China Daily*, August 8, 2009, www.chinadaily.com.cn.

294 目前正進行人腦造影的研究工作：Anne Trafton, "Illuminating neuron activity in 3-D," *MIT News*, May 18, 2014.

295 心智上傳的可能性：Nick Bostrom, "The Future of Human Evolution," in *Death and Anti-Death: Two Hundred Years After Kant, Fifty Years After Turing*, edited by Charles Tandy (Palo Alto, CA: Ria University Press, 2004), 339–71, http://www.nickbostrom.com/fut/evolution.html.

295《第二人生》是一款由3D線上遊戲：Michael Tennesen, "Avatar Acts: When the Matrix has you, what laws apply to settle conflicts?" *Scientific American* 301 (July 2009), 27–28.

297 國防機構積極投資人工智慧的發展：James Barrat, *Our Final Invention: Artificial Intelligence and the End of the Human Era* (New York: Thomas Dunne Books/St. Martin's Press, 2013), 25, 171–72.

299 吉歐基．高思就思考過：Charles C. Mann, "State of the Species: Does success spell doom for Homo sapiens?" *Orion Magazine*, November/December 2012, http://www.orionmagazine.org/index.php/articles/article/7146.

300 為我們所處的時代取名為「人類世」：Andrew Revkin, "Confronting the 'Anthropocene'" *New York Times*, May 11, 2011.

301「那一切就很難說了」：Author interview with Ian Tattersall, April 18, 2012.

301 如果尼安德塔人把自己打理整齊，修剪頭髮，刮個鬍子，穿上新衣：Palmer, *Origins*, 138.

302 如果地球史始於你的鼻子下方：Peter Ward and Donald Brownlee, *The Life and Death of Planet Earth: How the New Science of Astrobiology Charts the Ultimate Fate of Our World* (New York: Times Books, 2003), 14.

302 把地球存在的四十五億年想像成二十四小時：Northern Arizona University, "The History of Life on Earth: The 24-Hour Clock Analogy," http://www2.nau.edu/~lrm22/lessons/timeline/24_hours.html.

303 樣本數愈多，留下化石的機率就愈高：Zalasiewicz, *The Earth After Us*, 120–21, 198.

305 末日時鐘朝午夜調快了五至六分鐘："Doomsday Clock Moves One Minute Closer to Midnight," *The Bulletin of the Atomic Scientists*, January 10, 2012, http://thebulletin.org/timeline.

306 全都在繼續消耗牠們的生存環境：Mann,"State of the Species."

307 奴隸制度幾乎消失無蹤：Ibid.

308 地球上或許有生命存在，但大概都只是微生物：Ward, *Future Evolution*, 175.

309 大型草食爬蟲動物的數量呈現長期下降的趨勢："Were Dinosaurs Under- going Long-Term Decline Before Mass Extinction?" American Museum of Natural History, October 26, 2012, http://www.amnh.org/our-research/ science-news2/2012/were-dinosaurs-undergoing-long-term-decline-before- mass-extinction.